가구 만들기 기초부터
공방 창업까지

철학이 있는 목공수업

김성헌 지음

초록비책공방

철학이 있는 목공수업

초판 1쇄 발행 2019년 4월 1일
초판 4쇄 발행 2022년 1월 10일

지은이 김성헌

기획 · 편집 도은주, 류정화
미디어 마케팅 초록도비

펴낸이 윤주용
펴낸곳 초록비책공방

출판등록 2013년 4월 25일 제2013-000130
주소 서울시 마포구 월드컵북로 402 KGIT 센터 921A호
전화 0505-566-5522 팩스 02-6008-1777

메일 greenrainbooks@naver.com
인스타 @greenrainbooks
포스트 http://post.naver.com/jooyongy
페이스북 http://www.facebook.com/greenrainbook

ISBN 979-11-86358-54-2 (03580)

어려운 것은 쉽게 쉬운 것은 깊게 깊은 것은 유쾌하게

초록비책공방은 여러분의 소중한 의견을 기다리고 있습니다.
원고 투고, 오탈자 제보, 제휴 제안은 greenrainbooks@naver.com으로 보내주세요.

가구 작가에게 필요한

손재주와 뚝심,

그리고 열정이라는 재능을 물려주신

배를 만드는 '조선 목수'셨던

사랑하는 나의 아버지 김인수 님께

이 책을 바칩니다.

삶의 가치는 자신의 판단과 선택, 그리고 실천에서 이루어진다. 도전하는 자만이 삶의 가치를 높이는 행복한 인생을 사는 자가 될 것이다. 거기에 열정이라는 녀석을 더한다면 우리의 삶은 그 무엇과도 바꿀 수 없는 순간이 온다.

"하고 싶은 일을 하면서 살고 싶다."

돈벌이의 목적이 우선시되는 삶이 아닌 본인 스스로가 만족하며 행복하게 사는 길을 선택하는 것. 이는 단순히 먹고사는 문제가 아닌 삶의 질의 문제이다. 내가 목공을 하며 근본적으로 생각하는 부분도 바로 이것이다.

"삶의 질을 높이자." 이 책은 목공을 통해 삶의 질을 높이고자 도전하는 이들에게 필요한 책이 되었으면 하는 바람으로 써내려간 글이다.

목공에 정답은 없다. 이렇게 하면 이런 방식, 저렇게 하면 저런 방식, 즉 자기만의 작업 스타일로 나뉘어질 뿐, 맞고 틀림을 운운하는 그런 분야가 아니다. 그러니 혹여 이 책에 펼쳐놓은 나의 목공에 대한 이해와 방법이 다소 부족하고 미흡하더라도 '아! 이것은 그의 작업 스타일이구나' 하고 이해해주었으면 한다.

내가 이 책을 쓰면서 독자에게 말하고 싶은 것은 정확성에 대한 수학적 근거, 효율성에 대한 과학적 원리, 안전성에 대한 윤리적 고찰, 창작에 대한 예술적 가치 등도 있으나 이 모든 걸 수반하여 '움직이는 철학적 사고'를 이야기하고 싶었다. 그래서 나는 이 책을 '목공 인문학'이라 부르기도 한다.

앞으로 미래는 또 다른 방식의 발전된 목공론이 나타날 것이다. 우리가 그것을 받아들이면 우리의 작업 스타일은 또 달라질 것이다. 그러므로 작업의 근본, 즉 철학적 사고를 생각하고 또 생각해야 한다. 목공은 평생 공부해야 하는 숙명이 뒤따른다.

현대 목공은 기계 작업을 기반으로 두고 있다. 과학기술의 발전에 힘입어 이제는 누구나 목공 기술을 쉽게 익힐 수 있고 누구나 나만의 가구를 스스로 만드는 시대이다. 이는 가구 공방의 대중화를 가져왔으며 가구 작가로서의 삶에 도전할 수 있는 기회 또한 자연스럽게 늘어났다. 무수히 늘어나는 가구 공방은 목공이라는

문화정착에 힘을 보태고, 나아가 시장이 확장되는 결과를 만들어냈다. 또한 가구 작가로서 꿈을 펼치는 데 긍정적 신호를 보이고 있다. 어깨 너머로 배우며 익혀야 했고, 수년간의 숙련이 필요했으며, 스승으로부터 인정받아야 비로소 만들 수 있었던 장인들의 전통가구! 이러한 기술전수 방식은 이제 옛 사고방식이 되어버렸다.

지금은 누구나 할 수 있는 목공이 열렸다. 그리고 이러한 문화정착에 조금이나마 도움이 되기를 바라는 마음으로 책을 써내려갔다. 나아가 목공을 통해 창업을 설계하는 이들에게 도움이 되어주었으면 하는 마음에 '창업론'까지 담았다.

지금의 경험으로 판단하건데, 기술적 부분에 있어서 목공은 이제 그리 어려운 테크닉은 아닌 듯하다. 사람마다 차이는 있겠지만, 꾸준히 작업하여 완성해나가다 보면 대부분은 기술이 상향 평준화된다. 적당한 수학적 사고, 잔머리, 그리고 열정만 있다면 누구나 목수가 될 수 있는 것이다. 다만 목수라는 '직업'만으로는 이 삶을 오래토록 지속할 수 없다. 즉 내가 하는 행위에 어떤 철학을 가지고 있는지가 중요한 요소라 할 수 있으며 그 철학적 사고가 본인의 작업 생명력을 좌우할 것이다. 그래서 테크닉만을 담은 목공 기술서가 아닌, 나무에 대한 이해와 작업 공정에서 자신의 철학을 담은 목공 인문서가 필요하다고 생각했다.

목공은 독학이 아닌 정석으로 배워서 익혀야 하는 기술이다. 그 이유는 여러 가지가 있겠지만, 가장 큰 이유는 바로 '안전' 때문이다. 우리는 나무를 자르는 기계를 다뤄야 한다. 손가락 하나 정도는 쉽게 잘려나갈 수 있는 위험한 기계들이다. 하지만 기계의 동작원리, 기계가 하는 일에 대한 이해, 그리고 약간의 느긋함만 겸비한다면 불의의 사고는 일어나지 않을 수 있다. 미약하게라도 한 번쯤은 다쳐보는 것도 나쁘지 않다라는 생각은 집어치우자. 이것이 목공을 정석대로 배워야 하는 첫 번째 이유이다. 나머지는 하고자 하는 열정과 의지만 있다면 시간이 해결해줄 것이다.

끝으로 하고 싶은 말은 목공이란 책으로만 배울 수 있는 분야가 아니라는 것이다. 작업을 통해 경험을 해야 비로소 완성되는 것이 목공이다. 그러므로 우리가 지금 이 순간에도 생각하고 행동해야 할 것은 바로 작업이다.

"작업만이 답이다."

차 례

Class #3 전동공구

Class #4 목공기계

Class #5 템플릿과 지그

Class #6 가구의 구조와 설계

Class #7 가구 제작의 기초

Class #8 가구 제작의 응용

Class #9 가구 공방 창업론

"정답은 없다"

class #1
가구 재료 연구

가구의 기초

1강

가구 만들기의 정체성은 나무로부터 시작한다. 목공은 말 그대로 나무를 다루는 것이므로 우리는 지금부터 나무에 대해 이야기를 나눌 것이다. 어떤 분야든 공부를 하면 할수록 깊이를 헤아릴 수 없을 만큼 광대하다. 나무 또한 마찬가지다. 이를 이해하고 스스로 완성하는 기준이 생겨야 목공의 세계를 완성시킬 수 있다. 끊임없는 공부가 필요한 것이다. 첫 번째 공부로 목공 작업에 필요한 나무에 대한 이야기를 해보자. 나무의 종류, 구조, 용어 등 나무가 가지고 있는 물성에 대한 이야기다.

목재의 종류, 하드우드와 소프트우드

나무는 크게 하드우드Hard wood와 소프트우드Soft wood로 나뉜다. 대체로 잎이 넓고 가을에 낙엽이 떨어지는 활엽수과의 나무가 '하드우드'이며, 입이 뾰족하고 겨울에도 잎이 푸른 소나무과의 나무가 '소프트우드'이다. 하드우드와 소프트우드의 가장 큰 차이는 단단함에 있다. '하드'와 '소프트'로 불리는 이유다. 나무의 단단하고 무른 성질은 어디에서 나오는 걸까? 가장 큰 원인은 추운 계절이 왔을 때 낙엽을 떨어트리는가 아닌가에 있다.

나무가 가을에 낙엽을 떨구는 가장 큰 이유는 겨울에 동사를 피하기 위해서이다. 나무 안에 수분이 있으면 얼어버리기 때문이다. 성장을 중단하면 뿌리에서 수분을 빨아들일 필요가 없다. 이 때문에 활엽수는 가을과 겨울 사이에 생기는 추재(나이테)가 가늘게 형성되고 (동사를 피하기 위해 수분을 억제함으로써) 봄과 여름에 생겨난 조직들이 단단해진다.

반면 낙엽을 떨구지 않고 겨울에도 푸르른 소나무과의 나무들은 겨울에도 수분을 흡수하기 때문에 나이테가 활엽수에 비해 넓게 만들어진다. 그럼에도 동사를 피하기 위해 이들 나무 또한 공기층이 많은 무른 조직은 봄과 여름에 만든다. 즉 나무가 성장하면서 적응하는 수분과 온도와의 관계가 나무의 무르기와 단단함을

하드우드
- 활엽수, 매년 낙엽이 떨어지는 낙엽수
- 나무가 단단하고 가공성이 좋아 가구 재료로 적합
- 뒤틀림이 적으며 결의 모양과 색상이 매우 다양함
- 나무의 밀도가 높아 단단하고 마감성이 우수
- 월넛, 체리, 메이플, 화이트 오크, 레드 오크, 애쉬 등 대중적 하드우드가 있음
- 이밖에 특수목으로 해당하는 부빙가, 퍼플하트, 자단, 티크, 마오가니, 애보니 등이 있음

소프트우드
- 침엽수 : 연중 푸른 구과 식물
- 나무가 물러 작업성이 나쁘며 가구 재료로 적합하지 않음
- 건축 혹은 인테리어용으로 많이 사용됨
- 건조가 불안하여 뒤틀림이 심하며 수액이 나옴
- 스프러스, 레드파인, 오동나무 등이 있음

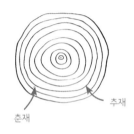

결정한다는 이야기다.

사람들이 흔히 잘못 알고 있는 것 중 하나가 '한옥 또는 목조 주택에 많이 쓰이는 소나무는 분명 하드우드일 것이다'라는 것이다. 나 또한 처음 목공을 접했을 때 주택에 쓰이는 것이니 당연히 단단한 하드우드일 것이라 생각했다. 그러나 소나무가 목조 주택에 쓰이는 가장 큰 이유는 단단함 때문이 아니라 송진이 들어있어 질긴 데다 부패를 막아주기 때문이다.

그렇다면 가구는 하드우드와 소프트우드 중 어떤 나무로 만들어야 할까? 대체로 하드우드가 가구 재료로 적합하다고 할 수 있다. 하드우드는 대부분 나뭇결이 선명하여 보기에 좋다. 또한 목질이 단단해 가구제가 갖추어야 할 대부분의 요소들을 가지고 있다. 반대로 소프트우드는 춘재와 추재의 비슷한 성장률로 인해 나무의 결이나 질감이 상대적으로 떨어지고, 손톱으로 누르면 쑥 하고 들어갈 정도로 무르기 때문에 가구의 구조적 문제를 보완하려면 더 많은 구조와 더 높은 두께율이 필요하다. 다시 말해 소프트우드는 가구 재료로 사용할 수는 있으나, 그 한계점이 분명하다는 것이다. 실제로 소프트우드는 가구보다는 인테리어 재료로 널리 사용된다.

나뭇결의 이해, 켠다와 자른다의 차이

가구를 만듦에 있어 중요한 것은 나무의 '세포'를 이해하는 일이다. 나무의 세포는 기본적으로 섬유소로 구성되어 있으며 목질소라 불리는 접착제에 의해 서로 붙어있다. 이는 나무의 어떤 방향이 튼튼한지를 이해하고 작업해야 하는 목수 입장에서는 반드시 알아두어야 할 중요한 부분이다.

아래 그림을 보자. 빨대 다발에서 빨대 하나하나를 나무의 세포라 가정하고 그것을 접착제(목질소)로 붙여둔 모양을 나무의 구조라 생각하면 된다.

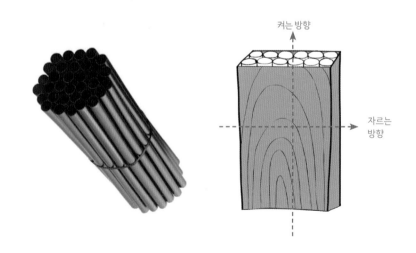

나무의 길이 방향으로 자르는 것을 '켠다'라고 하고 길이 방향의 직각 방향, 즉 나무의 폭 방향으로 자르는 것을 '자른다'라고 한다. 다시 빨대 다발로 돌아가서 설명해보자면, 접착제로 붙어있는 빨대를 하나하나 뜯어내는 것은 상대적으로 쉬울 것이다. 이렇게 가공하는 것을 '켠다'라 말한다. 반대로 빨대 다발을 잡아 한꺼번에 부러트리는 것은 어려울 것이다. 부러트리는 방향으로 자르는 것을 우리는 나무를 '자른다'라고 말한다.

나무를 자르는 게 거기서 거기지 왜 이리 어렵게 구분을 지었을까? 이는 가공 방법에 차이가 있기 때문이다. 톱날만 보더라도 '켜는 톱날'과 '자르는 톱날'의 생김새가 다르고 날의 개수도 차이가 난다. 나무를 자르는 기계와 켜는 기계가 엄연히 구분되어 있음은 물론이다. 나무를 자르는 것과 켜는 것에 따라 톱날과 기계가 구분된다는 것은, 그것에 따라 가공 방법이 완전히 달라짐을 의미한다.

가구를 설계할 때도 나무의 켜는 방향과 자르는 방향이 큰 영향을 미친다. 다시 말해 힘을 받는 '길이' 방향과 힘이 약한 나무의 '폭' 방향을 구조적으로 보안해서 가구를 설계해야 한다는 말이다.

아쉽게도 같은 나무라도 폭 방향은 결의 방향으로 나무가 갈라지는 현상이 발생할 확률이 높고 강도 면에서도 많이 약하니 이런 약점을 얼마나 잘 이해하고 보안하는지가 좋은 가구 설계의 요건이 되는 것이다.

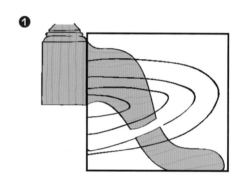

오른쪽 그림을 살펴보자. 특히 나무의 결을 주목해 보자. 하나의 판재로 탁자 다리를 만들었다. 결이 어떤 방향으로 향했을 때 가장 튼튼할까?

❶은 탁자의 사선 다리를 가로 결(길이 방향)로 만든 것이다. 이 방향으로 다리의 구조를 만들면 그림처럼 나무의 결 방향으로 다리가 쪼개진다.

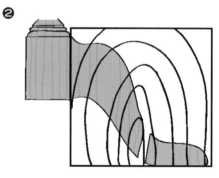

❷는 결 방향을 반대쪽으로 두어 탁자의 사선 다리를 만든 것이다. 다리가 쪼개지는 방향은 다르지만 ❶이나 ❷나 가구의 구조가 약하다는 데는 별 차이가 없다.

❸번 그림을 보자. 나무의 결 방향을 사선으로 사용했다. 이 경우 길이 방향이 사선이 되기 때문에 안정적으로 힘을 받게 된다. 가구 다리로서의 기능을 비로소 다할 수 있는 것이다.

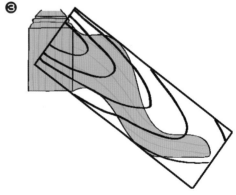

안정적인 가구의 구조는 이처럼 힘을 받는 방향과 나무의 결 방향을 이해해야 제대로 나올 수 있다. 가구를 만드는 목수라면 나무의 약점은 피하거나 보완

하고 강점이 되는 부분은 최대한 끌어내야 한다.

사실 나무의 구조를 이해하는 데 있어 가장 중요한 것은 방향성이다. 송판 격파를 생각해보자. 상대방이 송판을 어떤 방향으로 잡고 있어야 격파가 가능할지를 이해한다면, 지금 설명한 가구의 구조와 나뭇결의 관계를 쉽게 이해할 수 있을 것이다.

나무의 단면, 변재와 심재의 차이와 용도

나무를 반으로 쪼개어 보면 가운데 진한 부분이 있고, 그 바깥에 조금 연한 부분이 있다. 가운데 진한 부분을 '심재'라 하고 바깥의 연한 부분을 '변재'라고 한다.

심재는 변재보다 더 오랜 세월 살아왔으며, 물을 빨아들이던 수관의 기능을 변재 쪽으로 넘겨주며 굳어진 것이기 때문에 변재에 비해 상대적으로 단단하고 무겁고 색이 진하다. 또한 심재는 변재보다 변형이 적고 목질의 상태도 우수하다.

그에 반해 변재는 심재보다 색이 흐리며 재질도 상대적으로 무르다. 수관이 발달해 있어 수액이 많은 편이라 건조 시 변형이 잘 생긴다.

이런 특성으로 인해 가구를 만들 때 사용하는 나무의 대부분은 심재가 된다. 사실 심재와 변재는 나무의 수종에 따라 그 차이가 미세할 수도 있다. 동일 수종의 하드우드일 경우 심재와 변재의 강도 차이는 이질감이 느껴지지 않을 정도이다. 따라서 변재를 사용할지 아니면 덜어내고 사용할지에 대한 기준은 나무의 특성을 대하는 작가의 취향에 따른다. 예를 들어 어떤 작가에게 변재를 사용하는 여부는 강도의 문제라기보다는 가구의 빛깔을 좌우하는 '톤'에 대한 문제일 수 있다. 내 경우에는 변재로 인한 변화로 작품의 맛이 풍성해질 수 있어서 심재와 변재를 구분 짓지 않고 사용하는 편이다. 여기에서도 "정답은 없는 것이다."

단, 구매자에게 심재와 변재의 차이를 명확히 설명하지 않으면 잘 만들어진 작품이 하자인 것으로 여겨져 돌아올 수도 있으므로 미연에 충분히 작품의 특징을 설명하도록 한다.

의자의 등받이는 한 덩이의 나무이지만
색이 분명하게 다른 모습이다.
등받이 아래쪽 옅은 부분이 변재이다.

나무를 넓은 판재로 가공한 제재목

가구를 만들 때 사용하는 나무는 대부분 통나무의 원형 상태가 아니라 넓은 판재 형태이다. 이 말은 제재 과정을 통해 원통형의 통나무가 넓은 판재 형태로 가공되었음을 의미한다. 이를 통상적으로 제재목이라 한다.

널결과 곧은결

원통형인 나무를 어떤 방향으로 제재하느냐에 따라 '널결' 혹은 '곧은결' 형태의 판재가 완성된다.

널결은 일반적으로 우리가 사용하는 판재 형태의 제재 방법으로 그 결의 형태가 매우 아름답다. 다만 나무의 휘는 정도가 곧은결보다 상대적으로 심하다.

반대로 곧은결은 휘는 정도는 적지만 결의 형태가 단순하여 원목이 주는 나뭇결의 느낌을 충분히 발휘하기 어렵다.

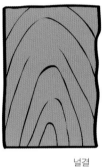 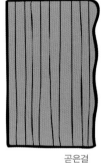

널결   곧은결

제재소와 목재소

통나무를 원하는 두께의 판재 형태로 가공해주는 곳을 '제재소'라고 하고, 가공된 판재를 선별하여 판매하는 곳을 '목재소'라 한다. 제재소에서는 원하는 두께의 판재를 주문 제작할 수 있어 좀 더 효율적으로 판재를 사용할 수 있지만, 이후 건조 과정이 필요하기 때문에 공간이 넓지 않은 대부분의 가구 공방에서는 목재소를 통해 제재된 나무를 구입하게 된다. 우리가 주로 쓰는 수입 제재목들은 현지에서 제재 및 건조 과정이 끝난 판재 상태로 수입되어 목재소에 넘어간 것들이다. 제재소는 공장, 목재소는 유통 창고라고 이해하면 쉽다.

우드슬랩

흔히 통원목이나 떡판으로 부르는 판재를 말한다. 나무를 길고 넓게 그리고 두껍게 제재하여 있는 그대로 원판을 사용하는 데 목적을 두고 있다. 껍질면을 그대로 사용하기 때문에 나무의 자연스러움이 살아있다. 가공된 판재가 아닌 온전한 하나의 나무라서 나무의 갈라짐이나 옹이를 있는 그대로 사용, 그 자연스러움이 가공 판재와 비교할 수 없을 만큼 크다.

우드슬랩은 넓은 판재 형태이기 때문에 건조 과정을 거치는 동안 휠 가능성이 폭이 좁은 판재보다 크다. 그래서 처음부터 두껍게 제재한다. 충분한 두께가 보장되어야 휨을 바로 잡기 위한 대패 작업 이후에도 원하는 두께를 얻을 수 있다.

큰 공장이 아닌 소규모 가구 공방에서는 넓은 판재를 가공할 만큼 큰 기계를 보유하기가 어렵기 때문에 결국 손대패로 평을 잡아야 하는 어려움이 따른다. 손으

◀ 통나무를 넓은 판재로 가공하는 모습
▼ 우드슬랩

로 평을 잡다 보면 완벽하게 평이 잡히지 않을 수 있다. 하지만 완벽하지 않은 평면이라도 우드슬랩 특유의 자연스러움을 살릴 수 있다. 물론 완벽한 평을 잡으려면 지그(p.196 참조)를 만들거나 전문 업체에 맡기는 등 방법이 없는 것은 아니다.

마구리

목재의 수관, 즉 목재 길이 방향의 윗면과 끝면(나이테가 보이는 면)을 '마구리end grain' 또는 '마구리면'이라고 한다.

많은 이들이 마구리를 외국어 또는 일본어라고 생각하는데 순우리말 표준어이다. 마구리란 말은 긴 물건 또는 사물(구덩이 같은 것을 포함해서)의 양 끝을 의미하거나 그것에 닿아 있는 물체 또는 막는 물체를 의미한다. 마구리면은 나무의 뿌리가 빨아들인 물이 지나가는 수관이라서 다른 면에 비해 상대적으로 색깔이 진하다.

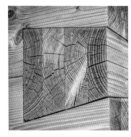

마구리면

오른쪽 그림을 보자. '자르는 방향'의 절단면인 마구리면에 넓은 판재와 같은 가공 영역이 만들어졌을 때, 결국 자르는 부분은 켜기용 공구만을 사용해야 하기 때문에 상대적으로 작업이 까다로울 수밖에 없다.

마구리면을 드릴링, 도미노, 샌딩할 때 버거운 느낌이 든다면, 그건 마구리면이 파이버 구조를 가지고 있기 때문이다. 파이버 구조란 빨대 다발을 생각하면 이해가 쉽다. 마구리면의 작업 처리는 나무의 다른 '면'에 비해 까다롭다. 나무의 다른 면은 섬유질이 중첩되어 만들어진

마구리면

형태여서 구조가 단단하고 안정성이 높은 반면, 마구리면은 섬유질이 뭉쳐 물을 당기는 수관의 형태(파이버 구조)로 발달했기 때문에 거칠고 안정성이 떨어진다. 따라서 마구리면을 완성도 있게 표면 처리하려면 나무의 다른 면보다 더 많은 시간을 투자해야 한다. 마구리면 처리 능력에 따라 그 사람의 목공 기술을 가늠할 수 있다는 이야기도 있다. 그만큼 마구리면은 다루기가 까다롭다.

옹이

나무 가지가 붙어있던 흔적을 말한다. 옹이는 흔히 '산 옹이'와 '죽은 옹이'로 나눌 수 있다. 산 옹이는 나무의 조직과 완전히 결합되어 있어 제재를 해도 떨어져 나가지 않는다. 죽은 옹이는 경쟁에서 밀려난 나무 가지(주로 하단에 형성되었던 가지)가 퇴화하여 나무속에 파묻혀 버린 경우가 대부분이다. 이 경우 나무 조직과 완전히 결합되지 않아 제재 시 옹이 조직이 떨어져 나간다. 그래서 죽은 옹이는 '옹이구멍'과 '썩은 옹이' 등으로 다시 구분된다.

다음 그림에서 보는 바와 같이 나뭇결의 방향성이 옹이를 중심으로 상반되기 때문에 대부분 대패 작업에 태클이 걸린다. 때론 뜯기고 없어져 버리는 곳이 옹이이

다. 이 상처(옹이)를 드러내거나 덜어내는 결정은 작업자의 선택에 달려 있다. 나는 구조적 결함에 영향을 미치지 않는다면 자연스럽게 옹이를 표출하는 스타일이다. 다시 한 번 말하지만 "정답은 없다."

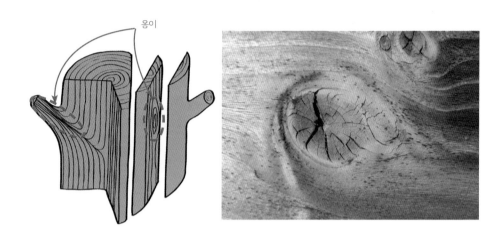
옹이

조지 나카시마

우드슬랩 작품의 대표 주자를 꼽자면, 단연 조지 나카시마George Nakashima(1905~1990)이다. 대를 이어 아직도 그 명맥이 이어지고 있는 그의 작품은 갈라짐, 옹이 등을 자연스럽게 활용하여 나무의 본질을 있는 그대로 살린 것이 특징이다. 그가 주목받는 이유는 아이러니하게도 나무로 다시 돌아왔다는 데 있다. 그의 시대는 합판의 전성기였으며 플라스틱을 활용한 가구가 시작되는 시점이었다. 그런 시대임에도 그는 나무에 천착하여 인간이 자연과 어떻게 통해야 하는지를 독창적인 방법으로 보여주었다. 그 어느 누구라도 우드슬랩을 이용하여 작품을 만들면, 어쩔 수 없이 '나카시마 스타일'이라는 수식어가 달릴 수밖에 없을 정도로 그의 작품은 독보적이다.

2강 가구에 쓰이는 하드우드

원목 가구에서 대중적으로 사용되는 하드우드 5종을 알아보고, 나아가 가구의 보조 재료로서 사용되는 합판에 대해 알아보도록 하자.

월넛, 고급스러움의 대명사 호두나무

월넛walnut(호두나무)은 대중적 하드우드 중에서 고급스러움이 단연 손꼽히는 나무이다. 목질이 견고하고 치밀하며, 작업과 마감성이 우수하다. 국내에서 고급 수종으로 가장 각광을 받고 있다. 목재 가격은 고가에 속하는 편이다. 흔히 월넛은 전량 수입된다고 알려졌지만, 천안에 호두과자가 유명한 것을 보면 국내 생산품이 전혀 없는 것은 아니다. 다만 국내산은 상업적 수요가 뒷받침되지 않기 때문에 북미산 월넛이 대부분을 차지하고 있다.

체리, 화려하고 마감성이 좋은 벚나무

체리cherry(벚나무)는 나뭇결이 화려하며 작업과 마감성이 좋다. 체리의 가장 큰 특징이라면 탄닌 성분이 있어 시간이 지날수록 톤이 진해진다는 것이다. 연붉은 톤으로 시작된 나무는 시간이 흐를수록 다크한 톤으로 바뀐다. 때문에 체리를 좋아하는 사람들은 시간이 지날수록 원숙해지는 나무라고 칭한다.

2000년 초반 체리로 제작된 원목가구가 인기를 끌었는데, 이때 서민들은 비싼 체리 원목가구 대신 체리 필름지로 저급한 유행에 동참했다. 이때 필름지에 대한 부정적 이미지가 생겨 수년 전까지 이어졌다. 하지만 가구 공방이 많이 생기면서 지금은 체리목에 대한 인식이 바뀌었고, 많은 사람들이 찾는 대중적인 수종이 되었다.

메이플, 가늘고 결이 곧은 단풍나무

메이플maple(단풍나무)은 다른 나무에 비해 나뭇결이 매우 얇은 선의 형상이다. 하얀 톤 때문에 '곱다'라는 평을 듣는다. 메이플 시럽의 영향 때문인지, 메이플이 우리가 가을에 즐기는 단풍나무라고 연상하는 사람이 드문 것 같다. 바로 그 단풍나무가 메이플이다.

나무의 밀도가 높아 무거운 편이며, 이 때문에 나무의 탄성이 매우 좋다. 소리의 울림이 깨끗하다는 이유로 드럼이나 기타 같은 고급 악기에도 사용하는데, 이는 밀도의 영향 때문인 듯하다. 밀도가 높다는 말을 달리 하면, 나무가 부러지는 한계점이 높다는 것을 뜻한다.

가늘고 곧은 결 때문에 자칫 플라스틱 같은 느낌을 주는데, 이는 나무의 맛이 떨어지는 역효과를 불러올 수 있다. 그래서 메이플은 넓은 판재로 쓰일 때 멋지게 보인다.

월넛(호두나무)
월넛으로 제작된 〈eye table〉
시리즈 중 하나이다. 2013년
광주 디자인 비엔날레 국제전에
출품된 작품이다. 월넛이 지니는
풍미를 잘 느낄 수 있다.

체리(벗나무)
이도 갤러리에서 전시했던
체리로 만든 의자이다. 체리가
지니고 있는 전체적인 색감과
분위기를 느낄 수 있다.

메이플(단풍나무)
2010년 제작한 흔들의자이다.
앞다리가 급격한 라운드로 되어
있어서 하중을 견딜 수 있을지
염려되어 밀도가 높은 메이플로
제작했다. 나무의 특성을 잘
알아두면 가구를 제작할 때
하나의 방법론으로 활용할 수
있다.

오크(참나무)
오크가 가진 특징을 잘 보여주는
식탁 세트이다.

애쉬(물푸레나무)
애쉬는 기본적으로 화이트 톤을
가지고 있지만 사진처럼 브라운
톤의 불규칙함이 보이기도 한다.

메이플의 단점을 꼽자면, 황변 현상이 상대적으로 심하다는 것이다. 황변은 나무에 물이나 투명한 오일을 발랐을 때 색이 진해지는 현상을 말한다. 보통 흰색 계열의 나무에서 나타나는데 노랗게 진해진다 하여 황변이라 한다. 마감 전의 백골 같은 느낌이 좋았다면, 오일 마감 후 황변으로 인한 실망감이 클 수 있다. 그래서 한때 메이플은 작가들 사이에서 사용도가 낮은 수종이었다. 하지만 지금은 백색 오일, 비누 마감 등 황변 현상을 최소화할 수 있는 마감제가 많이 나와 수요가 다시 늘고 있다.

오크, 단단하고 대중적인 참나무

오크oak(참나무)는 단단한 나무의 대명사인 참나무를 말한다. 사람들이 생각하는 원목가구의 이미지에 가장 근접한 나무이다. 나무 가격 또한 다른 하드우드에 비해 저렴한 편이라 대중적이라 할 수 있다.

단단한 성질 탓에 오크는 갈라지거나 터짐(p.29 참조)이 심하여 다른 하드우드에 비해 상대적으로 작업하기가 까다롭다. 화이트 오크와 레드 오크로 나뉘지만, 나무의 톤이 다른 것일 뿐 나무의 특성은 동일하다. 화이트 오크는 브라운 계열로 묵직한 톤이며 레드 오크는 붉은 계열로 가벼운 톤이다. 수요가 더 많은 화이트 오크가 레드 오크보다 조금 더 비싸다.

애쉬, 화려한 결과 수관이 넓은 물푸레나무

애쉬ash(물푸레나무)는 결이 화려하고 수관이 크다. 나무 색이 고르지 못한 게 단점이지만 이 또한 원목의 멋으로 소화할 수 있다. 나무의 질긴 성질 때문에 손으로 전달되는 충격을 흡수하는 망치 자루, 야구 배트 등에 많이 쓰인다. 가공성은 좋으나 수관에 사포 가루가 박히는 탓에 마감이 고급스럽지 못한 편이다. 대중적인 하드우드 중에서는 가격이 가장 저렴하며 판재 가공목으로 주로 판매된다.

가구 재료로서의 합판

합판이란 목재를 얇게 깎은 판을 나무의 결 방향이 서로 직교되도록 3장 이상 적층하여 접착제로 접착시켜 만든 판을 말한다. 합판은 다른 판재보다 4배 정도 강도가 높으며 같은 두께의 목재 판류보다 40% 이상 가볍다. 그리고 충격에 강하며 젖었을 때도 내구성이 유지된다. 가장 큰 장점은 수축·팽창이 없다는 사실이다. 나무의 결 방향이 직교된 상태로 나무와 나무를 본드가 잡아주고 있기 때문이다.

가구를 만들 때 합판을 소재로 하여 제작하는 경우도 많다. 합판이 주는 여러 장점을 생각해보면 충분히 가능한 일이다. 그러나 합판은 원목이 주는 장점을 극복하진 못한 것 같다. 가격만 보더라도 고급 합판인 자작나무 합판의 경우 애쉬와 가격이 비슷하여 그리 경쟁력이 있지 않다. 또 국내에서는 합판이 주로 인테리어 및 건축 자재로 사용되고 있어 많은 사람들이 '합판은 저렴하다'라는 인식이 강하다. 그래서 나는 합판을 주로 가구를 위한 부속물이나 제작 보조도구로 사용한다. 가령 합판은 수축·팽창이 없고 두께에 비해 튼튼하기 때문에 원목 서랍의 밑판이나 장의 뒤판, 혹은 가구를 제작할 때 보조도구로 쓰이는 지그 및 템플릿(p.193 참조)을 만들 때 쓴다. 합판 고유의 장점을 활용하여 용도에 맞게 쓰는 것이라 할 수 있다.

가구를 제작할 때 주로 쓰이는 합판은 '자작합판'이다. 국내에서 판매되는 보편적인 합판 중에서는 가장 비싸지만 면이 깔끔하고 균일하며 다른 합판에 비해 튼튼하다.

자작합판 외에는 무늬목 합판 등이 쓰인다. 한때 우리나라는 세계 8대 합판 생산국일 정도로 합판 생산이 활발했으나 지금은 안타깝게도 거의 전량을 해외에서 수입하고 있다. 그래서 품질도 천차만별이고 수입업자들에 의해 합판 규격이 달라지기도 한다.

가령 5mm, 7mm 합판이 어느 순간 같은 가격에 4.5mm, 6.5mm 합판이 되어버린 것이 이에 속한다. 고가에 속하는 자작합판의 경우 그런 대로 품질이 유지되어 쓸 만하지만, 그 외의 합판은 수입처 별로 품질 차이가 너무 커서 안정적인 수급이 어렵다. 좋은 거래처를 찾아야 하는 노력이 필요하다.

3강 나무 다루기

나무는 그 어떤 소재보다 변덕이 심하다. 나무가 자라온 환경, 생김새, 건조, 보관 상태 등에 따라 매번 다른 모습으로 나타난다. 이렇게 성격을 드러내는 탓에 나무를 작업할 때면 매번 어려움이 따른다. 나는 이런 나무의 까칠함을 대화하듯 감성적으로 푸는 편이다. 애정을 가지고 아기 다루듯 어르고 달래며 작업하다 보면 어느덧 나무의 마음을 이해하게 되고, 스스로 진짜 목수가 되어가는 느낌이 든다.

갈라짐, 나무 끝이 쪼개지는 현상

나비장
한 번 갈라진 나무는 시간이 흐를수록 갈라짐이 더 진행된다. 이를 막기 위해 나비 모양의 조각을 붙여 더는 갈라짐이 진행되지 않도록 하는 방법을 말한다.

갈라짐은 나무 끝이 쪼개지는 현상이다. 주로 나무의 끝부분에서 길이 방향으로 갈라진다. 마구리면의 특성상 수분의 흡수, 배출이 제일 먼저 일어나는 곳이라서 갈라짐 또한 먼저 일어나는 것이다. 이는 자연적인 현상으로 만드는 가구의 콘셉트에 따라 있는 그대로 사용해도 되고, 나비장을 이용하여 더 이상의 갈라짐을 막아도 된다.

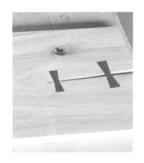

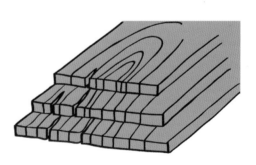

나무가 갈라졌다는 건, 작가가 의도한 것이 아닌 이상 가구의 하자로 여겨지기 쉽다. 따라서 본격적인 작업에 들어서기 전에 갈라짐을 확인하고 가재단(p.226 참조) 시 잘라낸 후 작업을 해야 한다. 갈라진 부분을 잘라내어 작업을 잘 마무리한 경우에도, 마감 시기를 미루고 방치하면 완성된 작품에서도 갈라짐이 발생할 수 있다. 따라서 가구를 완성하면 나무의 변형이나 갈라짐을 방지하기 위해서라도 신속하게 마감을 하는 것이 좋다.

　제재목의 마구리면을 보면 페인트로 칠해져 나온 것을 확인할 수 있는데, 이는 나무의 종류를 판별하기 위한 목적이 아닌 갈라짐과 해충 방지를 위한 코팅이다. 이때 초보 목수들이 많이 하는 실수가 마구리면의 페인트 색으로 나무 종류를 판단하여 수종을 착각하는 것이다. 페인트 색상의 구분은 큰 의미가 없다. 나무의 종류를 판단하는 방법은 페인트 색깔이 아닌 나무의 톤과 결의 모양, 그리고 해당 수종의 특징 등을 종합하여 확인하는 것이다. 처음에는 쉽지 않지만 애정을 가지고 나무를 꾸준히 다루다 보면 자연스럽게 구별이 될 것이다.

　자연적으로도 나무는 갈라지지만 작업을 할 때도 종종 나무가 갈라지는 것을 경험할 수 있을 것이다. 특히 짜맞춤 작업 시 장부 촉 사이즈가 장부 홈보다 조금이라도 큰 상태에서 무리하게 조립하다 보면 어김없이 갈라지고 만다. 나사못 작업 시에도 나사가 들어갈 곳을 미리 드릴링하지 않고 조인다면 하드우드의 단단함 때문에 나사 못 머리가 부러지거나 나무가 갈라지는 현상이 발생한다. 모든 갈라짐은 나무의 결 방향으로 진행됨을 이해하고 나무가 가지고 있는 특징을 염두에 두고 작업해야 할 것이다.

터짐, 나무가 뜯기거나 떨어져나가는 현상

　터짐은 목공기계의 회전 방향과 나뭇결의 방향성을 제대로 이해하지 못해 작업 중에 나무가 뜯기거나 떨어져 나가는 인위적인 현상을 말한다. 특히 아래 사진처럼 라우터나 트리머(p.110 참조) 같은 고속 회전운동을 하는 기계로 작업할 때 작업 진행 방향이 틀리거나 엇결을 만나면 빈번히 나타난다. 터짐 현상은 대부분 안전사고와 직결되기 때문에 매우 주의를 기울어야 한다.

　터짐 현상을 방지하려면 먼저 목공기계의 회전 방향과 나뭇결 방향을 확인하고, 목공 작업의 원리를 이해하여 최적의 방법을 선택해야 한다. 나무와 대화를 해야 하는 이유이다.

　나뭇결에는 '순결'과 '엇결'이 있다. 순결을 찾아 그 방향대로 깎아내면 깔끔하게 깎인다. 그것은 목공기계를 이용할 때도 마찬가지이다. 목공기계로 작업을 할 때는 늘, 언제나, 꼭 회전 방향에 신경을 써야 한다. 나무의 순결 방향과 목공기계의 회전 방향이 맞아 떨어진 상태에서 작업을 하면, 마치 물 흐르듯 나무가 깎여나감을 느낄 수 있다. 뭔가 모르게 부하가 걸리는 느낌이 든다거나 흐름이 원활하지 않다는 판단이 든다면 나무와 기계가 잘못된 방향으로 진행되고 있는

것은 아닌지 의심해봐야 한다.

다음은 회전 공구와 진행 방향과 결의 방향에 대한 이해를 설명한 그림이다.

❶

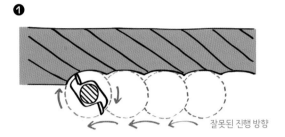

잘못된 진행 방향

❷

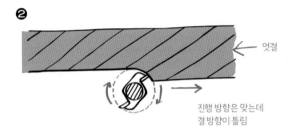

엇결

진행 방향은 맞는데
결방향이 틀림

❸

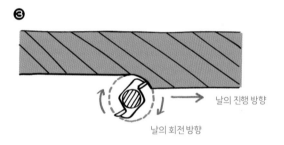

날의 진행 방향

날의 회전 방향

❹

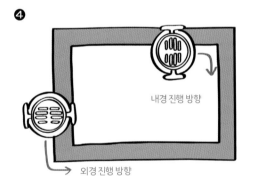

내경 진행 방향

외경 진행 방향

❶을 보면 날의 회전 방향과 날의 진행 방향이 반대로 되어있다. 이렇게 되면 날이 회전하면서 밀리는 현상이 발생해 평면이 꿀렁거리고, 나무가 회전의 힘으로 인해 튕겨나갈 수 있다. 이는 날의 진행 방향을 이해하지 못해 발생되는 현상이다. 기계의 날이 나무를 깎으면서 앞으로 진행하는 것이 맞다. 이를 이해하면 작업 시 헷갈리지 않을 것이다.

❷는 날의 회전 방향과 진행 방향은 맞으나 나뭇결 방향이 엇결인 상태이다. 날이 나무를 깎으면서 진전하는 방향은 옳은데, 나무의 결이 엇결이라서 뜯기면서 터질 가능성이 높다. 특히 깎이는 면적이 적은 마지막 부분에서는 나무 조각이 한꺼번에 떨어져나갈 수도 있다. 이런 일이 발생하면 모든 작업을 멈추고 쌓여있는 톱밥 속을 더듬어 떨어진 조각을 찾아 헤매야 할지도 모른다. 그렇지 않으면 지금까지의 작업을 처음부터 다시 시작해야 할 것이다. 떨어진 조각은 본드로 잘 붙이면 감쪽같이 보안할 수 있는데, 이는 나무가 가진 물성의 장점이기도 하다.

"회전하는 날의 방향을 이해하고 나무의 결 방향을 이해한다. 그리고 진행 방향을 결정하고 가공한다." ❸이 딱 좋은 예이다.

마지막 ❹는 액자 또는 문틀의 프레임 같은 외경과 내경이 같이 있는 부재를 가공하는 것을 나타낸 그림이다. 여기서 가장 중요한 점은 내경과 외경의 진행 방향이 서로 반대가 되어야 한다는 것이다. '날이 나무를 깎으면서 전진한다'는 사실을 잊지 않으면 진행 방향을 이해하는 것은 그리 어렵지 않다.

만약 날의 진행 방향은 옳은데 나뭇결의 방향이 반대가 될 수밖에 없는 상황이라면 어떻게 해야 할까? 우선 날의 진행 방향은 무조건 옳아야 한다. 그렇다면 엇결이 문제인데, 이때는 가공하는 범위를 최소화하여 조금씩 깎아내는 방법으로 천천히 작업해야 터짐을 줄일 수 있다.

나무라는 소재는 뜯기거나 터지면 복원시키기가 어렵기 때문에 단 한 번의 실수로도 처음부터 다시 해야 하는 낭패에 처할 수 있고, 이는 대개 빨리 하려고 서두르다 저지르는 실수가 많다. 빨리 하려다가 오히려 더 오래 걸리는 것이다. 여유를 갖고 천천히 작업하는 습관을 들이자. 그것이 가장 빠르고 효과적인 방법이다.

뜯김, 나뭇결의 일부가 뜯기는 현상

뜯김은 손대패를 사용할 때 두드러지게 발생한다. 순결이 아닌 엇결로 잘못 들어갔을 때처럼 결의 방향성을 이해하지 못하고 수공구(대패)를 잘못 세팅한 탓에 나뭇결의 일부가 뜯겨지는 것이다.

특히 넓은 판재를 작업할 때 주의해야 하는데, 가공 면적이 좁은 각재는 뜯김이 발생하더라도 뜯긴 만큼 단시간 내에 전체 면을 고르게 잡아 해결할 수 있지만, 잡아야 할 면적이 넓은 판재는 중간중간 뜯기게 되면 가공하는 데 오랜 시간이 필요하기 때문이다. 어쩌면 돌이킬 수 없는 상황까지 갈 수도 있다.

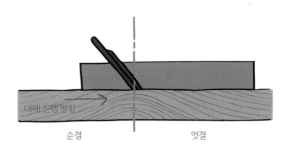

순결   엇결

뜯김을 방지하는 유일한 방법은 완벽한 대팻집 고치기(p.57 참조)에서부터 시작한다. 본인의 수공구 상태를 최상으로 유지하는 게 중요하다. 오른쪽 그림을 보자. 중앙에서 왼쪽 부분은 대패가 진행하는 방향으로 나무의 결이 순결이다. 적당한 대패 컨디션을 유지한다면 크게 문제없이 작업을 할 수 있다. 하지만 중앙에서 오른쪽으로 넘어서는 순간 엇결을 만난다. 이경우 대패의 세팅이 완벽하게 되어있지 않으면 나무가 뜯기고 만다.

참고로 이런 형태의 결 방향이 형성되는 부분은 대부분 옹이가 있는 곳이다. 옹이가 있는 곳의 뜯김을 방지하기 위해서는 수공구 정비가 필수이다.

기계 대패는 고속으로 회전하고 동일 작업을 몇 차례 반복해서 하기 때문에 뜯김의 빈도가 낮다. 뜯김이 발생하더라도 작업 진행 방향을 반대로 바꾸면 쉽게 바로잡을 수도 있다. 또한 자동대패에는 나무를 밀어주는 송재 장치가 있는데 이 속도를 늦추거나 깎는 양을 최소로 하여 가공하는 예방책도 있다.

나무의 휨

나무의 휨은 나무가 습기를 먹고 뱉는 과정에서 발생하는 자연적인 현상으로 나

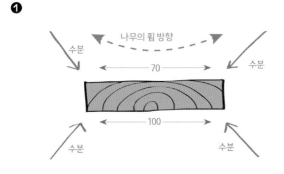

❶

나무의 휨 방향

수분

70

수분

100

수분   수분

❷

휘는 방향

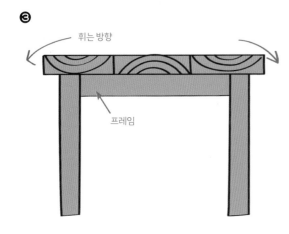

❸

휘는 방향

프레임

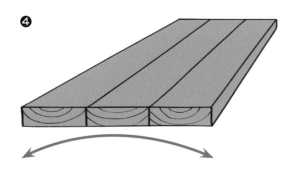

❹

무가 가지고 있는 물성 중 하나이다. 나무의 휨을 잘 이해해야 가구가 완성된 후 지속적인 견고함을 유지할 수 있다. 물론 가공 전 뒤틀린 휨을 대패 등으로 바로 잡을 때도 휨의 원리를 알아야 하지만 이때는 이론적 사고보다는 시각적 사고, 즉 눈으로 직접 휨의 상태를 파악하고 작업하는 것이라서 경우가 조금 다르다. 섬유 세포로 구성되어 있는 나무는 대기 중 수분이 흡수되고 건조되는 과정을 거치면서 자연스럽게 휨이 발생한다. 특히 우리가 대부분 사용하는 널결은 ❶에서 보는 바와 같이 바닥면의 밀도와 윗면의 밀도가 달라 수분이 침투되었을 때 휨이 발생한다.

❶을 자세히 보자. 먼저 나이테의 모양을 보면 바닥쪽이 나무의 중심부가 되고 위쪽이 나무의 바깥쪽이 됨을 알 수 있다. 나무의 밀도는 먼저 자라 차곡차곡 쌓인 나무의 중심분, 바닥쪽이 높을 것이다. 이 밀도를 100이라 가정하고 상대적으로 밀도가 낮은 윗면을 70이라 가정하자. 이때 모든 면에서 수분이 침투된다면 어떤 현상이 발생할까? 100의 밀도가 수분을 흡수하고 밀어내는 힘이 커지면서 그림에서 보는 곡선 화살표 모양으로 나무의 휨이 발생할 것이다. 이 원리로 본다면, 앞서 말한 곧은결의 변형이 상대적으로 적은 이유를 이해할 수 있을 것이다. 나이테 모양과 반대 방향으로 '나무가 휜다'라고 기억하면 된다.

휨의 원리를 이해했으니, 그것을 적용하여 작업해야 할 대표적인 예를 그림을 통해 살펴보자. ❷~❹는 작업자가 원하는 폭의 판재를 만들기 위해 판재를 집성하는 그림이다. 마구리면의 나이테 방향을 유심히 살펴보자.

❷ 나이테 방향이 지그재그 방향으로 배열되어 있다. 이는 휨을 분산시켜 판재가 휘는 것을 최소화하기 위한 하나의 방법이다.

❸ 양쪽 끝부분의 휘는 방향을 보자. 아래쪽으로 휘는 방향이다. 아래쪽으로 휘는 상판은 프레임이 지

지대 역할을 하기 때문에 휨을 잡아줄 수 있는 구조가 된다. 그림과 반대로 나무가 배열되었다면, 양쪽 끝에 있는 나무가 위로 휘게 되어 프레임과 떨어지는 구조가 되므로 완성도를 높이기 어렵다. 이런 이유로 판재를 집성할 때 가급적 홀수 집성을 권하며, 양쪽 끝은 무슨 일이 있어도 아래쪽으로 휘도록 배열한다.

❹ 판재 집성에 있어 가장 중요한 핵심은 나무의 상태이다. 나무의 상태는 아무래도 밀도가 높은 가운데 부분이 좋을 수밖에 없다. 그래서 나는 나무 상태가 좋은 면을 기준으로 집성 순서를 정한다. 그러다 보면 휨의 방향이 그림처럼 아래 방향으로 향하고, 프레임이 휨을 잡아주는 구조가 자연스럽게 만들어진다.

나무의 수축·팽창

섬유 세포로 구성되어 있는 나무는 수분을 흡수하면 그 면적이 늘어나고, 건조되면 줄어드는 성질을 가지고 있다. 이를 나무의 수축·팽창이라 한다.

나무는 폭 또는 두께 방향으로 수축·팽창이 되는데, 이때 길이 방향으로 변형되는 수축·팽창은 '없다'고 가정한다. 길이 방향의 변형률은 매우 미미하기 때문이다. 또한 판재의 경우에는 두께 부분도 수축·팽창이 미미하므로 나무의 수축·팽창은 나무의 폭 방향으로 진행된다고 이해하면 될 것이다.

우리가 나무의 물성을 이해하고 그에 따른 적절한 설계와 제작을 할 때 중요하게 생각해야 할 부분이 나무의 수축·팽창이다. 완성된 가구의 하자 여부는 대부분 나무의 수축·팽창을 무시하거나 이해하지 못한 채 제작했을 때 발생한다. 그러므로 나무의 수축·팽창은 가구를 설계하는 과정에서 가장 오랜 시간 씨름해야 할 부분이며, 강조하고 강조해도 부족함이 없다.

나무의 수축·팽창은 그 어떠한 물리적 방법으로도 통제할 수 없다. 막으려 하지 말고 오히려 자연스럽게 수축·팽창할 수 있도록 구조적 조치를 마련해주어야 한다. 이는 완성도 높은 가구의 기본이라 할 수 있다. 특히 건조한 겨울과 습한 여름에는 수축·팽창을 고려하여 가구를 제작해야 하자를 막을 수 있다. 예를 들면 겨울의 판재는 바싹 마른 상태라서 앞으로 팽창할 일만 남았기 때문에, 나무 사이에 틈을 줄 때 늘어나는 정도를 미리 감안하여 부족함 없이 주어야 한다. 반대로 여름의 판재는 수분을 머금은 상태라서 수축할 일만 남았으므로 그 틈을 최소화하는 게 맞다. 이렇듯 나무의 수축·팽창은 모든 설계 과정에서 심사숙고하여 결정해야 한다.

가구설계에서 수축·팽창과 밀접한 관계를 맺는 부분이 프레임과 판재가 만나는 곳이다. 테이블을 예로 들어보자. 상판을 지지하는 프레임은 힘의 방향이 길이 방향이다. 길이 방향은 수축·팽창이 미미하다고 했으므로, 프레임 사이즈는 변화가 없을 것이다. 하지만 프레임 위에 놓이는 테이블 상판은 경우가 다르다. 길이 방향은 변화가 없지만 폭 방향으로는 수축과 팽창을 하므로, 결국 상판과 프레임은 수축·팽창의 관계가 만들어진다. 이를 해결하기 위해 우리는 주로 철물을 사용한다.

짜맞춤 가구는 절대 못을 쓰지 않는다고 생각하기 쉽지만 수축·팽창으로 인한 가구 구조를 해결하기 위해 약 5%는 철물을 사용한다. 그 대표적 철물이 8자 철물과 Z 철물이다. 두 가지 모두 판재의 수축·팽창이 자유롭게 일어날 수 있게 해주는 보조도구이다.

Z 철물

Z 철물 : 수축 · 팽창을 해결하기 위한 1세대 철물

Z 철물은 나무의 수축·팽창을 해결하기 위해 만든 1세대 철물이다. Z 철물 이전에는 비슷한 형태를 나무로 만들어 사용했다.

고정 방법은 사진처럼 프레임에 홈을 따고 그 홈에 철물을 끼워 넣은 상태에서 상판에 피스(못)로 고정시키는 것이다. 이런 방법으로 프레임과 상판이 고정되는 모든 곳에 약 300mm 간격으로 고정시켜주면 상판의 수축·팽창이 프레임의 홈을 따라 자유롭게 진행된다. 레일을 타고 움직이는 것을 연상하면 이해가 될 것이다.

4인용 테이블 하나에 약 10개 정도의 철물이 고정되며 이렇게 고정시킨 상판과 프레임은 사람의 힘으로는 움직일 수 없을 정도로 튼튼하다. 그러면서도 미세하게 수축하고 팽창되는 나무의 성질은 자유롭다.

8자 철물

8자 철물 : 수축 · 팽창을 해결하기 위한 2세대 철물

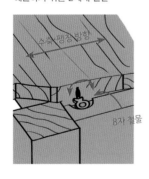

8자 철물은 Z 철물의 다음 모델로 2세대라고 생각하면 된다. 왼쪽 그림에서 보는 것처럼 8자 철물을 한쪽은 프레임에 또 다른 쪽은 상판에 고정시킨다. 그러면 오뚜기가 움직이는 것처럼 좌우로 수축·팽창이 자유롭게 이루어진다. 설치 개수와 간격은 Z 철물과 동일하다.

8자 철물을 프레임에 고정시킬 때는, 철물이 프레임보다 튀어나오지 않도록 드릴링을 해야 한다. 이는 상판과 프레임이 팔자 철물로 인해 들뜨는 것을 방지하기 위해서다.

사진으로 확인할 수 있듯이, 8자 철물은 빠지지 않게 고정된다. 때문에 프레임 턱에 걸치는 Z 철물보다 좀 더 확실하게 상판을 잡아준다고 볼 수 있다.

이밖에 8자 철물에서 변형된 여러 가지 철물이 더 있지만, 기본에 충실한 8자 철물 이상의 철물은 아직 나오지 않았다.

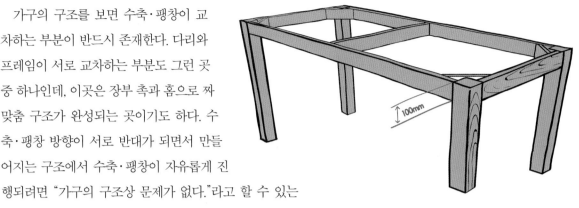

　가구의 구조를 보면 수축·팽창이 교차하는 부분이 반드시 존재한다. 다리와 프레임이 서로 교차하는 부분도 그런 곳 중 하나인데, 이곳은 장부 촉과 홈으로 짜 맞춤 구조가 완성되는 곳이기도 하다. 수축·팽창 방향이 서로 반대가 되면서 만들어지는 구조에서 수축·팽창이 자유롭게 진행되려면 "가구의 구조상 문제가 없다."라고 할 수 있는 최대 허용 범위를 100mm로 기준한다. 이는 지난 10여 년간 가구를 만들면서 터득한 나만의 기준이다(이 또한 정답은 아니라는 말이다.). 여러분도 가구 목수로서 자신만의 기준을 만들어가길 바란다.

　100mm 이하의 폭에서 발생되는 수축·팽창은 아주 미미하다고 볼 수 있다. 열려 있는 위 또는 아래 공간으로 수축·팽창이 진행되기 때문에 구조를 완성하는 데 전혀 문제가 되지 않는다. 100mm 범위를 넘어선 구조는 8자 철물 또는 장부의 형태를 이용해 수축·팽창에 대응하도록 만들면 된다.

　오른쪽 그림은 침대 프레임처럼 넓은 판재가 측면 프레임에 조립될 때 일어날 수 있는 수축·팽창의 문제를 해결하는 방법이다. 먼저 ❶은 나무를 집성하지 않고 약 2~3mm 떨어트린 상태에서 조립하는 방법이다. 홈 속에 여유 공간을 만들어 수축·팽창이 될 수 있도록 하는 것이다. 이를 다시 말하면 면의 요소는 살리되 수축·팽창 문제를 해결하는 방법으로 면을 분할해서 조립하는 방법이라 할 수 있다. 이 방법을 쓰다 보면 가느다란 선이 생기기 마련인데 이를 허용할지 말지는 작업자가 판단한다. 단지 면의 효과를 볼 수 있는 작업이다.

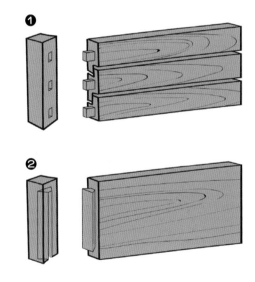

　❷는 슬라이딩 도브테일을 이용하여 장부가 홈 속에서 수축·팽창을 자유롭게 할 수 있도록 하는 것이다. 판재가 수축·팽창 방향으로 자유롭게 움직일 수는 있지만 측면 기둥에서는 뽑히지 않은 구조이다. 이처럼 다양한 결구 방법을 통해 나무의 수축·팽창을 해결할 수 있다.

　가구 하나를 만들었다. 우연히 내가 만든 가구에 관심을 보인 고객이 나타났다. 그가 1억을 줄 테니 그 가구를 본인에게 팔라고 한다. 잘 받아야 100만 원 정도일 가구를 1억 원에 사가겠다니, 이게 무슨 횡재란 말인가! 3대가 덕을 쌓았나? 그러나 마냥 즐거워 할 일만은 아니다. 이런 경우에 내가 하는 말이 있다. "팔아도 걱정, 안 팔아도 걱정."

가구 제작에 있어 튼튼함은 기본이다. 특히 수축·팽창의 문제는 어떻게든 확실하게 해결해야 한다. 앞서 말했듯 모든 가구의 하자 여부는 수축·팽창 탓에 생긴다. 수축·팽창을 완벽하게 해결한 잘 만든 가구라면 얼마가 되었든 감사히 받을 수 있겠지만 그렇지 않다면 팔아도 걱정인 것이다. 그렇다고 이런 기회를 놓칠 수도 없으니 안 팔아도 걱정이다.

4강 나무의 단위

'돼지고기 한 근은 600g' 이는 대부분의 사람들이 알고 있는 상식이다. 나무에도 이와 비슷하게 통용되는 단위가 있다. 이를 '재' 또는 '사이'라 한다. 단위에 대한 계산법을 알아야 하는 이유는 가구를 만드는 데 필요한 나무가 얼마만큼인지, 값은 얼마인지를 알아야 필요한 나무의 양과 가구의 판매 가격을 책정할 수 있기 때문이다. 또한 이런 단위 계산을 알아두어야 구입한 나무값이 정확하게 계산됐는지 덤탱이를 쓰지 않을 수 있다.

재, 나무의 부피를 재는 단위

오른쪽 그림은 인테리어용 혹은 건축용으로 사용하는 두께가 제일 얇은 각목이다. 이 각목 하나를 '1재' 혹은 '1사이'라고 한다. 이걸 공식으로 이야기하면 '1치 ×1치×12자'라고 하며 이를 모두 곱한 값이 목재 값을 구하기 위한 기본 단위가 된다.

'치'는 '한 치 두 푼'할 때의 '치'를 말하며 미터법으로 표기하면 30.3mm이다. '자'는 '열 자 장롱' '열두 자 장롱' 등 장롱 크기를 말할 때 쓰는 '자'가 그런 경우이며, 10치를 1자로 친다. 미터법으로 표기하면 303mm가 될 것이다. 그림을 미터법으로 표기하면 다음과 같다.

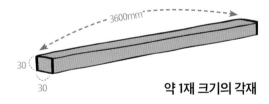

약 1재 크기의 각재

1치 = 30.3mm, 1자 = 303mm

1사이 = 1치 × 1치 × 12자 = 30.3mm × 30.3mm × 12×303mm

자, 그럼 계산기를 두드려 보자. 목공하는 사람은 항상 계산기를 끼고 살아야 한다. 간단한 암산 정도로 값을 낼 수 있는 수들도 작업할 때는 이상하게 잘 되지 않는다. 머리가 멍해진 느낌이랄까? 아무리 간단한 수치라도 암산보다는 계산기를 이용해야 정확하므로 계산기는 늘 가까운 곳에 두도록 하자.

계산기를 두드려 '30.3×30.3×12×303'을 계산해보면 '3,338,175.24'가 나온다. 여기서 천의 자리인 8을 반올림하여 숫자를 외우기 쉽게 정리하면 1사이는 '3,340,000'이 된다. "그런데 왜 네 맘대로 정리를 하는 거니? 조금이라도 정확하게 해야 하지 않아?"라고 묻는다면 이렇게 대답할 수 있겠다. 목재를 판매하는 이들이 대부분 3,340,000으로 계산한다고.

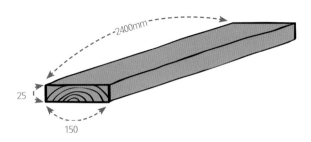

계산한 사이 값을 나무에 적용해보도록 하겠다. 왼쪽 그림은 제재목 한 판 사이즈다. 이 나무는 몇 사이나 될까? 계산법은 이렇다. 먼저 나무의 체적을 구하고 그 값을 3,340,000으로 나눈다. 그럼 계산을 해보자.

$$2400 \times 150 \times 25 \div 3,340,000 = 2.69$$

결과 값은 2.69사이. 즉 그림의 나무 한 덩이는 2.69사이인 것이다. 여기에 나무의 단가를 곱하면 되는데, 예를 들어 월넛 1사이 단가가 12,000원이라고 가정하면 '2.69×12,000=32,280'이 되어 그림의 나무 한 덩이 값은 32,280원이 되는 것이다. 가끔 초보자들이 "이 나무 한 덩이에 얼마에요?"라고 질문하는데 그때마다 나는 해줄 말이 이것밖에 없다. "계산해보세요!"

'사이'와 '재'는 나무의 부피를 계산하는 같은 단위이다. 이중 사이는 우리말이 아닌 일본어 표기의 외래어이며 아직도 남아 있는 일제의 잔재라 할 수 있다. 그래서 나이 드신 실무자들은 재보다는 사이를 더 많이 사용하고, 이 분들에게 배운 사람들 역시 나무의 부피를 나타낼 때 재보다 사이를 더 많이 사용한다. 다행스러운 점은 '사이'를 '재'로 순화해 사용하자는 취지가 널리 퍼지고 있고 사이와 재의 혼용이 이루어지면서 점점 재로 표기하는 추세라는 점이다. 그러니 우리도 목재의 부피를 나타내는 단위를 쓸 때는 꼭 '재'로 표현하자. 이렇게 말하면서 정작 나는 '사이'가 입에 붙었으니 이를 어쩌나.

자, 합판의 단위

목재의 부피를 '재'로 쓰는 것과 마찬가지로 합판의 단위는 '자'로 쓴다. 합판의 두께를 나타내는 단위는 mm를 쓰지만 부를 때를 mm 대신 t(thickness, 두께를 의미하는 영단어의 앞 자로 '티'로 발음한다.)를 혼용해 쓴다. 즉 18mm나 18t는 같은 의미이다.

여기서 한 가지 생각해볼 것은 미터법을 사용하는 우리의 현실이다. 미터법을 쓰는 것은 전 세계적으로 단위를 통일해 불편함을 없애자는 것이지만 영미권 나라들이 이에 동참하지 않으면서 혼선이 발생하고 있다. 또 영어의 사용이 범용화되면서 그들의 두께를 나타내는 단위인 t를 사용하는 경향이 늘어가고 있다. 이런 현상은 단위의 사용에 있어 복잡함을 야기한다. 그래서 나는 가능하면 두께를 나타내는 단위도 mm로 통일해 쓰는 것이 좋다고 생각하고 있다.

시중에서 구할 수 있는 가장 큰 합판 사이즈는 '4×8' 사이즈로 '1,220×2,440' 크기이고 두께는 3~33mm까지 통상 홀수 두께로 사용된다.

여기서 4×8 사이즈란 '4자×8자'란 의미이다. 1자가 303mm이니 계산하면 4자는 1,212mm, 8자는 2,424mm가 된다. 이 수치는 앞에서 이야기한 '1,220×2,440' 보다 작은데 이는 피트ft의 영향을 받은 탓이다.

요즘에는 이전에 나오던 두께가 나오지 않고 0.5mm씩 두께를 줄인 합판이 나오곤 한다. 가령 5mm가 4.5mm로, 7mm가 6.5mm로 시장에 정착해버리는 추세다. 따라서 5mm 합판을 구입했다 하더라도 정확히 5mm인지 확인한 후 사용할 필요가 있다. 또한 주문할 때는 자신이 사용할 두께의 합판이 있는지 미리 재고를 파악해두는 것이 좋다.

대부분의 가구 공방에는 적재 공간이 그리 넓지 않다. 그래서 원목에 비해 사용량이 적은 합판은 비축해놓지 않는 경우가 많다. 시기가 맞아서 나무를 주문할 때 함께 주문할 수 있다면 이상적이겠으나 그렇지 않다면 동네 목재상을 통해 주문을 해야 한다. 서울, 경기만 놓고 본다면 나무의 주문처가 대부분 인천일 것이므로 주문할 때마다 배송비가 부담되기 때문이다. 반면 동네 목재상은 가격은 조금 비쌀지라도 필요할 때 무료로 배송해주거나 약간의 운임만을 받으므로 합판을 소량 구하고자 할 때 배송비 부담을 줄일 수 있는 동네 목재상을 알아둘 필요가 있다.

주 거래처가 아닌 동네 목재상에 주문할 때는 정확한 용어와 함께 자신감 있는 목소리가 중요하다.

"자작합판 사팔 사이즈, 15mm 장당 단가가 어떻게 됩니까?"

이걸 소리 나는 대로 말하자면 이렇다. "자작합판 사팔사이즈 십오미리 장당 단가가 어떻게 됩니까?"

사용하는 용어가 틀리거나 어정쩡하게 주문하면 다른 이들보다 더 비싸게 합판 값을 지불해야 할 수도 있다. 대부분 동네 목재상은 주변 건축 현장에 일회성으로 물건을 납품하는 경우가 많아 그때그때 부르는 게 값이 되는 상황이기 때문이다.

그러니 아는 척, 노련한 업자처럼 굴어야 한다. 마지막 멘트로 "여긴 왜 저기보다 비싼가요?"라고 날려주면 구매하려는 합판 값을 조금 더 낮출 수도 있을 것이다. 안타까운 일이지만 동내 목재소의 통상적인 단점은 전화를 받는 사람에 따라 단가가 변동된다는 점이다. 그러니 꼭 가격을 확인하고 통상 가격보다 비싸다 싶으면 따지는 습관을 들이자. 또는 두 곳 이상 가격을 문의해보고 비교해보는 습관을 들이자. '내가 너무 깐깐하게 구는 건가?'라고 생각할 필요 없다. 그들이 너무 심하기 때문에 경계해야 하는 일이다.

손실률

가구의 손실률은 보통 30%를 적용한다. 거친 제재목에서 4면 대패 작업 과정에서 나오는 손실, 가재단에 의해 덜어지는 손실, 작업 시 위험 요소가 높아 사용할 수 없는 나무 등에서 나오는 손실률을 합친 것이다. 손실이 많이 발생할 수밖에 없는 디자인으로 가구가 설계되었을 경우에는 손실률을 50%까지 적용해야 할 수도 있다.

우리가 나무를 살 때 선택할 수 있는 건 두께와 길이이며 폭은 랜덤이다. 그중 두께는 약 5가지로 선택이 가능하다. 모든 종류의 나무를 두께별로 완벽하게 준비하기란 비용 및 공간 여건상 불가능하다. 그래서 필요할 때마다 소량으로 구매하여 작업하게 될 텐데, 이때 손실률을 적용하지 않고 딱 필요한 양만큼만 구입하면, 작업 중 나무가 부족한 상황에 부딪힐 것이다. 다시 나무를 주문하고 오기까지의 시간 손실은 어떻게 할 것인가? 만약 당신이 가구 공방을 하고 있고 공방 회원이 사용한 나무 값을 계산할 때 손실률을 적용하지 않는다면, 당신은 기부천사가 되고 말 것이다.

아래의 표는 목재 주문 시 받을 수 있는 평균 두께와 대패 가공으로 평을 잡았을 때 나올 수 있는 평균 두께를 미터법으로 표시한 것이다.

주문 인치	주문 시 mm 환산 두께	대패 후 두께
4/4	27~28mm	평균 약 22mm
5/4	32~34mm	평균 약 28mm
6/4	37~38mm	평균 약 35mm
8/4	52~53mm	평균 약 48mm
12/4	85~90mm	평균 약 82mm

4/4인치는 25.4mm이다. 착하게도 대패 가공을 했을 때 25mm 정도 사용할 수 있게 27~28mm로 여유 있게 재제해주었다. 하지만 이는 현지 사정일 뿐이다. 컨테이너에 실린 나무는 바다 건너 오랜 시간을 거쳐 우리에게 도착한다. 태풍도 만나고 뜨거운 열기도 맛볼 것이다. 산전수전 다 거치면서 우리 품으로 온 나무는 휘어질 만큼 휜 상태이며, 아쉽게도 대패가공 후에는 25mm보다 적은 22mm의 평균값을 만들어낸다.

손실률을 최소화하려면 설계 단계부터 계획적으로 두께를 잡아야 한다. 예를 들어 테이블 상판의 두께를 25mm로 잡았다면, 4/4인치로 작업했을 때 25mm 상판을 만들기란 쉽지 않은 일이다. 특히 테이블처럼 긴 판재가 필요한 가구는 더욱더 두께가 얇아진다. 길면 길수록 나무의 휨이 더 심하기 때문이다.

그렇다면 5/4인치로 작업하면 어떨까? 대패 후 나오는 두께의 평균값인 28mm보다 약 3mm를 더 대패질을 해야 25mm의 두께를 얻을 수 있다. 3mm의 손실을 단순히 나무 두께의 손실로만 볼 수는 없다. 노동의 손실이 더해지기 때문이다. 그렇다면 어떻게 해야 할까?

상판 두께를 처음부터 22mm나 28mm로 설계하여 작업한다면 손실률을 최소화할 수 있을 것이다. 따라서 표의 수치값을 꼭 기억하여 설계에 반영하도록 하자. 좀 더 효율적인 작업이 될 것이다.

참고로, 표의 수치는 절대적인 수치가 아니다. 평균적으로 그렇다는 것이다. 대패로 가공해야 할 부재의 휨이 심하거나, 길이가 길다면 손실은 더 커질 수 있다.

부재와 판재와 각재

하나의 가구가 완성되려면 각각 여러 개의 나뭇조각들이 서로 결합하여 구조를 만들어야 한다. 테이블을 예로 들면 다리 4개 다리를 잡아주는 프레임 4개와 상판의 결합으로 구조가 완성되는데 이들 하나하나를 '부재'라고 한다. 다리, 프레임처럼 면적이 비교적 좁은 부재를 '각재'라 하며, 상판처럼 면적이 넓은 부재를 '판재'라 부른다.

Class #1 가구 재료 연구

목공에 필요한 부자재

주재료인 나무 외에 필요한 자재를 부자재라 한다. 접착에 필요한 본드, 마감재가 대표적이다.

본드

못과 마찬가지로 짜맞춤 가구에 본드를 사용한다고 하면, 거부감을 보이는 사람들이 있다. 언론 등에 짜맞춤 가구가 소개되었을 때 '못 하나 없이 짜맞춘 가구'라는 이미지가 워낙 강했기 때문이다. 본드에 대한 부정적 인식 또한 한몫한다. 본드에서 건강에 좋지 않은 발암물질이 나온다고 생각하는 사람이 많은 것이다. 그러나 본드는 훌륭한 결합제이며 발암물질과 거리가 먼 좋은 본드도 많다.

본드 없이 사용된 짜맞춤 가구도 있지만, 수축·팽창이 일어나는 나무만으로 짜맞추게 되면 시간이 지나면서 반드시 구조적 결함이 생긴다. 우리의 옛 가구를 보면 접착제로 생선 뼈를 갈아 만든 아교를 사용한 것을 볼 수 있다. 이것 또한 본드라고 할 수 있다.

현대 목공에서 본드의 역할

현대 목공의 짜임은 그 구조와 생김새가 매우 심플하다. 이를 가능하게 한 가장 큰 원인은 본드의 발전이다. 동서양을 막론하고 전통 짜임의 생김새가 복잡하면서도 비슷한 유형으로 발전한 이유는 나무의 짜임만으로는 결합력이 부족하고 접착제를 사용하더라도 충분하지 않았기 때문이다.

하지만 지금의 본드는 나무가 지닌 결합력의 강도를 넘어섰기 때문에 짜임의 구조를 심플하게 가져가더라도 문제가 되지 않는다. 그만큼 현대 목공의 흐름에서 본드의 발전은 큰 영향을 미쳤다.

내가 주로 사용하는 본드는 타이트 사에서 출시하는 본드이다. 다양한 종류와 가격대가 존재하고 성능비가 좋으며 안전하다. 본드는 작업자의 선호도에 의해 결정되니 다른 본드를 사용하고 싶다면 충분한 테스트를 거쳐 결정하면 될 일이다. 어떤 본드를 쓰든 본인의 경험과 신뢰에 의존해 사용하는 것이 중요하다.

본드 사용 시 주의사항

주의할 것은 목공용 전문 본드는 대체적으로 수분이 70%인 목재 흡수형 본드라는 것이다. 이 때문에 철, 아크릴 등 제3소재 접합은 용도에 따른 본드를 별도로 선택해야 한다. 때로 용도에 맞지 않는 본드를 목공용으로 사용하는 경우가 있다. 특히 만능 본드처럼 선전되는 본드들을 사용하곤 하는데, 목공용으로 특화된 본드는 특화된 이유가 분명 있는 법이다. 가구가 긴 시간 올바르게 세월을 견디려면 그에 적합한 부자재를 사용해야 한다.

본드 사용에 있어 가장 유의할 것은 오픈 시간과 건조 시간이다.

오픈 시간 | 본드를 바르고 편 후 두 부재를 붙여 클램프 등으로 결합 때까지의 시간이다. 즉 나무에 본드가 닿은 후 본드가 굳어가기 시작하는 시간이라고 보면 된다. 목공용 전용 본드들은 대체로 5분 정도가 오픈 시간이다. 이 시간은 반드시 지켜야 한다. 오픈 시간이 초과되면 본드의 경화가 급속히 진행되기 때문에 본드의 결합력에 문제가 생긴다.

만약 오픈 시간 내 작업이 불가능하다고 판단되면 부재를 나눠서 조립하거나 도와줄 사람을 찾아보는 등 해결책을 찾아야 한다. 잘 준비해놓은 재료들이 최종적으로 본 모습을 갖추는 작업이 본드를 이용한 결합이다. 이때 문제가 생기면 제대로 된 작품이 나오지 못하니 반드시 꼼꼼하게 계획을 짜야 할 것이다. 본드 결합 시 음악을 틀어놓고 작업하는 것도 좋은 방법이다. 음악 한 곡이 평균 3~4분 정도이니 두 곡이 지나기 전에 클램핑까지 끝낼 수 있다면 따로 시간을 계산하지 않아도 되기 때문이다.

건조 시간 | 목공용 전용 본드들은 대체로 1시간 정도의 건조 시간을 요구한다. 이 1시간 중 가장 중요한 시간은 결합부터 약 30분 정도의 시간이다. 섬유질에 침투한 본드가 섬유질 틈새로 들어가 경화되면서 결합이 이루어지는데, 이 과정이 대부분 결합 후 30분 이내에 일어나기 때문이다. 나머지 시간은 안정기라고 보면 된다 (오픈 시간과 건조 시간은 대부분 해당 본드의 사용설명서에 명기되어 있으니 살펴보기 바란다.). 면과 면을 집성하는 경우 30~40분 정도, 면과 마구리면이 결합되는 맞춤의 경우 50~60분 정도의 시간이면 완전 건조가 끝나 다른 작업을 할 수 있다. 그러나 완전 건조가 되었다 하더라도 24시간 정도는 충격을 주지 않는 것이 좋다. 경화가 완전한 안정화를 이루는 시간이 필요하기 때문이다. 많은 작가들이 클램핑 시간을 길게 가져가는 데는 다 이유가 있는 법이다(숙련된 작가들은 하루 작업을 마치는 마무리

일로 본드 작업을 하고 하루 밤을 지내게 한 후 다음날 클램프를 푸는 경우가 많다.).

오픈 시간과 건조 시간은 온도에 영향을 많이 받는다. 가령 여름처럼 더운 날에는 설명서에 있는 시간보다 오픈 시간이 빨라진다. 겨울철 기온이 내려가면 오픈 시간에 여유가 생긴다. 또 오픈 시간이 빨라지면 건조 시간도 빨라지고, 오픈 시간이 느려지면 건조 시간도 느려진다. 이런 점을 계절별로 챙길 필요가 있다.

겨울철에는 본드의 보관에도 유의해야 한다. 영하로 내려가는 환경에 본드를 그대로 방치하면 본드의 성능이 저하되어 사용할 수 없다. 대부분의 본드들은 영상 10℃ 이상에서 사용할 것을 명시하고 있는데, 본드의 보관 역시 10℃ 이상에서 해야 한다.

목공용 본드의 대표주자

타이트 1 | 내가 주로 사용하는 본드이다. 목공에서는 가장 많이 사용하면서도 안전하여 한때 명성이 높았다. 지금은 이와 비슷한 본드들이 여러 회사에서 나오고 있다. 접착력이 우수하고 점성이 적당해 붓이나 롤러를 이용해서 신속하게 부재에 칠할 수 있다. 오픈 시간은 5분이다. 수용성이라 사용했던 붓이나 롤러 등은 물에 담가두면 재사용할 수 있어 경제적이다. 건식 밴딩 시 초벌로 물과 5:5로 희석해서 사용하면 접착력, 밴딩력, 미끌림 방지 등의 효과를 볼 수 있다. 본드에 물을 조금 타서 사용하면 오픈 시간을 조금이나마 지연시킬 수 있다. 다만 이 경우 본드의 강도가 떨어지니 조심해 사용해야 한다.

타이트 2 | 수용성인 타이트1과는 다르게 내수성이 강한, 즉 물에 강한 본드이다. 타이트1도 오일 마감 후에는 생활방수 기능이 생기므로 가구에 쓰일 본드가 반드시 물에 강할 필요는 없다. 다만 나무 욕조, 도마와 같이 물에 직접적인 노출이 많은 제품을 만들 때는 타이트2가 적당하다. 수용성이 아니기 때문에 붓, 롤러 등을 사용한 후 즉시 본드를 제거하지 않으면 재사용이 불가능하다. 가격은 타이트 1보다 비싼 편이고 오픈 시간은 타이트1과 같은 5분이다.

타이트 3 | 타이트2와 같은 능력에 오픈 시간이 10분으로 두 배 늘어난 본드이다. 클램핑까지 걸리는 시간을 음악 2곡에서 3곡까지 늘려주었다. 타이트1과 타이트2는 굳었을 때 노랑색을 띄는 반면, 타이트3은 굳었을 때 검정색을 띈다. 그래서 월넛을 작업할 때 자주 사용되곤 한다(작업 후 굳은 본드의 색깔이 나무 색깔과 비슷해서 샌딩 전에도 크게 거슬리지 않는다.). 서핑보드 등 물의 저항 능력이 필요한 작품에 주로 사용된다. 타이트 계열 본드 중 가장 비싸다.

마감재

천연 마감재
• 종류 : 보일드 아마인유, 스톤파인유, 등유, 레몬오일, 허브오일 등
• 작업성이 좋다.
• 목재에 침투성이 좋다.
• 보수가 쉽다.
• 화학적 성분이 없는 천연 성분이다.

화학적 마감재
• 종류 : 스테인, 페인트, 우레탄 등
• 건조시간이 짧다.
• 완벽 방수가 가능하다.
• 작업 완성도가 뛰어나다.
• 작업성이 좋지 못하다.
• 재 도장이 어렵다.

목공에서 마감이란 최종적인 처리 과정으로 '칠'이라 불리는 작업을 뜻한다. 원목을 이용한 작품에서의 칠은 대체로 무색투명한 도막을 입히는 작업이다. 칠을 통한 마감 작업을 하는 이유는 크게 세 가지를 꼽을 수 있다.

1. 습기로부터 나무의 저항 능력을 증가시키는 보호 기능 향상
2. 풍부하고 깊은 느낌을 더하는 장식 기능
3. 먼지, 수분, 기름, 나쁜 냄새, 사소한 흠집으로부터 보호되는 효과

단순한 작업이지만 꽤 많은 기능을 한다. 이것을 위해 천연 마감재 또는 화학적 마감재가 동원된다.

마감을 할 때는 최소 3회 이상 반복해서 해야 한다. 습도에 따른 가구의 수축·팽창을 최소화하려면 노출된 표면뿐만 아니라 모든 면을 동일하게 마감하는 것이 중요하다. 특히 테이블은 주로 사용하는 상판 윗면과 안 보이는 바닥면의 마감 회수를 다르게 하는 경우가 많은데, 자칫 수분율이 달라질 수 있어 변형에 취약해지므로 주의한다.

마감은 작업의 종착점이다. 힘들게 제작한 작품을 마감으로 망치지 않으려면, 여러 번의 테스트를 거쳐 본인이 직접 신뢰하고 선호하는 마감재를 선택하는 게 좋다. 다양한 마감재 중에서 어느 하나를 선택하기란 쉽지 않으므로 자신만의 검증시간이 필요하다.

나는 마감재로 천연오일 '아우로 #126'을 주로 사용한다. 이 제품을 사용하는 가장 큰 이유는 작업성이 좋기 때문이다. 부드러운 천으로 천천히 폴리싱하듯 작업하면 그 어떤 작품에서도 완성도 높은 마감 면을 만들 수 있다. 오렌지 계열에서 추출한 성분이 들어 있어 오렌지 향이 나는 것이 특징이다.

이 오일을 사용하기 전에는 리베론 사의 '데니쉬 오일'을 사용했다. 데니쉬 오일은 친환경 오일로 여러 장점이 있다. 어린이 장난감에도 사용할 수 있을 정도로 안전하고 건조시간도 빠른 편이다. 하지만 약간 시큼한 냄새가 나는 것이 문제다. 완전 건조 후에는 냄새가 사라지지만 고객 중에 이 냄새에 우호적이지 않은 분들이 있다.

고객의 호불호 때문에 데니쉬 오일을 대체할, 또는 더 좋은 오일은 없을까 고민하던 중 아우로 #126 오일을 찾았다. 가격은 데니쉬 오일보다 비싸지만 바르는 면적을 계산하면 그리 큰 차이가 나지 않는다. 특히 오렌지 향 때문에 아우로를 택했다.

일반적으로 가구를 만드는 작가들은 일단 오일을 선택하면 좀처럼 바꾸지 않는

다. 그 제품을 사용하며 얻은 노하우가 있기 때문이기도 하지만, 다른 제품으로 바꾸려면 테스트 등 여러 작업을 거쳐 정말 믿을 수 있는 마감재인지 확인해야 하기 때문이다.

내가 천연오일을 마감재로 주로 사용하는 이유는 천연 마감재 또한 화학적 마감재 못지않은 기능성을 가지고 있기 때문이다.

그러나 화학적 마감재가 필요한 경우도 있다. 욕실가구나 우든 서프보드처럼 물에 쓰이는 작품들은 방수가 확실해야 하기 때문에 필요에 따라 화학적 마감재를 사용한다. 그러나 아무것이나 쓸 수 있는 것이 아니라서 이 또한 적당한 검증 및 테스트 과정을 거친다.

천연 마감재의 종류

아우로 #126 | 4가지 정도의 식물에서 추출된 것을 합친 천연 합성 오일이다. 사용 방법은 비교적 간단하다. 깨끗한 천에 조금씩 적셔 걸레질하듯 폴리싱하면 된다. 빈틈없이 발라주도록 하자. 작업 후 30분 정도 지나면 서서히 건조가 되는데 이때 뭉쳐있는 부분이 없도록 남은 오일을 닦아낸다. 처음부터 조금씩 고르게 바르면 따로 닦아낼 필요가 없다. 사용설명서를 보면 오일 작업 이후 표면 건조 시간은 10시간, 완전 건조는 24시간이라고 되어 있으나 지금까지 경험으로 볼 때 실제 표면 건조 시간은 평균 6시간 정도였다.

표면 건조가 제대로 이루어졌는지 알 수 있는 방법은 600# 사포로 가볍게 샌딩해서 고운 가루가 나오는지 여부를 보면 된다. 고운가루가 나온다면 건조가 잘된 것이다. 젖은 느낌이 든다면 대기 습도나 온도에 의해 아직 건조가 안 된 것이니 좀 더 시간을 두고 기다려야 한다.

1차 오일이 완전 건조되었다면 600# 이상의 고운 사포로 전체를 고르게 샌딩해준다. 1차 오일 작업 후의 샌딩은 표면을 부드럽게 해주는 중요한 역할을 한다. 오일이 나무에 흡수되고 건조되는 경화 과정에서 나무는 필요 없는 오일을 뱉어낸다. 내려앉은 먼지와 뱉어낸 오일이 굳으면서 가구 표면이 미세하게 거칠어지는데 이 면을 부드럽게 해주는 과정이 샌딩이다. 거친 면을 부드럽게 하는 것이 목적인 만큼 너무 힘을 주어 샌딩하면 안 된다. 형성된 도막이 벗겨질 정도로 작업하는 것은 옳지 않다.

2~3차 완전 건조 후에도 동일하게 샌딩을 반복해도 되지만 나는 2차 오일 과정에서는 정성들여 작업하는 한편, 3차 오일 과정에서는 면의 상태를 보아 샌딩 과정을 생략하기도 한다. 오일 이외의 마감재도 이런 방식으로 작업하고 있다. 3차 이후 완전 건조 시간은 24시간이다. 이 시간을 지켜주도록 하자. 또한 오일에 의한 표면 강도가 완전해지기까지는 4주의 시간이 걸린다는 것도 알아두자.

아우로 #126-90 | #126의 보완 오일이다. 주요 기능은 #126 오일에 황변을 방지해주는 기능을 첨가한 것이다. 오일에 백색의 미세한 가루가 섞여 있다. 이 백색 고운 가루가 마치 황변이 안 일어난 것처럼 보이게 만들어주는 것이다. 주로 하얀 톤을 가진 메이플로 작업할 때 사용한다.

황변이란 나무에 오일이나 물이 닿으면 침투하면서 색이 진해지는 현상을 말하는데, 거의 모든 나무가 동일한 현상을 나타낸다. 오일의 색이 누렇기 때문에 그렇다고 주장하는 사람도 있지만 이는 사실이 아니다. 왜냐하면 아무런 색상이 없는 정수기의 깨끗한 물이 닿아도 황변이 발생하기 때문이다. 모든 나무는 오일 작업을 하면 진해진다. 그리고 사람들은 그것을 나무의 색상으로 자연스럽게 받아들인다. 그런데 하얀 톤을 기대했던 가구인데, 오일을 바르니 황색으로 변해 실망하는 사람들이 있어 문제가 생겼다. 자연스러운 변화이지만 급격한 변이 때문에 이런 경우 '황변'이 아닌 '환반'이라고 말하기도 한다. 메이플이나 자작나무 등에서 많이 발생한다.

#126-90 오일은 이런 상황에서 좋은 해결책이 된다. 그러나 황변이 진행되지 않게 하는 것이 아니라 황변이 일어나지 않은 것처럼 보이게 하는 것이라서 어느 정도 색이 진해지는 것은 감안해야 한다.

이와 비슷한 역할을 하는 것으로 '비누 마감'이라는 것이 있다. 오일을 바르기 전의 가구가 하얀 톤인 이유는 고운 나무가루가 나뭇결 틈 사이에 박혀 있어 진하지 않게 보이기 때문이다. 그런데 비누 성분을 이용하면 이러한 백골 상태의 톤을 그대로 유지하며 마감을 할 수 있다. 하지만 이 방법이 국내에 적합할지는 모르겠다. 비누 마감은 지속적인 유지관리가 필요해서 한두 달에 한 번씩은 비누로 마감을 해주어야 하기 때문이다. 그래서인지 비누 마감재는 아직 정식 수입업체도 없다. 그만큼 원목 가구에 대한 다양한 문화가 정착되지 않았다고 볼 수 있다. 비누 마감을 해야 할 작품을 구매할 만한 구매자가 나타난다면 한번쯤은 사용해보고픈 마감법이다.

화학적 마감재의 종류

스테인 | 원목 특유의 질감을 그대로 유지하면서 원목에 스며들어 다양한 색상을 표현한다. 쉽게 바를 수 있고 건조가 짧아 작업성이 좋다. 단 별도의 코팅 마감을 해줘야 해서 손이 많이 간다. 간혹 애쉬 같은 저렴한 나무를 월넛처럼 보이고자 할 때 월넛 스테인을 사용하기도 한다. 그러나 이는 좋은 방법은 아닌 것 같다. 한눈에 봐도 저렴해 보이는 역효과가 나기 때문이다. 스테인을 제대로 쓰려면 월넛에 월넛용 스테인을 쓰는 것이 맞다. 변재로 인해 고르지 못한 톤을 하나의 톤으로 고르게 만들기 위해 사용한다면 매우 멋진 작업이 될 수 있다.

스테인의 종류

우레탄 | 방수 기능이 뛰어나다. 코팅 면에서는 완벽 마감에 근접하지만 오일 작업에 비하면 작업성이 좋지 못하다. 에어를 이용하여 뿌려서 마감한다면 완성도 높은 결과물을 얻을 수 있지만 환경법에 의해 별도의 정화시설을 설치해야 하기 때문에 일반 공방에서는 작업하기 어렵고 공장에서 많이 사용한다(정화시설을 설치하지 않고 작업하면 적발 시 많은 벌금을 내야 한다).

붓을 이용하여 우레탄으로 마감하는 일부 공방도 있긴 한데, 붓 터치에 의해 성공 여부가 결정되므로 적당한 숙련도로 함부로 덤볐다간 낭패를 볼 수 있다. 그리고 투명 코팅으로 인해 나무의 질감이 느껴지지 않다는 점도 우레탄의 단점으로 꼽힌다. 피아노, 기타 같은 악기의 표면에 주로 쓰인다.

"목공은
해본 자와
안 해본 자의
차이다"

class #2

수공구와 클램프

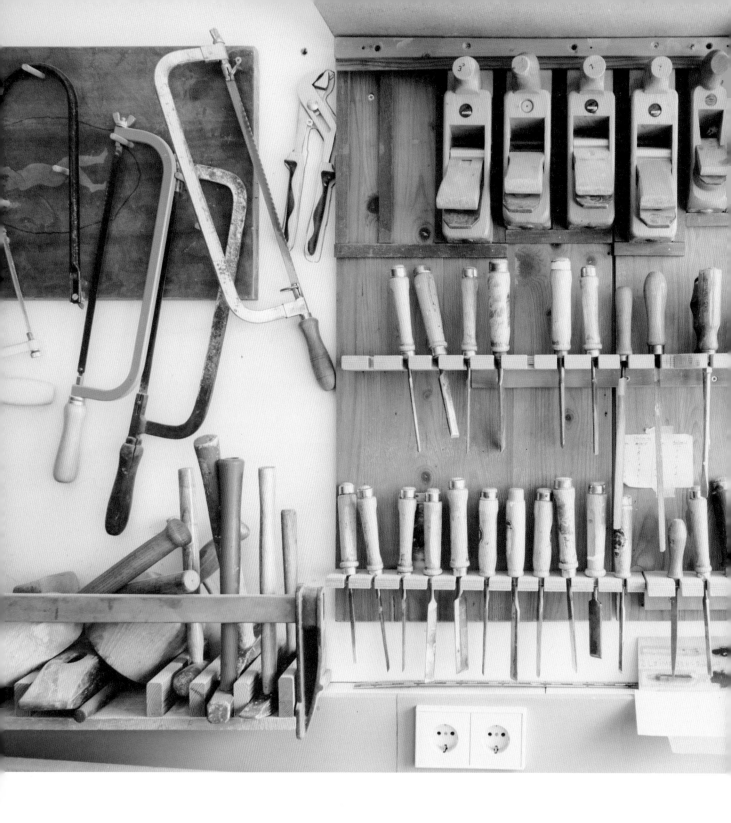

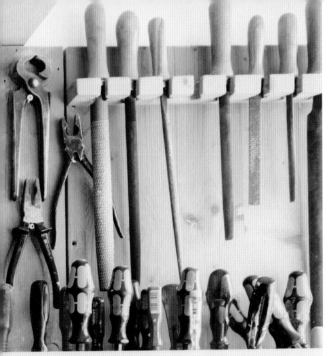

현대 목공이 주로 기계 작업으로 이루어지다 보니 이제는 '수공구보다는 기계를 잘 다뤄야 한다'라는 인식이 생겼다. 수공구가 해왔던 많은 작업을 기계가 대체하고 있고, 이 기계들을 이용하면 오랜 숙련 과정 없이도 편리하게 정밀한 작업을 할 수 있기 때문이다.

하지만 오랜 시간 수공구를 써온 목수들의 이야기를 들어보면 결국 작업은 효율성에 의해 선택되는 것 같다. 수공구를 주로 쓰는 그들도 시대가 주는 혜택을 거스르지는 않는다. 단지 같은 작업을 수공구로 했을 때와 기계로 했을 때 정확도와 시간 등을 비교해 어떤 방법이 효율적인지를 판단하고 작업한다.

기계를 이용한 작업들이 많아지면서 수공구는 작업 중 실수로 생기는 부재의 오차를 수정하거나 통상적인 마무리, 기계의 진입이 쉽지 않은 공간을 작업할 때 주로 쓰인다. 현대 목공에서 점점 비중이 작아지고 있긴 하지만, 그렇다고 수공구의 중요성이 사라지는 것은 아니다.

수공구의 가장 큰 매력은 직관적인 활용에 있다. 기계 작업은 모터에 의한 기계의 작동으로 이루어지다 보니 대부분 단방향으로 작업을 하게 된다. 이런 제한성은 생산성과 편리성을 높이고 허용 범위 내에서의 정밀도를 높여주지만, 가능한 작업이 한정되고 강한 모터의 힘으로 작업하는 탓에 사고의 위험성이 크다.

반면 수공구는 손 관절이 꺾이고 미치는 모든 범위와 방향에서 작업이 가능하고 응용이 쉽다. 자칫 다칠 수는 있지만 기계 작업보다는 덜 위험하고 별다른 준비 없이 작업할 수 있다. 그러나 수공구를 자기 손처럼 다루려면 절대적인 숙련 시간이 필요하다. 최소 2년 이상의 노력을 해야만 수공구를 다룰 줄 안다고 말할 정도가 된다. 요즘 목수들이 끌, 대패, 톱 등을 제대로 다루지 못하고 기피하는 것은 바로 이런 숙련 과정을 공들여 하지 않기 때문

이다. 굳이 이런 도구를 사용하지 않아도 기계를 이용해 할 수 있는 것들이 많은 이유도 있다.

수공구의 또 다른 매력은 숙련된 손에서 나오는 정밀한 가공이 가능하다는 점이다. 기계 작업은 덩치가 큰 형태의 정밀 가공에는 뛰어나지만 아주 작은 디테일은 마땅치 않다. 물론 이런 부분까지 기계로 못할 작업은 아니지만 수공구로 사용할 때보다 준비 시간도 오래 걸리고 결과물도 그리 훌륭하지 못할 때가 많다. 숙련된 손에서 나오는 정밀한 가공은 기계 작업보다 빠른 시간에 더 훌륭한 결과를 낼 때가 많다.

이러한 이유로 가구 작가를 지향하는 사람이라면 수공구를 정밀하게 사용할 수 있도록 최선의 노력을 다할 필요가 있다. 그런데 여기서 재미있는 현상이 하나 있다. 수공구 실력을 높이기 위한 별도의 연습을 하지 않아도 작업 시간이 축적되면 수공구를 다루는 실력 또한 늘어난다는 점이다. 이는 여러 요인이 있을 테지만, 그 일이 필요해지면 대하는 자세가 달라지기 때문일 것이다. 필요할 때 제대로 덤벼들면 깊이 몰입하여 배울 수 있어 숙련도가 빠르게 향상된다. 또 목작업을 계속하다 보면 왜 이렇게 작업해야 하는지에 대한 문리를 스스로 깨우치는 과정이 여러 번 일어난다. 일머리가 발달하는 과정인데, 작업의 흐름과 이해가 넓어지면서 수공구 실력 또한 자연스럽게 늘어가는 것이다.

목공 실력은 해본 자와 안 해본 자에 따라 달라진다는 말이 있다. 말 그대로 목공은 글로 배우는 학문이 아닌 몸으로 익혀 완성해야 하는 분야다. 작업 양이 축척될수록 목공 실력, 수공구의 숙련도 또한 높아진다는 사실을 말하고 싶다.

1강 대패

대패는 목재의 평면을 가공하는 데 목적을 둔 공구다. 평을 잡거나 모양을 내는 등 예로부터 작업자가 필요에 의해 형태를 만들어가며 직접 제작해 사용했기 때문에 평대패, 홈대패, 턱대패, 환대패 등 용도에 따라 그 형태가 발전해왔다. 하지만 현대 목공에 이르러 여러 형태를 완성해주는 다양한 기계들이 나오면서 대패의 원래 기능인 평을 잡기 위한 평대패 중심으로 수공구 기능이 축소되고 있는 실정이다. 물론 아직까지는 작업의 효율성을 위해 여러 가지 형태의 대패들이 존재하지만 그 사용 빈도가 낮아지고 있다.

이 책은 현대 목공을 기반으로 가구 만드는 법을 다루고 있기 때문에 평대패를 중심으로 이야기를 하려 한다. 대패의 일차 목적은 목재의 표면을 평면으로 가공하고 다듬는 데 있다. 작업자의 능력에 따라 기계를 쓰지 않고도 목재의 평을 맞추고 모서리를 다듬을 수 있다. 작업자가 원하는 대로 목재를 가공할 수 있는 수공구의 대표 주자가 바로 대패이다.

대패의 종류

대패는 크게 동양 대패와 서양 대패로 나뉜다. 이중 동양 대패는 나무로 된 몸체를 망치로 툭툭 쳐서 날을 세팅한다. 손의 감각만을 이용하여 세팅해야 하는 특성상 어느 정도의 숙련도가 필요하다. 반대로 서양 대패는 주물로 된 몸체와 스크류 방식의 날 세팅 방법으로 초보자들도 쉽게 날을 세팅할 수 있다. 서양 대패는 상대적으로 관리 기간이 좀 더 오래동안 지속된다. 이런 특징만 놓고 보면 "서양 대패를 사용하면 좀 더 편하겠네."라고 생각할 수 있지만 쓸 만한 서양 대패 하나를 살 정도의 비용이면 쓸 만한 동양 대패 10개를 살 수 있을 정도로 동양 대패는 가격 면에서 우위에 있고, 또 동양 대패의 우월성을 이해하면 그렇게 많은 비용을 들여 서양 대패를 고집할 필요가 있을까 하는 의문도 들게 된다.

동양 대패 vs 서양 대패

동양 대패는 어미날과 덧날의 정교한 세팅만으로도 엇결을 잡을 수 있다. 그 사실만으로도 동양 대패의 우수성을 느낄 수 있다. 서양 대패는 날 각도(각각 넘버링이 되어 있다)에 따라 대패의 종류가 무척 다양하다. 나무의 특성에 따라 적절한 대패를 사용해야 한다.

동양 대패는 대부분은 당겨서 사용하지만, 필요에 따라서 밀어서 사용할 때도 있다. 사용 동작에 정석이 있는 것이 아니라 작업자의 스타일대로 잘 가지고 놀면 되는 것이다. 반대로 서양 대패는 밀어서 사용하는 미식 대패이다(당겨서 사용할 수도 있다고 하는데 대패의 구조를 보면 미식으로 특성화되어 있다.). 여기서 재미있는 사실은 옛 조선의 대패를 보면 어미날 위쪽으로 손잡이가 있는데, 이는 우리의 전통 대패도 밀어서 사용하는 미식 대패로 만들어졌다는 걸 보여준다. 하지만 일제시대 이후 당겨서 사용하는 일본식 대패로 바뀌면서 지금은 옛것의 형태를 찾아보기가 힘들어졌다.

'장비병'이라는 말을 들어본 적 있는가? 잘 사용하지 않더라도 일단 소유해야 만족감을 느끼는 그런 장비들이 있다. 서양 대패가 그러하다. 그 형태가 다양하여 장비병의 충동을 받기 쉽다. 하지만 비싼 가격과 다양한 종류로 통장 잔고가 걱정된다면 '블럭플레인Block Plane' 하나 정도만 구비해두자. 사용 범위가 넓어 쓸모가 많다. 여유가 있어 좀 더 구입하고 싶다면 모두 사는 것도 좋겠다. 일단 장비는 많으면 많을수록 좋으니까.

동양 대패

서양 대패

대패의 구조

오른쪽 그림은 동양 대패의 구조를 그린 것이다. 크게 대팻집과 대팻날(어미날과 덧날)로 구성되어 있다. 대팻집의 바닥면을 기준으로 어미날이 튀어나온 만큼 나무를 켜서 가공하는 원리이다. 어미날은 나무를 깎아주고 덧날은 엇결이 뜯기지 않게 위에서 눌러주면서 대팻밥 배출을 원활하게 해준다. 이 둘은 날받침핀으로 꽉 끼워져서 대팻집에 고정된다. 어미날을 망치로 툭툭 쳐서 날을 밀어 넣고, 대팻집 머리 부분을 쳐서 날을 빼는 형태로 세팅한다.

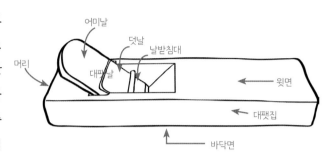

그림에서 보면 ❶로 표시된 부분을 '앞날각'이라고 하고, ❷로 표시된 부분을 '끊는각'이라고 한다. 앞날각은 어미날 자체의 날 각이고 끊는각은 대팻집이 가진 대팻날 삽입각(이를 '대팻집 물매'라고도 한다)이다. 이것을 구분하는 이유는 하드우드와 소프트우드의 특성

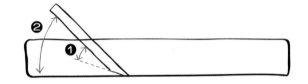

때문이다. 날의 각도가 낮으면 소프트우드에 유리하고, 날의 각도가 높으면 하드우드에 유리하다. 반대로 사용하면 나무가 파 먹히거나 대패가 잘 깎아내지 못하는 현상이 생긴다.

하드우드의 경우 앞날각(대팻날 각)은 약 30°, 끊는각(대팻집의 대팻날 삽입 각)은 약 40~43°를 사용한다. 소프트우드의 경우 앞날각은 25°, 끊는각은 31~35° 정도가 적당하다.

이 수치는 앞선 많은 선배 목수들이 경험적으로 찾아낸 것이다. 그런데 이 수치를 적용할 때 한 가지 문제가 있다. 바로 끊는각이다. 앞날각은 대팻날의 각이므로 목수가 자유롭게 날을 갈아서 맞출 수 있지만 대팻집의 끊는각은 대팻집을 따로 만들기 전에는 맞추기가 어렵다. 그래서 우리가 쉽게 구입할 수 있는 상업용 대패들은 절충된 38° 정도의 각을 가지는 것이 대부분이다.

대팻집 고치기

나무로 되어 있는 대패의 몸체는 시간이 흐르면 변형이 생긴다. 변형이 생기면 대패의 기능이 떨어지는 건 당연지사. 이를 바로잡고 최상의 컨디션을 유지하기 위한 수공구 정비를 '대팻집 고치기'라 한다.

구매한 지 얼마 안 되는 새 대패라 하여 세팅이 완벽할 거란 생각은 버리자. 대

패가 만들어지고 판매되기까지의 유통과정, 즉 보관 환경 및 판매까지의 시간 등을 고려해본다면 대팻집 고치기는 처음 구매한 대패라고 해서 예외일 수 없다. 또 아무리 좋은 대패라 할지라도 그 세팅이 완벽하다 말할 수 없다. 이는 개인 수공구를 사용해야 하는 첫 번째 이유이기도 하다. 본인이 직접 세팅하지 않은 대패를 어디까지 믿을 것인가. 대패 작업은 한 번의 실수로 작업 전체를 망칠 수도 있는 만큼 본인이 직접 정비하고 세팅하도록 해야 할 것이다.

새 대패일 때는 대팻날을 대팻집에 넣으려면 빡빡하게 들어가지만 사용이 빈번해질수록 느슨해지고 대팻날이 완전히 고정이 안 되어 흔들릴 수 있다. 이럴 때는 얇은 종이를 대팻날과 대팻집이 붙은 넓은 사선면 안(이를 '누름 홈'이라 한다)에 끼워 넣은 후 대팻날을 끼우면 해결된다. 그러다가 간격이 더 벌어진다면 사포를 크기에 맞게 잘라 꺼끌한 사포 면이 대팻날을 향하도록 하여 끼운 후 잘 고정시키도록 한다.

대패 누름 홈

대팻날을 끼웠을 때 대팻집을 기준으로 좌우 높이가 다르다면, 어미날 상단 위쪽을 망치로 살살 쳐서 수평을 잡는다. 이때 대팻날이 과도하게 움직인다면 누름 홈의 좌우 간격이 많이 흐트러진 것이다. 좌우로 움직이더라도 덧날까지 고정하면 대개는 대팻날이 움직이지 않아야 옳다. 조금만 충격을 주어도 수평이 무너져 대팻날을 바로 잡아야 한다면 이때는 누름 홈의 좌우 간격을 줄여주는 등의 수리가 필요하다.

대패 바닥면 잡기

먼저 대패의 바닥면을 수평으로 잡는 것이 중요하다. 그림의 점선처럼 대패의 바닥면에 연필을 이용하여 선을 그린다. 그런 다음 유리나 기계의 정반처럼 수평이 완벽하게 유지된 곳에 사포를 깔고 앞뒤로 움직이며 바닥면을 잡도록 한다. 표시한 연필 선들이 모두 없어질 때까지 다듬는다.

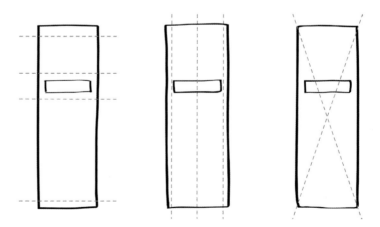

대패의 바닥면을 잡을 때 유의할 점은 어미날과 덧날을 끼운 상태에서 평을 잡아야 한다는 것이다. 날이 대팻집에 꽉 끼면서 생기는 힘은 대팻집에 미세한 변형을 준다. 따라서 날을 끼운 상태에서 평을 잡아야만 사용 중에도 평이 완벽하게 유지될 수 있다. 이때 중요한 것은 어미날과 덧날을 대패 바닥면에 최대한 가깝게 밀착하되, 튀어나오지 않아야 대팻날 손상을 막을 수 있다는 것이다.

대패 바닥면을 평평한 정반에 잘 밀착시키고 밀고 당기는 과정에서 접지면이 일정하게 가공되도록 집중해서 다듬자. 철자 등을 이용하여 대패 바닥면이 수평으로 잘 가공되고 있는지 틈틈이 확인하면서 가공하는 것도 좋겠다.

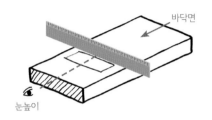
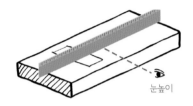
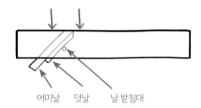

대패 바닥면 수정하기

바닥면의 평을 잡았다면 대패의 마찰력을 줄이기 위해 바닥면 수정하기를 한다. 아래 그림과 같이 날이 튀어나오는 부분으로부터 약 10mm 정도를 남기고 오목하게 가공해야 한다. 방법은 대팻날 또는 구두칼의 날을 직각으로 세워 나무를 긁어내듯이 스크래핑하여 가공하면 된다. 연필선이 없어질 때까지 약 2~3회 반복하면 되는데, 이때 턱이 지지 않고 경계선 없이 자연스럽게 시작하여 끝나는 오목함을 만들어야 한다.

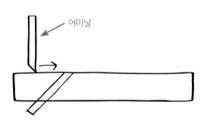

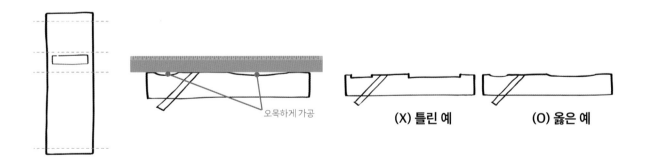

초벌/중벌용 대패는 0.3~0.6mm, 마무리용은 0.15mm 정도를 오목하게 만들면 되지만 정확하게 수치를 맞추려 하지 말고 적당히 근사치로만 접근한다. 수공구를 많이 사용하는 전통가구 장인들도 때로는 바닥면 수정 없이 평만 잡고서 작업하곤 한다. 바닥면 수정하기를 하지 않더라도 대패 작업에는 크게 지장이 없기 때문이다. 대신 그들은 잦은 대팻집 고치기를 통해 수공구 사용에 많은 시간을 투자한다.

대팻집 깎기

처음 구입한 대팻집은 모서리가 살아있어 그립감(손으로 대패를 잡았을 때의 느낌)이 좋지 못하다. 작업 중 대패 모서리에 부재가 찍혀 나무에 상처가 날 수도 있다. 이를 최소화하려면 대패를 그림처럼 부드럽게 깎아두어야 한다. 대패 머리 부분을 망치로 쳐서 대팻날을 세팅할 때 대팻집이 뭉개지는 걸 막으려면 머리 부분은 좀 더 과하게 깎는 것도 좋다. 용도나 스타일에 맞게 본인이 직접 수공구를 제작하여 사용했던 예전의 방식처럼 대팻집 깎기도 자신의 작업 방식에 따라 적당히 다듬어서 사용하면 된다. 이때 중요한 것은 바닥면을 보면 대팻날이 튀어나오는 사각형 구멍이 있는데 이 부분을 침범하여 다듬으면 대패의 평이 틀어지므로 절대 건드려서는 안 된다는 것이다.

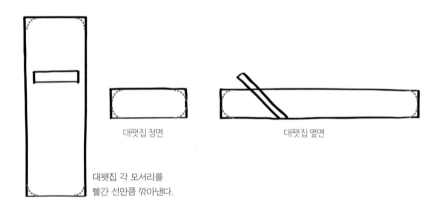

대팻집 정면

대팻집 옆면

대팻집 각 모서리를
빨간 선만큼 깎아낸다.

대팻날 연마

대팻날 연마에 따라 작업물의 상태가 결정된다고 해도 과언이 아니다. 그만큼 중요하며 날 연마를 위해 많은 시간을 투자해야 한다. 이는 경험을 통한 날 연마만이 날의 상태를 최상으로 끌어올릴 수 있다는 의미이다. 오늘날에는 이런 수고를 덜어주기 위해 '호닝 가이드'와 같은 날 연마 지그가 다양하게 나와 있다. 하지만 이런 도구에 의지하기보다는 시간이 걸리더라도 스스로 연마를 완성하는 것이 바람직하다. 아무리 좋은 보조도구를 사용해도 완벽한 날 상태를 유지하기란 참으로 어려운 일이다.

나무를 깎는 역할을 하는 큰 날을 '어미날'이라 하며 엇결이 뜯기지 않게 눌러주는 작은 날을 '덧날'이라고 했다. 어미날은 연강과 공구강이 붙어있는 합금인데, 강도가 높고 잘 깨지는 공구강 위에 잘 깨지지 않는 연강을 붙여 서로의 장점을 살리고 단점을 보완하고 있다. 어미날 끝부분을 보면 색깔이 살짝 틀린 부분이 있는데, 이 부분이 공구강이다.

연강

공구강

연강과 공구강이 붙어있는 대팻날

어미날 귀접기

대팻날을 연마할 때 가장 먼저 해주어야 하는 것이 어미날 귀접기이다. 그림처럼 어미날 양쪽의 사선 부분을 필요에 따라 좀 더 깎아주는 것을 말한다. 귀접기를 하는 이유는 대팻날 입구와 어미날이 겹치거나 붙어있으면 대팻밥이 원활하게 배출되지 않아 대팻밥이 끼는 결과를 불러올 수 있기 때문이다. 대팻밥이 끼면 대패의 기능이 저하되므로 귀접기를 해주는 것이다.

그림처럼 대팻집에 어미날을 끼우고 수평을 맞췄을 때 양쪽 모서리 부분이 겹치거나 붙어 있다면 귀접기를 해주도록 한다. 이런 경우가 아니라면 귀접기를 할 필요가 없다.

귀접기는 탁상그라인더를 이용하여 처음 귀접기되어 있는 각도를 유지하며 원하는 만큼 갈아내면 된다. 나무를 깎는 면이 아니기 때문에 갈아내는 각도에 신경쓸 필요는 없다.

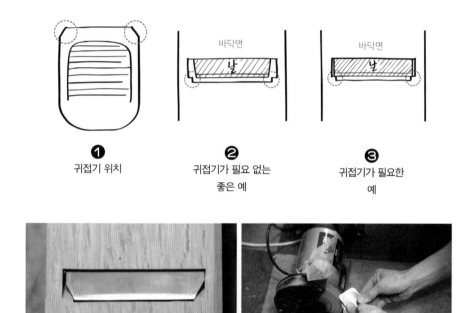

❶ 귀접기 위치

❷ 귀접기가 필요 없는
좋은 예

❸ 귀접기가 필요한
예

귀접기

그라인더 귀접기

숫돌

숫돌은 미세한 돌가루를 압축하여 평이 완벽하게 가공되어 있는 블록 형태의 돌을 말한다. 거친 정도와 고운 정도에 따라 다양한 숫돌을 찾아볼 수 있다. 숫돌의 거친 정도를 표시하는 방(#)은 숫자가 낮을수록 면이 거칠고 빠른 시간 내에 많은 양을 갈아낼 수 있다. 반대로 숫자가 높으면 거울처럼 광을 내면서 곱게 갈리긴 하지만 시간이 오래 걸린다. 따라서 낮은 방수부터 한 단계씩 높여가면서 날을 세우는 방식으로 날을 갈도록 한다.

숫돌

작업자마다 차이가 있겠지만 나는 두 개의 숫돌을 사용한다. 800#을 시작으로 평면을 잡은 후 3000#으로 날을 세우는 작업을 한다. 여기에 하나 더 추가한다면 6000#으로 거울처럼 마무리한다. 즉 800#이 초벌용, 3000# 이상이 마무리용인 셈이다. 숫돌의 방(#) 수가 높을수록 거울과 같은 반사면이 생기는데 거울처럼 비친다는 것은 그만큼 날에 스크래치가 없다는 뜻이다. 날이 거울처럼 비칠수록 "날이더 잘 선다."라고 이야기한다.

숫돌은 물을 머금은 상태에서 사용해야 그 기능을 충분히 발휘할 수 있다. 사용 전 물속에 30분 정도 담가놓으면 숫돌이 물을 먹으면서 공기방울이 올라오는 것을 볼 수 있다. 그런 다음 숫돌이 마르지 않도록 물을 조금씩 뿌려가면서 사용한다. 사용이 끝난 숫돌은 반드시 잘 건조해서 보관해야 한다. 어차피 또 쓸 거라며 평상시에도 물에 담가놓는 사람이 있는데 숫돌에 물때가 끼면 작업 효율이 떨어진다.

숫돌 또한 평을 잡아주어야 한다. 날이 갈리는 것처럼 숫돌 또한 갈리면서 턱이 생기거나 오목하게 변형된다. 이를 최소화하려면 숫돌의 면을 최대한 골고루 사용해주고, 완벽하게 건조한 후 대팻집 바닥면을 잡는 것과 같은 방법으로 숫돌의 평을 잡아주면 된다. 혹은 두 개의 숫돌을 서로 비벼대며 평을 잡는 방법도 있다. 숫돌의 평이 완벽해야 날의 평 또한 완벽해진다.

어미날 갈기

바닥면 | 어미날의 바닥면은 최초 한 번 정도만 잘 연마해두면 자주 연마하지 않아도 된다. 그 이유는 어미날의 사선면을 중심으로 날을 세우며 연마가 진행되기 때문이다. 단지 날을 세울 때 바닥면과 사선면을 높은 방수의 숫돌에서 번갈아가며 연마하면 된다. 바닥면은 그림처럼 전체 면을 잡는 것보다 날이 서는 앞부분을 중심으로 잡는다. 우리에게 필요한 곳은 날의 앞부분이란 사실을 명심하자. 오른손은 어미날의 윗부분을 감싸 날이 밑으로 처지지 않고 완벽하게 밀착되도록 힘을 주고, 왼손은 가공되는 면을 가볍게 눌러주어 연마가 되게 한다. 이때 힘을 과하게 주어 연마할 필요는 없다. 손의 힘은 날과 숫돌의 마찰면이 완벽하게 붙어있음을

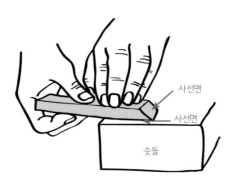

사선면
사선면
숫돌

컨트롤할 수 있을 정도면 된다. 지그시 밀고 당기는 힘으로 연마하자. 날이 제대로 연마되었는지를 확인하려면 중간 중간 날 상태를 눈으로 보면서 연마되는 부분이 날 끝부분인지를 확인하면 된다.

사선면 | 어미날의 사선면은 날을 세우기 위해 연마되는 부분이며, 그 각도에 따라 하드우드 혹은 소프트우드의 용도가 결정된다. 또 그 상태에 따라 목재의 가공 면적이 결정되는 가장 중요한 부분이라 할 수 있다.

탁상 그라인더를 이용하여 초벌갈이를 한다. 작업자에 따라 탁상 그라인더를 사용하지 않고 숫돌을 이용하여 사선날을 연마하는 이들도 있지만 나는 이런 방식을 권장하지 않는다. 그라인더로 사선면의 초벌갈이를 하는 이유는 그렇지 않을 때보다 좀 더 완벽하게 날을 세울 수 있기 때문이다.

❶
탁상 그라인더로 초벌 갈이

❷
숫돌을 이용하여
사선면 앞뒤로 연마하기

탁상 그라인더로 초벌갈이를 하면 그라인더의 라운드 값만큼 날 사선면 중앙에 홈이 생긴다. 이렇게 되면 날 연마 시 사선면 앞뒤로 연마를 위한 기준면이 생겼다고 할 수 있다. 사선면에 홈 없이 하나의 접지면을 유지하며 연마하는 것보다 두 개의 접지면을 이용하여 날을 연마하면 앞뒤로 수평의 기준면이 생기면서 좀 더 확실하고 완벽한 날 연마가 가능하다. 또 실제로 날을 연마해야 할 면적이 적어지기 때문에 빠르고 효과적으로 연마를 할 수도 있다. 그리고 이렇게 홈을 내어 날을 연마하면 날 연마 시 초보자들이 자주 실수하는 '배부름 현상'을 방지할 수 있다. 또한 작업을 하다 보면 의도치 않게 어미날이 바닥에 떨어지고, 그런 경우 자칫 날의 이가 심하게 나갈 수도 있는데, 그라인더를 이용하면 숫돌만으로 날을 연마할 때보다 빠르게 날을 잡을 수 있다.

어미날 그라인딩

옆 사진은 숫돌로 사선날을 연마할 때의 손 모양을 설명하고자 한 것이다. 작업자마다 날을 잡는 모양은 조금씩 다르지만, 중요한 건 사선면이 흔들림 없이 완벽하게 숫돌에 밀착되어 연마되어야 한다는 점이다. 이 점은 꼭 지켜야 한다. (오른손 잡이라고 가정할 때) 오른손은 사선날이 숫돌에 밀착된 각도를 유지할 수 있도록 안

숫돌 연마하는 자세

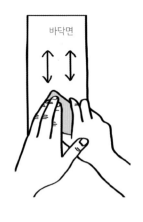

전하게 잡아주는 역할을 해야 하며, 왼손은 손가락 힘을 이용하여 사선면이 완벽하게 밀착되면서 연마될 수 있게 해야 한다. 이때도 마찬가지로 너무 과하게 힘을 주어 연마하는 것은 피한다. 밀착면을 완벽하게 유지하면서 적당한 힘으로 연마하도록 하자.

왼쪽 그림은 대팻날을 연마할 때 숫돌의 면을 최대한 고르게 사용하는 것을 표현한 것이다. 한 부분만을 이용하여 숫돌을 사용하면 숫돌의 평이 오목하게 들어가거나 턱이 생긴다. 단 한 번의 움직임으로 연마가 되는 것이 아니기 때문에 평을 잘 유지한 상태에서 최대한 고르고 넓은 면적을 활용하여 연마하는 것이 좋다. 잊지 말자. 숫돌의 평이 곧 날의 평이 된다.

날을 연마할 때는 서두르지 말고 천천히 연마해야 한다. 특히 아래 그림처럼 사선면에 배부름 현상이 이뤄지지 않게 해야 한다. 즉 사선면이 기울어지거나 둥그러지지 않게 연마해야 하는 것이다. 이런 현상이 발생하는 가장 큰 이유는 서두르기 때문이다. 흔들림 없이 집중하여 연마한다면 날 연마는 생각보다 시간이 걸리지 않는다. 여유를 가지고 천천히 하는 습관을 들이도록 하자. 천천히 하는 것이 가장 빠른 지름길이다.

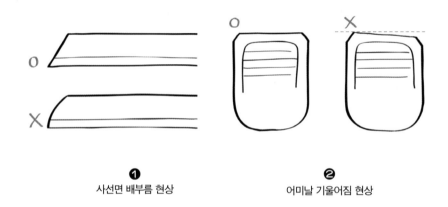

❶ 사선면 배부름 현상　　　　❷ 어미날 기울어짐 현상

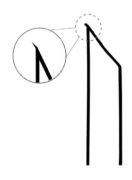

어미날 연마의 마무리 과정으로 '날을 세운다'라는 말을 한다. 말 그대로 날 끝을 뾰족하게 만드는 것이다. 대팻날을 연마하면서 손끝으로 날 끝을 만져보면 보통 연마되는 반대 면으로 까끌까끌한 느낌을 받을 수 있는데, 이는 왼쪽 그림처럼 날 끝이 얇아지면서 반대 방향으로 넘어서기 때문이다. 이때 넘어선 면을 다시 연마하면 반대 방향으로 날이 또 넘어서는데 이런 과정을 반복하면서 날 끝을 떨어트리는 느낌으로 연마하면 양쪽 모두 까끌까끌한 느낌이 없어지는 순간이 있다. 이때를 최종적으로 "날이 섰다."라고 이야기하는 것이다.

높은 방수의 숫돌을 이용하여 바닥면에서 만져질 때는 바닥면을, 사선면에서 만져질 때는 사선면을 연마하여 그 부분이 떨어져 나가 매끈해져야 어미날 연마가 끝난다. '날이 완벽하게 섰다'라는 건 '반사면이 없다'라는 말과 같다. 날 끝을 봤을 때 날 끝의 선이 보인다면 반사면이 있다는 이야기며, 이는 날이 완벽하게 서지 않았다는 의미이다.

덧날 갈기

덧날을 연마하는 근본적인 목적은 어미날 바닥면 끝부분과 만나는 덧날의 바닥면 끝부분이 완벽하게 밀착되기 위해서이다. 사진과 같이 어미날과 덧날을 밀착시켜 확인했을 때 그 사이로 빛이 통과되지 않아야 잘 밀착되었다고 할 수 있다. 이를 위해 연마가 필요한 것이다. 어미날과 덧날을 잘 맞춰놓으면 이후에는 따로 연마할 필요가 없다. 밀착이 잘 되지 않는다면 대팻밥 배출 시 이 부분에 끼게 되면서 대패의 기능이 마비된다. 특히 동양 대패의 가장 큰 장점은 엇결을 잡아준다는 것인데, 이는 덧날이 하는 역할이므로 어미날과 덧날을 잘 맞춰놓는 일은 꼭 필요하다.

어미날과 덧날을 밀착시켜 빛이 통과되지 않도록 해야 한다.

덧날의 사선날은 오른쪽 그림에서 보는 바와 같이 1단과 2단의 경사각을 만들도록 한다. 그래야 대팻밥이 원활히 배출되기 때문이다. 그러나 그림처럼 완벽한 각을 만들어야 하는 것은 아니다. 저런 형태라는 느낌으로 적당히 완성하면 덧날은 그 기능을 넉넉히 해낼 것이다. 덧날의 경사각 연마는 날을 직각으로 세운 후 굴려가듯 연마한다면 쉽게 완성할 수 있다.

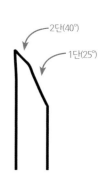

2단(40°)
1단(25°)

대팻날 세팅

대팻날을 세팅하는 방법은 다음과 같다.

1 먼저 대팻집에 어미날을 넣고 어미날의 머리 부분을 망치로 툭툭 치면서 바닥면 높이와 최대한 일치하게 끼워 넣는다.

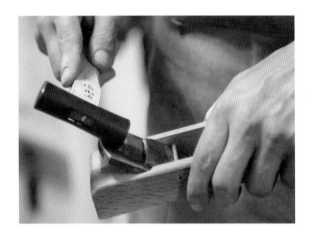

2 다음으로 덧날을 넣으면 되는데 어미날과 덧날의 세팅에서 가장 중요한 단계라고 할 수 있다. 덧날을 어미날 끝과 수평을 유지하면서 천천히 집어넣는다. 이때도 마찬가지로 망치로 툭툭 치면서 세팅하면 된다. 이때 어미날이 한쪽으로 미세하게 튀어나와 대팻집 바닥과 수평이 맞지 않으면 어미날 머리의 좌 또는 우를 망치로 가볍게 치면서 수평을 맞춘다. 날이 너무 많이 튀어나와 버리면 어미날과 덧날을 맞출 때 그 간격이 잘 보이지 않으므로 최대한 튀어나오지 않는 선에서 수평을 맞추는 게 좋다.

3 이때 어미날 끝을 넘어서기 직전, 약 0.05mm 정도의 근사치로 세팅하는 것이 가장 중요하며, 어미날 끝의 수평 관계는 유지한 채로 세팅해야 한다. 그러려면 대패를 하늘로 뒤집어서 올린 상태에서 그 간격을 조정하는 것이 눈으로 확인하기에 좋으며 망치로 컨트롤하기에도 수월하다. 그 이유는 앞서도 말했지만, 덧날은 나무의 엇결을 뜯기지 않게 눌러주는 역할을 하며 어미날이 깎음과 동시에 덧날이 깎는 면을 눌러줘야 하기 때문에 이 간격이 최대한 가까울수록 좋기 때문이다. 즉 어미날과 덧날의 간격이 최대한 가까워야 뜯김을 확실하게 잡을 수 있다는 의미이다.

한편, 엇결과 순결 상관없이 많은 양을 대패로 켜야 할 경우에는 어미날과 덧날을 좀 더 느슨하게 세팅해야 작업의 효율성을 높일 수 있다. 전통가구 장인들을 보면 크기별로 여러 개의 대패를 구비해두고 작업하는 것을 볼 수 있는데 이는 각각 초벌용, 마무리용 등 대팻날과 덧날의 세팅 정도를 다르게 한 것을 의미한다.

4 어미날과 덧날의 세팅이 끝났다면 다음은 대팻집과 날의 관계를 결정하는 세팅이 필요하다. 그림처럼 눈높이를 바닥면에 직선으로 유지하고 망치를 이용하여 어미날 머리 또는 대팻집 머리를 툭툭 치면서 날을 세팅한다. 어미날이 너무 많이 나왔다고 생각되면 대팻집 머리를 좌우 양쪽으로 번갈아 가면서 쳐서 날을 넣어주면 된다.

이때 눈높이가 가장 중요한데, 눈높이를 바닥면에 수평으로 유지하면서 날이 제대로 세팅되었는지 확인한다. 초보자에게는 쉽지 않은 작업일 수 있다. 일차적인 세팅이 끝났다고 판단되면 테스트를 거쳐 만족스럽게 세팅되었는지 가늠해본다. 대패의 날이 어느 정도 나왔을 때 얼마만큼 가공이 되는지를 확인하는 것이다. 어떤 친구들은 날이 튀어나온 상태를 손으로 만져 가늠하는 이들도 있다. 본인의 스타일을 완성하는 게 중요하다.

이를 그림으로 나타내면 다음과 같다.

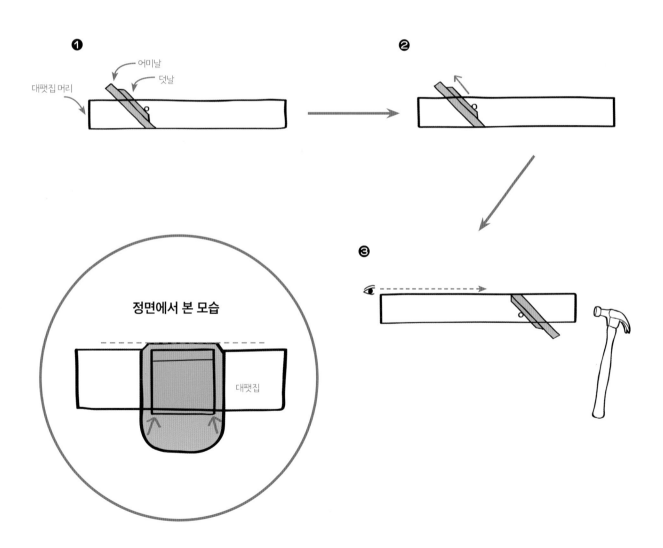

2강 | **톱**

열처리가 된 얇은 강판으로 만들어 진 톱은 나무를 자르는 용도로 사용한다. 톱이 해야 할 역할을 지금은 기계 톱이 여러 갈래로 대신하고 있지만, 톱만이 할 수 있는 고유의 작업은 여전이 많다. 톱으로 할 것이냐 기계로 할 것이냐의 경계에서 선택할 때의 기준은 효율성이다. 손 톱만이 할 수 있는 일, 기계 톱만이 할 수 있는 일이 따로 구분되어 있는 것이 아니기 때문이다.

테이블 쏘를 비롯하여 기계 톱들로 작업할 때는 위험을 감수해야 한다. 작업 형태도 단순화시켜야 한다. 모터의 움직임으로 기계가 구동하기 때문에 오랜 숙련 없이도 정밀한 재단이 가능하지만 기계가 움직이는 방향 외에는 작업이 불가능하기 때문이다. 즉 자유로운 재단이 필요할 때는 기계로 처리하기 곤란한 영역이 생긴다는 뜻이다. 톱은 이러한 곤란한 부분을 큰 위험 없이 해결해준다.

톱을 사용한다는 것은 대부분 '정재단을 한다'는 의미이다. 수치에 맞추어 정밀하게 하는 재단은 재료 가공에 목적이 있다. 그리고 이 과정이 전체 작업의 정밀도를 결정한다. 그것은 손 톱이든 기계 톱이든 마찬가지다. 그런데 정밀한 톱질은 대패와 마찬가지로 수련의 시간이 필요하다. 언뜻 생각하면 그냥 쓱싹쓱싹 자르는 것인데 무슨 수련이 필요할까 싶지만, 여기서 말하는 것은 정재단이다. 두께가 있는 나무 부재를 자신이 원하는 사이즈로 정확히 재단한다는 것은 매우 어려운 일이다. 장인들의 이야기를 들어보면 약 2년 정도는 해봐야 생각한 대로 정확히 가공할 수 있다고 한다. 물론 사람마다 다르다.

톱의 종류

톱은 크게 양날 톱, 외날 톱, 등대기톱, 플러그 쏘 등으로 나눌 수 있다. 그 외에도 여러 톱이 있지만 목공에서 자주 쓰이는 톱은 이 정도면 충분하다.

양날 톱

톱의 양쪽 모두에 날이 있는 톱을 말한다. 주로 한쪽에는 자르는 톱으로, 다른 한쪽은 켜는 톱으로 구성되어 있다. 톱날의 휘는 정도를 이용하면 곡선을 오려 낼 때도 사용할 수 있다.

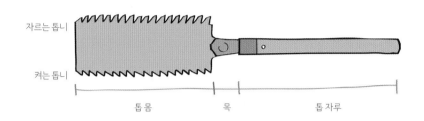

양날 톱

양쪽에 각기 다른 톱을 가지고 있는 이유는 목재가 지니고 있는 성질에 맞게 사용하기 위해서이다. 자르기 톱은 나뭇결 방향에서 직각으로 절단하는 것을 의미한다. 우리는 이를 두고 "나무를 자른다."라고 한다. 반대로 나뭇결 방향으로 자르는 것을 우리는 "나무를 켠다."라고 한다. 눈치 빠른 분들은 이미 알았겠지만, 여기서 톱으로 나무를 켜는 방향은 대패를 켜는 방향과 같다는 것을 알 수 있을 것이다.

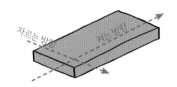

나무를 자르는 톱날과 켜는 톱날은 애초부터 그 형태와 각도가 달리 만들어졌다. 그만큼 나무의 자르는 방향과 켜는 방향의 성질이 다른 것이다. 기계 톱에서도 자르는 톱날과 켜는 톱날은 차이가 여실하다. 이에 대한 설명은 뒤에서 하겠다.

켜는 방향과 켜는 톱 구조

❶ 끊는 각 90°
❷ 날끝각 35~40°

자르는 방향과 자르는 톱 구조

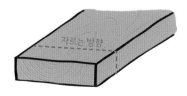

❶ 끊는 각 90°
❷ 날끝각 60°

외날 톱

외날 톱

한쪽에만 톱날이 있는 톱을 말한다. 오늘날 사용되는 대부분의 톱은 외날 톱이고 자르기 톱이다. 자르기 외날 톱이 유행하게 된 데는 두 가지 이유가 있다.

첫째, 켜기 작업이 생각처럼 쉽지 않기 때문이다. 나뭇결 방향으로 길고 바르게 자르는 일은 오랜 숙련과 육체적인 힘을 요구한다. 이러다 보니 켜기 작업은 대부분 기계로 대신하고 있다.

둘째, 규격화된 목재(주로 건축 현장에서 쓰이는)의 경우 굳이 켤 필요가 없기 때문이다. 규격에 맞게 켜서 나와 있는 상태라서 설계를 규격화된 목재에 맞추어 하면 따로 켤 필요가 없다. 이 경우 필요한 작업은 대부분 자르기 작업이다. 이렇게 나무를 켤 일이 적어지자 굳이 비용을 들여 양날 톱을 구매할 필요가 없어졌고 그러다 보니 자연스럽게 외날 톱이 유행하게 된 것이다. 오늘날 특별한 명칭 없이 '톱'이라고 하면 대부분 자르기 외날 톱을 일컫는다.

등대기톱

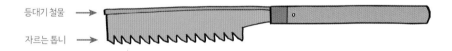

등대기 톱

외날 톱의 등, 즉 날의 반대쪽에 등대기 철물을 댄 형태의 톱을 말한다. 이런 형태의 톱이 탄생한 이유가 있다. 톱은 자체의 철물이 얇고 가벼워 자르기 작업 시 출렁거림이나 흔들림이 생기는데, 정밀한 작업을 할 때 이러면 방해가 되기 때문에 이를 보정하기 위해 생긴 것이다.

실제로 등대기톱은 등 쪽의 보강 프레임이 톱을 단단히 붙잡고 있어 톱날이 흔들리지 않아 정밀한 톱질이 가능하다. 특히 장부를 가공하는 작업에서는 필수라고 할 수 있다.

그러나 등대기톱은 등대기 철물의 간섭으로 인해 톱질 시 깊이가 제한된다. 또 정밀한 작업을 위한 용도이다 보니 날의 두께도 일반 톱에 비해 매우 얇다. 0.3mm 정도밖에 되지 않는 등대기톱도 있다. 얇은 톱은 일단 날이 꺾이면 더 이상 정밀한 작업을 할 수 없다. 톱날을 매우 신경 써서 관리해야 한다. 요즘 나오는 등대기톱들은 일회용 칼처럼 별도로 날을 교체할 수 있다.

등대기 철물 →
자르는 톱니 →

플러그 쏘

목심 제거 톱으로 알려진 플러그 쏘는 두 가지 특징이 있다.

첫째, 날이 얇고 톱날 자체가 잘 휘도록 만들어졌다(일반적인 톱은 휘지 않는다.).

둘째, 일반 톱의 날은 가공 능력을 높이기 위해 날 하나하나가 지그재그로 되어 살짝 벌어져 있는 데 반해, 플러그 쏘의 날은 일렬이다.

플러그 쏘

이와 같은 특징이 있는 이유는 사진에서 보는 것처럼 완성된 가공면을 가이드 삼아 톱질할 때 가공면에 상처를 내지 않기 위해서이다. 가공면에 상처를 내지 않고 톱질을 하려면 톱 자체가 가공면에 바짝 붙어 톱질이 되어야 한다. 완전히 밀착될수록 튀어나온 부분이 매끈하게 제거된다. 이런 이유로 플러스 쏘는 주로 턱을 잡거나 목심 등 부재에서 튀어나온 부분을 제거하는 용도로 사용된다.

플러그 쏘를 사용할 때는 주의할 점이 있다. 목심을 제거할 때 본드가 완전히 굳지 않은 상태에서 플러그 쏘를 이용해 잘라내는 경우가 많은데, 이때 톱날 사이에 본드가 끼면 톱날의 기능이 저하된다. 그러므로 본드가 묻으면 가능한 한 빨리 제거하는 게 좋다. 제때 제거하지 않고 굳어 버리면 플러그 쏘의 기능이 현저히 떨어진다.

톱질하기

톱질은 보통 다음의 3단계로 나눈다. 이는 하루아침에 습득할 수 있는 영역이 아니다. 대패나 다른 수공구들은 그 오차 범위를 얼마든지 조절해가며 맞출 수 있지만 톱은 한번 시작하면 끝을 봐야 하는 공구이기 때문이다. 즉 중간에 틀어졌어도 수정할 수 있는 방법이 극히 제한적이다. 따라서 톱을 잘 다루려면 다음과 같은 원칙을 가지고 꾸준히 연습해야 한다.

톱 길 잡기

톱 길 잡기란 톱질이 최초로 시작되는 작은 홈을 만드는 것을 말한다. 홈을 내는 이유는 원하는 바로 그 자리에서 톱질이 시작될 수 있도록 하기 위해서이다. 다시 말해 톱날이 나무 모서리 사이를 흘러 엉뚱한 곳에서부터 시작하는 것을 방지하기 위함이다. 톱 길을 잡아놓으면 톱이 엉뚱한 곳으로 흘러가지 않고 자신이 원하는 위치에서부터 정확하게 자를 수 있다. 톱 길을 내는 방법은 다음과 같다.

1. 톱을 정확히 선 위에 위치시킨 후
2. 톱을 잡은 반대 손 엄지손가락을 톱 몸통 중간에 가져다 대고
3. 톱이 좌우로 움직이지 않도록 하면서 살짝 당기거나 밀어 5mm 정도의 홈을 낸다. 요리사가 칼질을 일정하게 할 때의 자세라 생각하면 된다.

자세 잡기

사람마다 톱질하는 스타일은 각기 다르다. 하지만 톱질을 잘하는 사람들을 들여 다보면 공통된 점이 있다. 그중 제일 중요한 것은 시선이다.

아래 그림에서 톱질할 때의 눈높이를 보자. 눈높이를 기준으로 톱날의 수직선과 가공선의 수직 상태가 일치한다. 이때 시선은 어느 한곳을 집중하는 것이 아니라 모든 것을 동시에 '바라본다'는 느낌으로 작업해야 톱을 잘 사용할 수 있다. 사람 의 눈은 두 개다. 그러다 보니 상이 겹쳐 보일 수 있는데, 이때 중요한 것은 톱날과 가공선이 나의 시선 중앙에 있음을 인지하는 것이다.

초보자가 자주 하는 실수 중 하나가 톱질을 하면서 잘 가공되고 있는지 확인하 려고 시선을 자꾸 돌리는 것이다. 그러나 확인을 위해 시선을 돌리면 돌리는 그 시 선만큼 톱이 비뚤어져 진행된다. 그러므로 확인을 하려면 톱질을 멈추고 하며, 확 인이 끝나면 다시 자세를 고정시킨 다음 톱질을 하도록 한다. 그리고 더 중요한 것 은 개인의 기준을 잡는 것이다.

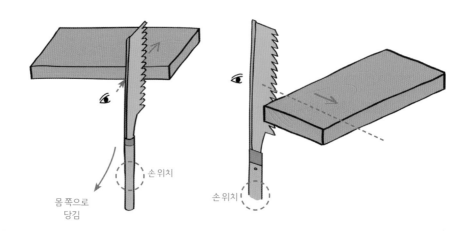

두 번째로 중요한 건 손의 자세이다. 아, 물론 톱을 한 손으로 잡든 양손으로 잡든 그것은 그다지 중요하지 않다. 초보자들이 양손을 이용하여 톱질을 연습하는 이유는 똑바로 당기기 위한 방법론일 뿐이다. 초보자들이 톱질한 것을 보면 대부분 톱선이 일정하지 않다. 이는 당기는 힘이나 방향이 일정하지 않아서 그렇다. 톱을 잘 다루는 사람은 톱을 당겼을 때 톱과 손목이 정확하게 한 방향으로만 움직인다. 말 그대로 톱이 똑바로 내려갔다 올라갈 수 있도록 손목이 컨트롤을 하고 있는 것이다. 컨트롤을 잘하고 있는지의 근거는 톱 선에 있다. 톱 선이 깨끗한 직선이라면 손목이 톱을 잘 컨트롤하고 있는 것이다. 또한 톱은 가볍게 쥐어야 한다. 톱을 당겼을 때 손에서 빠지지 않을 정도로만 힘을 주어 작업한다. 과도하게 힘을 주면 넘치는 힘만큼 톱은 다른 곳으로 빠져나가려고 할 것이다. 힘을 빼는 목공이 잘하는 목공이다.

지금까지의 이야기를 종합해보자. 톱이 선을 따라 똑바로 가고는 있지만 그 가공된 선이 바르지 않고 삐뚤거린다면 손의 자세를 바로 잡아야 한다. 톱 선이 반듯하게 가고는 있는데 방향이 틀리다면 톱과 선을 바라보는 시선을 바로잡아야 한다. 이렇게 하나씩 고쳐나가다 보면 어느새 생각하는 대로 톱질이 될 것이다.

참고로 톱질을 할 때 하체의 자세는 안정적이면 된다. 무릎을 꿇거나 다리를 벌려 무게 중심을 안정적으로 하는 등 몸이 확실히 고정되어 있다면 어떤 자세든 상관없다. 가장 중요한 건 시선과 손의 자세다.

톱질하기

자, 그럼 본격적으로 톱질을 시작해보자.

먼저 톱 길을 잡은 다음, 톱의 등과 판재의 가공선이 일직선이 되도록 시선을 둔 후 안정된 자세에서 천천히 톱질을 시작한다. 이때 유의할 것은 톱 길을 내었더라도 완전하게 자리를 잡을 때까지는 천천히 길을 낸다는 생각으로 톱질을 해야 한다는 것이다. 필요하다면 톱 길을 낼 때의 자세를 완전하게 자리가 잡힐 때까지 유지하도록 한다.

톱은 당길 때 나무를 자른다. 때문에 톱질에 노하우가 있는 사람들은 당길 때 힘을 주어 빠르게 당기는 과감성이 있다. 그들은 이렇게 하는 것이 빠른 시간 내에 정확히 톱질을 끝내는 방법임을 몸으로 체득한 사람들이다. 그러나 초보자가 이들을 따라 어설픈 흉내를 낸다면 톱질은 절대 발전하지 못한다. 손 힘을 최대한 빼고 천천히 작업하는 습관을 들이자.

톱질을 할 때는 시선이 완벽하게 고정되어 있어야 한다. 선을 따라 잘 자르고 있는지 확인하려고 옆으로 시선을 돌리곤 하는데, 톱질을 하면서 동시에 시선을 돌리는 것은 절대 해서는 안 될 행동이다. 그만큼 톱 선이 삐딱해짐을 명심하자.

톱질의 기준

장부를 결합한 모습

가구를 만들 때 수작업으로 가장 많이 하는 작업이 장부를 만드는 일이다. 장부는 숫장부와 암장부가 있는데, 이 두 장부가 만나 결합 면을 한 몸처럼 만든다. 장부를 만들 때 많이 쓰는 도구가 톱과 끌이다. 그런데 장부를 만들기 위해 톱으로 면을 자를 때는 암수 개념을 따져 자를 필요가 있다. 아래 그림을 보자.

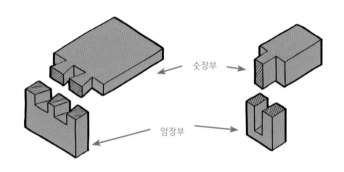

장부를 만들기 위해 톱으로 자르려다 보면, 자르고자 하는 선을 살려서 잘라야 할지 아니면 선을 없애면서 잘라야 할지 망설이게 된다. 이런 선택을 해야 하는 이유는 양날 톱의 경우 대부분은 1.5~3mm 정도의 두께를 가지고 있고 외날 톱의 경우에는 0.6~1mm 정도의 두께를 가지고 있기 때문이다.

톱으로 자르고 나면 톱 두께와, 톱 날이 벌어진 폭과, 톱이 운동하는 진동 때문에 톱 두께보다 보통 1mm 정도 두텁게 절단된다. 따라서 정교한 장부를 만들어야 할수록 선을 살려서 자를지, 선 중앙을 자를지 등이 중요한 선택지가 되는 것이다.

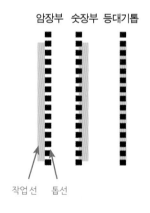

암장부 숫장부 등대기톱

작업선   톱선

장부의 암수를 정확하게 맞추고 싶다면, 왼쪽 그림처럼 작업 선의 개념을 보다 명확하게 인식해야 한다. 결론적으로 말하자면 가공선을 중심으로 숫장부는 선을 살리면서 선의 바로 왼쪽을 자르고 암장부는 선을 살리면서 선의 바로 오른쪽을 자른다. 자신이 가지고 있는 톱의 종류에 따라 실제 가공선보다 약간 더 떨어져 톱질을 해야 할 수도 있다. 이럴 때는 선을 바라보며 톱질하는 것이 의미가 없을 수 있으므로 톱질할 진짜 가공선을 따로 그려주는 것이 좋다.

최근 등대기톱이 유행하면서 이런 구분이 무의미해진 경향은 있다. 등대기톱의 날은 그 두께가 0.5mm 이하가 대부분이고 가공 시 진동도 작아서 0.5mm 샤프로 표기한 선만큼 정확히 절단해준다. 이 정도라면 굳이 암장부 선, 숫장부 선 등을 구분할 필요 없이 선 중앙을 정확히 자르기만 하면 장부가 맞게 만들어진다.

선긋기

앞에서 언급했듯 톱질 이전에 중요하게 생각할 것이 선긋기(먹금 넣기)이다. 아무리 잘 된 톱질이라도 치수에 맞게 선을 제대로 그려 넣지 못하면 조립의 정확도가 떨어진다. 또 선은 잘못된 가공을 수정할 때도 기준점이 된다. 대부분의 잘못된 가공은 전 단계에서 선을 잘못 표기했기 때문인데 이를 수정할 때는 앞에서 그려 놓은 선을 참조해 잘못된 부분을 찾아낼 수 있어야 한다.

마킹 나이프

필기구로 선을 그려도 되지만 마킹 나이프를 사용해 칼금을 긋기도 한다. 마킹 나이프를 이용하면 칼 선의 미세한 홈을 기준으로 작업을 할 수 있어 정확도가 높아진다. 하지만 마킹 나이프 선은 선명도가 불분명하여 작업하기가 여간 까다롭지 않다. 따라서 마킹 나이프로 선을 표시한 후 그 홈 위에 샤프로 선을 긋는다. 마킹 나이프의 궁극적인 목적은 미세한 홈을 만들어 활용하기 위함임을 명심하자.

톱질하기 전 가공선을 그릴 때 마킹 나이프를 이용해 깊은 칼금을 그으면 따로 톱길을 내지 않아도 톱이 잘 따라온다. 칼금이 깊으면 칼금 자체가 톱 길을 안내하는 역할을 하기도 한다. 다만 칼금은 깊게 그으면 수정이 힘들다. 유의해야 한다.

선 긋기는 매우 중요하다. 아무리 정교하게 가공할 줄 알아도 선을 잘못 넣으면 작업이 불가능하다. 하나의 가구를 완성할 때 선 넣기 작업만 하루 이상을 소비할 정도로 나는 그 중요함을 강조하고 있다.

그므개

가구를 제작하다 보면, 중복되는 값으로 여러 개의 선긋기(먹금)를 해야 할 때가 있는데, 이를 도와주는 것이 '그므개'이다. 왼쪽 끝에 날카로운 칼날이 붙어있고 중앙 몸통을 기준으로 간격을 세팅하면 같은 값으로 여러 개의 먹금 작업을 할 수 있다. 몸통에는 스크류가 달려 있어 간격을 조정한 후 잠금장치 기능을 해준다. 그므개는 한번 세팅하면 측면을 기준으로 같은 값의 먹금을 넣을 수 있다(사진 참조).

그므개

| 3강 | 끌 |

끌은 보통 홈을 파거나 다듬고 깎는 데 사용한다. 톱 작업 후 잘못된 값을 수정하기 위해 좀 더 정밀한 마무리 용도로 사용되기도 한다. 이밖에 본드를 제거하거나, 표면의 턱을 맞추거나, 표면을 정리하는 스크래퍼 역할을 하기도 한다. 쓰기에 따라서는 팔방미인이라고 할 수 있다.

끌의 구조

끌의 구조는 크게 끌 몸, 끌 목, 자루로 나뉜다.

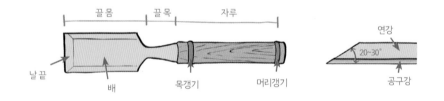

끌 몸 | 끌에서 가장 중요한 날이 있는 부분이다. 날은 대팻날과 같은 복합강으로 되어 있으나 수입되는 끌들은 복합강이 아닌 합금으로 된 것도 많다. 끌의 크기는 날 끝의 폭을 기준으로 하는데 3~50mm까지 다양하다. 일본과 우리나라에서 만든 끌은 보통 3mm 간격으로 끌의 크기가 있고, 서양에서 들어온 끌은 인치, 또는 밀리미터 간격으로 출시되어 있다. 앞날의 각도는 보통 20~30° 정도인데 각도가 작을수록 소프트우드에 적당하고, 각도가 클수록 하드우드에 적당하다. 또 각도가 작을수록 밀기에 용의하고, 각도가 클수록 타격용으로 쓰기에 유리하다.

끌 목 | 동서양을 막론하고 가운데가 오목하게 파여 있다. 이는 자루와의 연결을 원활히 하고 날 끝에서 오는 충격을 감소하기 위한 것이다.

자루 | 보통 두 가지 갱기가 달려 있다. 목갱기는 끌과 자루가 분리되지 않도록 한다. 머리 갱기는 망치로 끌을 내려칠 때 끌 자루가 쪼개지거나 변형되지 않도록 잡아준다. 어떤 끌들은 망치로 타격하기 좋은 모양으로 설계되어 따로 갱기가 달리지 않은 경우도 있다. 자루에 쓰이는 나무는 대패와 마찬가지로 단단한 참나무, 느티나무 등이다.

끌의 종류와 특징

끌에는 여러 종류가 있다. 모양으로 구분해보면 날 끝이 평평한 '평끌'과 삼각형이나 반원 등 날 끝이 성형된 '조각끌(또는 '모양끌')' 등을 들 수 있고, 기능으로 구분해보면 밀어서 깎아내는 '깎는 끌'과 망치로 쳐서 깎는 '타격 끌'로 나눌 수 있다.

가구 제작에 많이 쓰이는 끌은 평끌이다. 흔히 사람들이 끌이라 지칭하는 것이 평끌이다. 평끌은 약간 두툼한 두께 감을 가진 끌로 작업에 용의하도록 좌우 모서리를 사선으로 갈아낸 것이 특징이다. 3, 4, 5, 6, 8, 9, 10, 12~60mm 등 다양한 사이즈로 나와 있다.

좌우 모서리를 치지 않은 평끌도 판매되고 있는데 장부를 깔끔하게 다듬을 때

평끌

조각끌

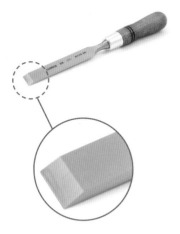

효과를 볼 수 있어 가구 작업에 자주 사용된다. 평끌이지만 일반적인 평끌과 구분하기 위해 '장부 끌'이라고도 불린다. 이 끌은 좌우 모서리가 날과 연결되어 있어 일반 평끌에 비해 손을 베일 염려가 있으니 조심해서 사용해야 한다.

장부 끌과 장부 끌 날을 확대한 모습

얇은 하이스강이 유통되기 시작하면서 최근에는 하이스강으로 끌을 만들어 쓰는 사람들이 늘어나고 있다. 원래 얇은 끌은 깎는 끌로써 밀어 쓰는 용도로 적합해 다듬기 용도로 사용된다. 그러나 하이스강은 강도가 좋아 평끌처럼 갱기를 끼워 타격 끌로도 사용된다. 얇으면서도 강하기 때문에 장부 홈을 다듬거나 마무리할 때 수월하다. 목수 사이에 유행을 하니 일부 재료상에서는 아예 하이스강으로 만든 끌 세트를 저렴하게 팔기도 한다. 대부분의 끌들이 수입품인 현실에서 이런 시도들은 긍정적이라 생각된다.

이 외에 조각을 목적으로 한 다양한 형태의 '조각끌', 곡면을 위한 '둥근끌(또는 '환끌')', 모서리나 주먹장 등을 다듬는 용도의 '세모끌' 등 여러 형태의 끌들이 작업의 용도에 맞추어 사용되고 있다.

그리고 끌은 아니지만 끌처럼 자주 쓰이는 공구가 있다. 바로 '구두칼'이다. 날이 넓고 얇기 때문에 얇은 끌 종류로 보아도 무방하다. 원래 구두칼은 구두의 굽을 떼거나 가죽을 자를 때, 또는 본드를 바를 때 사용하던 가죽 수선용 공구이지만, 목공 작업에서도 구두칼처럼 얇고 넓은 날이 유용하게 쓰이면서 이제는 당당하게 목공 도구로 자리매김했다. 주로 짜맞춤 결합 시 본드가 새어나오는 것을 제거하거나 약한 거스러미 제거, 스크래퍼처럼 표면을 정리할 때 사용된다. 힘이 부족하긴 하지만 깎는 끌의 역할을 어느 정도까지는 해낸다.

구두칼

끌 갈기

끌을 연마하는 방법은 대팻날을 연마하는 방법과 동일하다. 대패와 마찬가지로 여러 개의 끌날을 연마할 때는 큰 사이즈부터 작은 사이즈 순으로 연마한다. 숫돌에 비해 끌이 작기 때문에 작은 것부터 갈게 되면 숫돌에 홈이 생겨 숫돌의 평을 유지하기 어렵다.

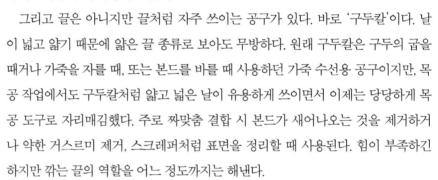

큰 사이즈에서 작은 사이즈 순으로

숫돌 800#

작은 끌의 경우 숫돌 옆면이 위로 올라오게 하여 가는 경우도 있다. 연마 면적이 작아 숫돌의 옆면에 서 갈면 평을 잡을 때도 쉽기 때문이다. 그러나 이렇 게 옆면을 사용하면 숫돌의 폭이 점점 줄어들어 대팻 날을 갈 때 불리할 수 있다. 그래서 아예 숫돌의 옆면 으로는 날을 갈지 못하도록 가르치는 공방도 있다. 하 지만 나는 원리를 가르쳐주면 될 뿐 그런 것은 개인의 취향쯤으로 남겨두어도 된다고 생각한다.

날을 연마할 때 신경을 써야 할 것은 역시 숫돌에 홈이 나지 않게 해야 한다는 점이다. 그러려면 숫돌 면 전체를 사용한다는 느낌으로 연마해야 한다. 초보 일 때는 큰 날부터 갈기 시작했더라도 2~3자루를 갈 고 나면 숫돌의 평을 잡는 것이 좋다. 날을 간 후 숫돌 의 표면을 만져보며 확인하도록 한다. 만일 숫돌의 상 태가 좋지 않다고 판단되면 평을 잡은 후 작업해야 제 대로 날을 연마할 수 있다. 실력이 늘면 10~20자루를 갈아도 숫돌의 평이 거의 무너지지 않는 경지에 이를 수 있을 것이다(숫돌의 평을 잡는 방법은 p.62 참조).

숫돌에 끌을 가는 모습

끌질하기

끌의 근본적인 역할은 홈을 파내는 것이다. 하지만 현대 목공에서는 이러한 일 을 거의 기계에 의존한다. 그렇게 되자 끌의 사용 목적이 조금씩 달라지고 있다. 기 계 작업 후 모서리를 다듬거나 미숙한 톱질 면의 마무리 용도로 많이 사용되며, 그 보다 더 많이 사용되는 용도는 본드를 제거할 때이다. 그러나 마무리 작업도 끌을 다루는 본질적인 기술과 다를 바가 없고, 홈을 제대로 파낼 수 있어야 마무리 기술 도 잘할 수 있는 만큼 홈 파기에 대해 정확히 알아보도록 하자.

홈을 파기 위해 가장 먼저 할 일은 클램프 등을 이용하여 부재를 움직이지 않게 고정시키는 것이다. 앞의 모든 작업에서도 강조했지만 작업 중 움직임을 고정하는 것은 매우 중요하다. 특히 끌은 손이 움직이는 대로 움직이는 매우 위험한 도구라 서 주의를 기울이지 않으면 안전사고가 자주 일어난다.

부재가 움직이지 않도록 고정한 후 해야 할 일은 홈을 팔 영역을 표시하는 것이 다. 이것으로 끌질을 할 준비는 완료되었다.

타격을 위주로 한 끌질을 할 때는 지켜야 할 규칙이 있다. 다음 그림을 보자.

점선이 끌로 파내야 할 영역이라고 한다면, 점선보다 약 5mm 정도 안쪽에서부터 [보기1]의 ❶ 방향으로 끌질을 시작한다. 그 이유는 같은 밀도에서 끌을 타격했을 때 사선날의 방향성을 타고 밀리는 성질이 있기 때문이다. 즉 [보기2]의 ❶처럼 끌질을 한 바깥쪽으로 나무가 뭉개지는 현상이 생긴다. 처음부터 점선 부분을 타격한다면 결국 점선 바깥쪽으로 밀려 깔끔한 가공이 어렵게 된다. ❶의 타격이 끝나면 [보기1]의 ❷처럼 나무를 걷어내는 작업을 한다. 이런 식으로 작업을 반복하여 원하는 깊이만큼 도달하면 반대쪽도 같은 방법으로 홈을 파낸다.

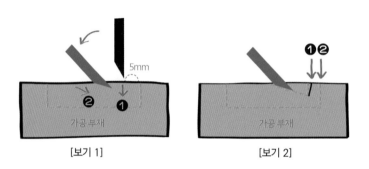

[보기 1]   [보기 2]

홈 내부의 바닥면은 오목하게 판다는 느낌으로 작업한다. 이는 바닥면을 완전 평평하게 가공하기에는 다소 어려움이 있고 그것을 측정하기도 힘들기 때문에 애초부터 조금 오목하게 가공한다는 느낌으로 작업해야 함을 의미한다. 이후 조립이 되었을 때 바닥면의 형태가 볼록한 상태라면 완벽한 조립이 불가능하므로 이를 방지하려는 목적이 있다. 빈 공간은 본드가 채워지니 걱정할 일이 아니다.

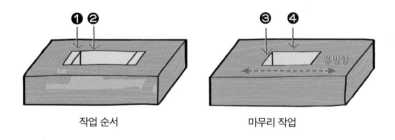

작업 순서   마무리 작업

속을 파낸 다음에는 마무리를 해야 할 것이다. 홈을 다듬는 과정이라 생각하면 되는데 위 그림은 이를 보여준다. 작업은 ❶에서 ❷ 순으로 진행한다. 결의 직각 방향을 먼저 작업해야만 결 방향으로 쪼개지는 걸 방지할 수 있다. 타격으로 홈 가공을 어느 정도 진행했다면 마무리 작업은 ❸에서 ❹로 밀어내기해야 좀 더 깔끔하게 끝낼 수 있다. 이때 끌을 잡은 손과 끌 자루를 어깨에 지지한 다음 (팔의 힘으로 누르는 것이 아니라) 팔과 어깨, 즉 몸 전체로 눌러 밀어내는 느낌으로 작업한다.

끌 보관 방법

끌을 오래 사용하려면 항상 날을 잘 연마해두어야 한다. 끌 자루는 사람의 손이 자주 닿기 때문에 자주 쓸 때는 3개월, 그렇지 않으면 1년에 한 번 정도는 기름칠을 해주어야 오래 사용할 수 있다.

또 항상 습기에 주의할 필요가 있다. 대패에 비해 끌은 더 자주 날을 갈게 되므로 물에 노출되는 시간이 많다. 날을 갈고 난 후 물기를 잘 제거해주지 않으면 금방 녹이 슨다. 특히 장마철 등 습기가 많은 계절에 장시간 사용하지 않을 것이라면 윤활제 등을 발라두어 보관할 것을 권한다.

클램프와 측정도구

4강

조립(맞춤)
마구리면이 포함된 두 개 이상의 부재를 장부 측 등의 짜임을 이용하여 결합시키는 것을 말한다.

집성
마구리면이 포함되어 있지 않은 나무의 면과 면끼리 결합시키는 것을 말한다.

클램프는 조립과 집성 등 전반적인 작업 과정에서 부재를 확실하게 고정시키기 위한 필수 공구이다. 특히 가구를 만드는 작업에서는 클램프로 나무를 고정시킨 후 부재를 가공해야 그 안전성을 확보할 수 있다. 가공 중에 나무가 흔들리지 않도록 잡아두고 본드가 완전히 건조될 때까지 적당한 힘으로 잡아주는 손의 역할을 한다.

클램프는 F형 클램프, 퀵그립 클램프, 파이프 클램프, C 클램프 등 여러 가지 형태와 기능 등으로 나뉜다. 그 가짓수만 수십 가지가 넘는다. 모두가 부재를 임시로 고정해주는 역할을 하지만 사용 방법에 따라 조금씩 다른 작동 구조를 가지고 있다.

클램프가 부재를 압착하는 방식은 크게 두 가지이다. 하나는 지렛대 원리를 이용한 압착 방식이고, 또 다른 하나는 스크류 등을 이용한 압력 전달 방식이다. 잡아주는 형태가 다르면 힘이 전달되는 방식도 다를 수밖에 없다. 하지만 클램프는 이 경계를 넘어서 적절하게 중복 사용이 가능하다. 즉 "이 클램프는 이런 식으로 잡아주기 때문에 이런 일에 쓰면 좋아."라고 말할 수는 있지만 클램프의 궁극적인 목적인 '잡아준다'라는 정체성은 변함이 없다는 뜻이다.

조립

집성

부재를 조립하다 보면, 클램프로 충분히 조였음에도 불구하고 틈이 벌어져 있는 등 완벽하게 붙지 못한 경우가 있다. 이런 결과가 나오는 이유는 대부분 부재 가공이 처음부터 잘못되었기 때문일 가능성이 높다. 클램프는 매우 강한 힘으로 압착하는 것이 사실이지만 잘못된 가공으로 인한 실수까지 붙여주지는 못한다. 만일 부재 가공이 잘 되었는데도 잘 붙지 않는다면 클램프가 주는 힘의 방향이 맞는지 살펴보아야 한다. 엉뚱한 방향으로 힘이 흐르고 있으면 결합을 시키는 것이 아니라 오히려 결합을 방해할 수도 있다.

클램프는 집성을 하거나 조립을 하는 과정에서 본드가 건조될 때까지 흔들림 없이 잡아주는 역할을 한다. 즉 흔들림 없이 잡아주기만 하면 될 뿐, 강한 힘으로 튼튼하게 잡아줄 필요까지는 없다는 뜻이다. 최소한의 힘을 이용한 완벽한 압착이 가장 이상적인 클램핑이라 할 수 있다. 이 말은 완벽한 짜임 구조를 만들어 억지스러운 힘이 필요하지 않도록 해야 함을 의미한다.

클램프가 접합면을 억지스럽게 잡아준다는 것은 작업자의 실수를 본드와 클램프의 힘으로 만회해보려는 행위이다. 이럴 경우 처음에는 잘 붙었더라도 나무의 스프링백, 즉 원상복귀하려는 탄성의 힘에 의해 작은 충격으로도 접합 부위가 다시 떨어질 수 있다. 집성도 마찬가지이다. 힘으로 클램핑한 억지 집성은 작은 충격에도 집성 부분이 떨어져나갈 확률이 매우 높다. 가장 좋은 클램핑은 적은 힘으로 완벽히 밀착하는 것이다. 힘을 뺀 목공이 잘한 목공이다.

F형 클램프와 패러럴 클램프

F형 클램프와 패러럴 클램프는 부재를 압착할 때 스크루 방식을 사용하는 클램프이다. 스크루screw 방식은 쉽게 말해 나사를 돌리고 푸는 방식을 생각하면 된다. 패러럴 클램프는 클램프 중에서는 가장 큰 압착 능력을 자랑한다. 특히 부재와 직각을 유지할 때 잡아주는 힘이 크기 때문에 주로 집성 작업에 사용한다.

F형 클램프

옆 두 사진의 클램프는 모두 F 형태를 가지고 있지만, 위쪽을 F형 클램프라 하고 아래쪽은 패러럴 클램프라 한다. 이 둘의 차이점은 부재를 잡는 면적이 다르다는 데 있다. F 클램프의 잡는 면적은 빨간색 플라스틱 패드의 작은 범위이고, 패러럴 클램프는 검정색 바닥의 넓은 범위가 압착 면적이다. 둘 다 구동 방식은 동일하다.

F형 클램프

압착 면적이 작기 때문에 잡아주는 포인트를 확실하게 정할 수 있고, 원하는 힘의 방향성 또한 결정하기가 쉽다. 특히 넓은 판재를 집성할 때는 판재의 수평을 최대한 고려하면서 클램핑을 해야 하는데 F형 클램프의 특징인 스크루 방식은 그 힘이 수직 방향으로 전달되어 압착되는 힘이 판재의 수평을 유지하는 데 도움이 된

패러럴 클램프

다. 즉 그 힘이 전달받는 면적이 작은 덕분에 클램핑 시 힘의 포인트와 방향성을 확실히 알 수 있으며, 판재 집성에 가장 효과적인 클램프라 말할 수 있는 것이다. 또 상대적으로 가격이 저렴하여 많은 개수를 보유하기도 좋다. 하지만 힘을 지탱하는 몸체가 가늘어 길이가 길어질수록 몸체가 휘어진다. 이런 성질 때문에 힘의 전달이 약해지는 단점이 있다.

패러럴 클램프

가장 큰 장점은 잡는 면적이 넓고, 튼튼한 몸체를 가지고 있어 길이가 길어도 우수한 압착력을 보여준다는 데 있다. 또 직각 유지도 우수하다. 하지만 가격이 비싸 많이 구비해두기 부담스럽다. 비교적 길이가 짧은 F형 클램프가 소화할 수 없는 넓은 판재 집성에 적합하다. 또 압착할 수 있는 면적이 넓어 아래 사진에서 보듯 압착면이 빈틈없이 넓게 작용해야 하는 각재의 두께 집성에 쓰임이 좋다. 부재 가공 시 하나의 클램핑만으로도 완벽하게 부재를 고정시킬 수 있는 견고함과 강력한 힘이 있다. 값이 비싼 데는 이유가 있는 법이다.

얼마나 구비해야 하나

클램프는 많을수록 좋다. 작업을 하다 보면 항상 부족한 것이 클램프이다. 하지만 비용이 부담되어 다수의 클램프를 보유할 수 없다면 어느 정도 기준을 두고 구입해야 한다. 집성 작업을 기준으로 클램프의 보유 수량을 생각해보면 다음과 같다.

F형 클램프 | 상판 폭 600mm 이하, 길이 2000mm로 판재 집성하는 작업은 꽤 크고 긴 판재 집성 작업 범위에 해당하는데, 이때 필요한 클램프는 길이 600mm 최대 7개 정도이다. 물론 클램프는 많을수록 좋다. 7개는 작업에 필요한 최소 수량이라 보면 된다.

조립 작업은 양쪽 대칭으로 클램핑해야 하므로 짝수가 필요한 반면, 집성 작업은 양쪽 끝 그리고 중앙을 중심으로 하여 균일한 간격으로 클램핑해야 하기 때문에 홀수가 필요하다.

또 수압대패에서의 작업이 완벽하다는 전제 하에 약 300mm 간격으로 클램핑한다고 계산하면 2000mm 클램핑에 필요한 개수가 7개라는 계산이 나온다. 그 이하의 길이를 집성하는 데 필요한 클램프 개수는 5개 또는 3개 정도면 된다.

클램프의 근본적인 역할은 접합면의 완벽한 밀착이다. 만일 2000mm 길이의 판재 집성을 할 때 7개보다 많은 클램프가 필요한 상황이라면 수압대패나 자동대패 작업이 제대로 되었는지 다시 한 번 살펴볼 필요가 있다.

패러럴 클램프 | F형 클램프보다 집성 폭이 더 넓은 판재, 즉 600mm를 넘어서는 판재를 집성하기 위해 필요한 패러럴 클램프의 길이와 수량을 계산해보자. 판재로 집성할 수 있는 최대의 폭 길이를 가정해보자면, 보통 아무리 큰 테이블 상판을 만들더라도 1200mm 이하일 것이다. 따라서 600~1200mm 폭으로 집성하는 작업 범위라면, 1200mm 길이의 패러럴 클램프 7개를 구비하는 것이 좋다. 또 각재 집성을 위해 압착 길이가 짧은 300mm 패러럴 클램프도 4개 정도 보유하는 게 작업 편의상 유리하다. 압착력이 좋아 작업 중 부재를 고정시키는 용도로도 사용할 수 있기 때문이다.

여기서 이러한 의문이 생길 수 있다. 패러럴 클램프 작업 범위가 1200mm이라면, 그 작업 범위 내에 있는 F형 클램프는 굳이 필요 없지 않을까?

맞는 말이다. 비용면에서 부담이 된다면 패러럴 클램프만 보유해도 무방하다. 하지만 각 작업에서의 최적화를 고려해본다면 F형 클램프 또한 투자가치가 있다. 클램프는 많을수록 좋다는 사실은 작업을 해본 사람이라면 충분히 공감하는 사실이다.

퀵그립 클램프

퀵 그립 클램프는 손잡이를 잡는 듯한 형식으로 작동하며 압착하는 과정과 힘을 빼는 해제가 간편한 게 특징이다.

이 클램프의 장점은 클램프의 기본 기능인 바깥에서 안쪽으로 잡아주는 압착 능력뿐만 아니라 안쪽에서 바깥으로 벌려 주는 기능이 있다는 것이다. 이러한 기능 때문에 조립에 최적화되어 있다고 볼 수 있다. 클램핑의 힘은 F형 클램프보다 약하지만 편리하고 빠

퀵그립 클램프

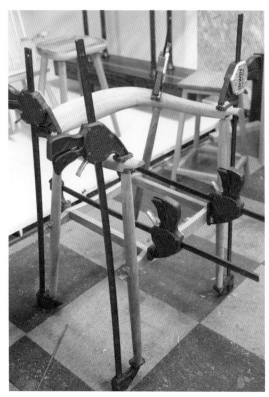

른 작동 능력 덕분에 사용 빈도가 높은 편이다.

퀵 그립 클램프의 구조를 보면, 직각이 처음부터 확보되는 형태가 아니다. 퀵 그립 클램프를 직각으로 잡으려면 압착하는 힘을 잘 조절하여 사용해야 하는데 이런 특성을 잘 이용하면 조립할 때 오히려 더 자유롭게 압착 방향을 조절할 수 있다. 뭐니 뭐니 해도 퀵 그립 클램프의 가장 큰 장점은 사용상 편의성에 있다.

보유 수량은 4개 단위의 짝수가 적합하다. 앞서 말했듯 가구의 조립은 대부분 짝수로 진행되기 때문이다. 물론 많으면 많을수록 좋다. 길이별로 300mm, 600mm, 900mm, 1200mm를 각각 4개씩 가지고 있으면 대부분의 작업에 무난하다. 경제적 여건상 줄여야 한다면 짝수 단위로 개수를 조절하면 된다.

퀵 그립 클램프와 F형 클램프는 적절히 중복하여 사용해도 무방하다. 형태에 따른 특징이 다를 뿐이므로 클램프 개수가 부족하다면 적절히 섞어 사용하자.

퀵 그립 클램프를 이용하면
자유로운 각도로 부재를 압착할 수 있다.

C 클램프

철공 작업용으로 주로 사용되는 클램프이다. 압착 영역이 적어 목공에서는 집성 및 조립할 때 턱을 맞추는 용도 등 보조 클램프로 사용된다. 비용이 저렴해서 다량의 클램프를 보유할 수 있다는 장점이 있다.

파이프 클램프

수도 파이프를 활용한 F형 클램프 형식의 클램프를 말한다. 상대적으로 비싼 패러럴 클램프를 저렴하게 대체해 사용할 수 있다. 클램프는 길이가 길수록 가격도 비싸다. 2000mm가 넘는 패러럴 클램프는 웬만한 전동공구 가격과 비슷해서 꼭 필요한 길이의 클램프더라도 구입을 망설이게 되는데, 이럴 때 파이프 클램프는 저렴한 가격에 긴 클램프를 대신할 수 있는 대체재가 된다.

파이프 클램프는 다음 사진에서 보는 바와 같이 주황색 부속품과 수도 파이프를 별도로 구매하기만 하면 된다. 그 가격이 놀랍도록 저렴하다. 하지만 구조상 두께 집성을 하기가 까다로워 대부분은 패러럴 클램프의 가격 부담을 줄이기 위한 길이가 긴 클램프로만 활용된다.

    길이별로 1500mm, 1800mm, 2000mm, 2400mm 두 개씩만 장만하면 아무리 큰 작품이라도 조립하는 데 부족함이 없다. 예산상 개수를 줄여야 한다면 짧은 쪽부터 줄이면 된다. 파이프는 가급적 두꺼운 파이프를 사용하는 것이 좋다. 클램프 뭉치와 파이프의 결합은 탭(나사산)을 내어 결합하는 방식인데, 두께가 얇은 파이프는 탭 과정에서 남아있는 파이프 두께가 더 얇아져 강한 압착을 주는 순간 나사산 부분이 부러져 버릴 수 있기 때문이다. 또한 파이프가 얇으면 몇 번 사용하지 않았는데도 파이프가 휘어 그 기능이 저하되는 경우가 생긴다. 미관상 흑관(검정 파이프)을 사용하는 사람도 있는데, 수분이 많은 본드와 흑관이 만나면 나무에 검정 얼룩이 묻을 수 있으므로 가급적 흑관은 피하도록 한다.

    파이프 클램프가 대체재라고 불리는 이유는 파이프 자체가 강한 힘을 견디는 클램프의 용도로 생산된 것이 아니기 때문이다. 힘이 강한 클램프는 약 700kg의 힘으로 부재를 압착한다. 그러나 수도 파이프는 원형으로 제작되어 휨에 강하기는 하지만 길이가 길수록 부재를 압착할 때의 힘을 견디지 못하고 휘어 버리곤 한다. 휨이 발생하면 직각으로 부재를 밀어주지 못해 결합력이 떨어지므로 주의해야 한다.

    작업자에 따라 대부분의 클램프를 파이프 클램프로 대체하여 사용하는 것을 선호하는 사람도 있다. 이는 작업자의 스타일이며 그만큼 파이프 클램프 또한 작업 능력 면에서 떨어지지 않음을 보여준다고 할 것이다. 어떤 클램프를 구비할 것인지는 자신의 작업 스타일을 심사숙고하여 결정하면 될 것이다.

파이프 클램프

측정도구

줄자

목공 작업에서 가장 많이 사용되는 측정 공구는 줄자일 것이다. 휴대가 편리하며 보통은 3m 이상으로 측정 범위가 넓어 긴 부재도 측정이 가능하다. 줄자의 시작 부분을 보면 부재의 끝부분을 걸어 측정할 수 있도록 ㄱ자의 꺾쇠로 되어 있다.

줄자

직자

껴쇠 부분을 손으로 잡고 움직여 보면 흔들거리는 유격이 있는데, 줄자로 외경과 내경을 측정할 때 생기는 ㄱ자 껴쇠의 두께만큼 움직이는 것이다. 외경에 맞춰있는 줄자의 표시선이 내경 측정을 할 때 껴쇠의 두께만큼 들어가 측정할 수 있도록 유격이 있는 것이라고 이해하면 된다.

직자

직자 또는 철자라고 한다. 우리가 어릴 때 사용하던 플라스틱 자를 철로 만들었다고 보면 된다. 수평을 측정할 때도 사용한다.

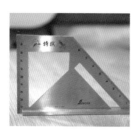

연귀자

연귀자

목공 작업에서 가장 많이 사용되는 90°와 45°를 편리하게 측정하거나 표시할 수 있도록 만든 자이다. 특히 먹금을 넣을 때 두 각도를 유지하면서 편리하게 사용할 수 있다. 목공기계를 사용하기 전 톱날 또는 펜스의 직각을 체크할 때도 사용된다.

버니어 켈리퍼스

버니어 켈리퍼스

버니어 켈리퍼스는 0.05mm까지 측정할 수 있는 정밀한 측정 도구이다. 특히 부재의 외경뿐만 아니라 내경, 깊이까지 측정할 수 있으며, 나아가 직각과 이동식 스퀘어 기능까지 겸하고 있다.

이동식 스퀘어

이동식 스퀘어

직각과 45°각도를 측정할 때 쓰인다. 철자나 수평계로 사용될 수 있으며 마스킹 나이프 기능이 있는 송곳이 있어 다양하게 활용된다.

계산기

계산기 또한 목공을 위해 꼭 필요한 공구라 할 수 있다. 간단한 계산이라도 암산보다는 계산기를 활용해 확인한 후 진행하는 것이 좋다. 목공은 수치에서 실수하면 다시 처음부터 작업해야 하는 등 손실이 크기 때문에 계산기 사용은 생활화하는 것이 좋다.

계산기

"공간
거짓말을
하지 않는다"

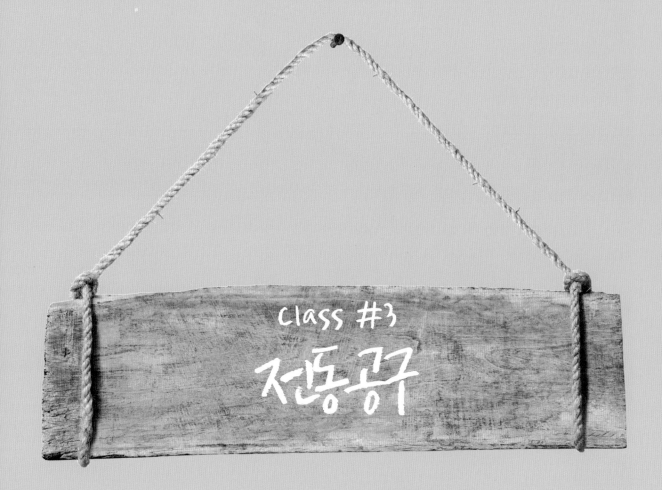

class #3
전동공구

목공기계는 무거운 정반과 모터가 회전하면서 움직이는 것이라서 몸통 전체가 튼튼한 주물로 되어 있고, 무겁고 커서 이동이 쉽지 않기 때문에 작업장 내에 고정해두고 사용한다. 반면 전동공구는 목공기계보다 가볍고 이동이 편하며 손으로 쥐고 사용할 수 있는 비교적 작은 기계를 말한다.

목공기계와 전동공구의 차이점은 부재의 크기에 따른 작업 형태라고 볼 수 있다. 즉 목공기계는 고정되어 있어 가공할 부재를 이동시켜 작업해야 하므로 비교적 작은 부재를 가공할 때 사용하고, 전동공구는 공구를 가져다가 가공하는 작업 형태이므로 쉽게 움직일 수 없는 큰 부재를 가공할 때 사용한다. 이동성이 좋아야 하는 만큼 전동공구는 크기가 작고 가볍다.

전동공구는 크게 충전식 배터리를 이용한 무선 전동공구와 전기선이 연결되어 있는 유선 전동공구로 나뉜다. 배터리를 이용한 충전식 무선 전동공구는 이동이 자유롭고 작업상 편리하다. 다만 배터리를 사용하다 보니 사용 시간이 제한되고 모터의 힘이 유선 전동공구보다 조금 약한 것이 흠이다. 반대로 유선 전동공구는 그 힘이 지속적으로 유지되는 반면 작업 중 선의 간섭으로 인해 불편함을 느낄 수 있다. 요즘은 배터리 기술이 발달해서 유선의 장점을 보완한 충전식 전동공구가 많이 나온다. 하지만 유선의 안정된 힘의 전달은 아직 따라오지 못하고 있다.

작업의 최적화를 생각한다면 필요에 따라 충전(무선), 또는 유선 전동공구를 적절하게 사용하는 것이 좋다.

1강 도미노

현대 목공의 메카라고 할 수 있는 도미노는 사용하는 칩의 형태가 도미노 모양을 하고 있어 그 명칭을 '도미노'라 하였다. 도미노는 그림과 같이 암장부 구멍을 뚫어주는 기계를 말하며, 페스툴FESTOOL 사에서 만든 전동공구 이름이다.

우리가 짜맞춤 기법을 활용하여 가구를 만드는 이유는 전통을 계승하자거나 좀 더 그럴듯한 모양새를 갖추기 위한 것이 아니라 두 개 이상의 나무를 결합하는 방법 중 구조 강도가 현존하는 그 어떤 방법보다 튼튼하기 때문이다. 그래서 많은 시간과 공을 들여 암장부와 숫장부를 가공하는 것이다.

내구성이 강한 철물이나 나사못 등을 사용한다면 짜맞춤보다 더 튼튼한 구조를 만들 수 있지 않느냐는 의문이 들 수 있다. 하지만 우리가 다루는 재료는 나무이다. 앞서 말했듯 나무는 수축하고 팽창하는 성질이 있으나 고정된 철물은 나무가 오랫동안 숨을 쉬면서 수축하고 팽창하는 것을 잡아줄 수 없다. 이것이 우리가 짜맞춤을 고집하는 이유이다.

짜임의 기본 원리를 보자. 접착력이 없는 마구리면을 장부 측 혹은 홈으로 가공하여 두 개 이상의 부재가 조립되었을 때 완벽하게 하나로 만들어낸다. 이때 장부 홈으로 들어가는 장부 측은 부재의 두께와 길이 등의 관계를 고려하여 가장 이상적으로 분할해야 한다.

장부와 장부 촉의 형태들은 옆 사진처럼 오래 전부
터 내려오는 전통의 방식이 있다. 그리고 이 형태를
완벽하게 구현하려면 다년간 훈련하고 기술을 축적해
야 한다.

그런데 이 진입장벽을 무너트린 기계가 있다. 바로
도미노이다. 이 기계 덕분에 오랜 시간 연마를 해야만
만들 수 있던 가구 제작이란 영역이 보편적으로 바뀌
었다. 도미노는 장부의 촉을 대신하는 '도미노 핀'이
들어갈 자리를 완벽하게 가공해주는 기계이다. 이 기
계를 이해하고 잘 다루는 데는 많은 시간이 필요로 하
지 않는다. 기계를 사용하는 방법을 익혀 적당히 경험
해보면 노하우가 생긴다.

전통 짜임

두 개의 부재를 결합해주는 도미노

도미노의 작업물은 초보자이든 전문가이든 완성도
에 있어서는 차이가 나지 않는다. 누가 작업해도 똑같
은 사이즈의 정확한 홈 가공이 가능하단 이야기이다.
홈과 촉의 관계에 대한 계산적 사고, 즉 나무 두께와
길이에 따라 촉의 두께와 깊이를 계산하는 형태가 아
니라서 설계상의 정확한 사이즈와 각도만 안다면 누
구나 쉽게 결과물을 낼 수 있다.

도미노 작업은 매우 원초적 방식을 통해 이루어진
다. ❶은 두 개의 부재를 ㄴ자 형태로 결합하는 것을
보여준다. 이때 두 개의 부재가 만나는 곳 가운데에
도미노 가공을 위한 기준선을 표시해놓는다. 이렇게
함으로써 양쪽 부재에 각각 도미노 가공을 할 수 있게
된다. 같은 사이즈로 도미노 가공을 해놓으면 이후 도
미노 핀을 이용하여 조립만 해주면 결합 구조가 완성
된다.

❷는 위와 같은 방법을 통해 장부의 홈을 가공하
고, 도미노 핀을 이용하여 조립하는 모습을 보여주고
있다.

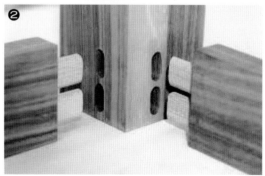

짜맞춤의 형태가 이렇게 심플해질 수 있었던 데는 본드의 발전이 큰 역할을 했다. 본드의 강성이 나무의 강성을 넘어섰기 때문이다. 이는 나무로 깎아 만든 장부 촉이 견디는 강도와 도미노로 장부 홈을 가공한 후 도미노 핀을 넣어 본드로 굳힌 장부의 강도가 같다는 의미이다.

여기서 숫장부 역할을 하는 도미노 핀은 도미노 핀, 도미노 칩, 테논 핀, 테논 칩 등 여러 이름으로 불린다. 이는 도미노가 국내 제품이 아니어서 소개되는 과정에서 용어가 통일되지 못했기 때문이다. 테논tenon은 숫장부를 영어로 표기한 것이다(암장부mortise와 쌍으로 쓰이는 말이다.). 이 책에서는 국내에서 가장 광범위하게 쓰이는 '도미노 핀'으로 그 이름을 통일해 사용할 것이다.

도미노의 최초 모델은 DF 500이다. 이후 좀 더 굵고 긴 가공을 할 수 있는 DF 700 모델이 출시되면서 작업 영역이 확장되었다. 하지만 DF 700 모델은 가구 제작을 위한 용도로는 크기 및 비용적인 면에서 적합하지 않다고 생각한다. 곧 만료되는 특허권을 연장하기 위해 개발했다는 소문이 있는데, 어쩐지 페스툴 사에서만 생산할 수 있다는 독보적 존재임을 대변하는 듯하다. 어쨌든 여기서는 DF 500 모델을 기준으로 이야기를 이어가도록 하겠다.

DF 500

DF 700

짜맞춤을 하는 목수 중에는 "도미노 목공은 진정한 짜맞춤이 아니다."라며 도미노를 사용하는 작업 방식을 부정하는 이들이 있다. 이들이 도미노를 부정적으로 보는 이유는 도미노를 단순히 도미노로만 판단했기 때문이다.

도미노를 기반으로 완성한 짜임을 현대 방식의 짜임이라 한다면 전통 가구에 사용되는 짜임은 전통 방식의 짜임이라 할 수 있다. 전통 목수들이 주장하듯 도미노의 구조 강도가 전통 방식의 짜임을 따라가지 못하는 것은 일견 사실이다. 하지만 이는 상대적인 기준일 뿐이다. 쉽게 설명하자면 이는 어린 아이에게 "엄마가 더 좋아, 아빠가 더 좋아?"라는 질문과 다름없다. 우직하게 기본을 지키며 지금까지 해오던 방식으로 만든 가구가 더 좋으냐, 현대 기술의 흐름에 따라 좀 더 심플한 방법으로 만든 가구가 좋으냐는 소비자 입장에서 보면 '엄마도 좋고 아빠도 좋다'고밖에 답할 수 없는 우문(愚問)이라 할 것이다.

도미노에 기반을 둔 현대 목공에서도 최우선으로 두는 것은 '가구로서 지켜야 할 견고함'이다. 우리는 도미노의 장점이 더 크기 때문에 도미노를 사용하는 것이다. 그렇다면 도미노의 단점은 어떻게 보완할 것인가? 이는 가구를 설계할 때 해결하면 된다. 즉 '현대 목공은 설계가 뒷받침되어야 한다'는 사실을 명심하자.

전통 짜임의 장점은 장부 촉과 홈의 관계를, 제한되어 있는 공간 내에 가장 이상적으로 분배한다는 점이다. 다시 말해 25mm 각재에 장부 촉이 들어갈 홈을 가공한다는 것은 작업자가 그 공간을 적절히 3등분으로 분배하여 장부 홈을 작업하는 것을 말한다. 이렇게 작업한다면 정해져 있는 공간 내에서 적용할 수 있는 최선의 구조를 완성할 수 있다.

하지만 도미노는 장부 촉을 대신하는 도미노 칩 사이즈가 정해져 있다. 즉 도미도 칩보다 작은 공간에서는 작업이 쉽지 않기 때문에 적용할 수 있는 범위가 좁다고 할 수 있다. 전통 짜임만큼 그 구조가 완벽하게 나올 수 없다는 이야기다. 하지만 이러한 단점은 설계에서 얼마든지 보완할 수 있다. '어떤 공간에 몇 개의 도미노 핀을 넣을 것인가?', '핀의 크기는 어떤 걸 사용할 것인가?' 이런 질문을 설계상에 반영한다면 가구의 견고함을 최대한 높일 수 있다.

여기서 더 중요한 사실은 도미노란 기계는 작업 보조도구일 뿐이라는 것이다. 필요에 따라 전통 짜임 방식처럼 장부 촉 및 장부 홈을 이용하여 부족한 구조 강도를 해결할 수도 있어야 한다는 말이다. 가구의 기본은 '견고함'이다. 한 가지 방식을 고집할 것이 아니라 필요하다면 다양한 방식으로 작업을 할 수 있어야 한다.

비스켓

도미노의 전신이라 할 수 있는 '비스켓'이란 기계가 있다. 옆 사진에서 왼쪽이 도미노, 오른쪽이 비스켓이다. 비스켓 또한 도미노와 마찬가지로 칩의 형태가 비스켓처럼 생겼다 하여 불리는 이름이다. 비스켓은 칩의 방향이 나무가 약한 '폭' 방향으로 조인되기 때문에 구조 강도가 약하다. 하지만 본드가 뒷받침되면 그 강도가 보완된다.

왼쪽이 도미노, 오른쪽이 비스켓

비스켓은 도미노가 나오기 전까지 많이 쓰이던 기계였다. 하지만 비스켓의 단점을 보완한 도미노가 나오자 그 사용 빈도가 서서히 줄어가고 있다(도미노는 나무의 힘의 방향인 '길이' 방향으로 결합되어 내구성이 강하다.). 하지만 오래 전부터 사용해왔고 가격도 저렴해서 강도에 대한 신뢰가 떨어지지 않는 한, 이 기계를 사용하는 작업자들은 계속 있을 것이다. 이 또한 작업자의 스타일이다.

두께에 따른 도미노 핀의 구성

도미노에서 사용할 수 있는 도미노 핀의 구성은 어떻게 될까? 쉽게 이해하자면 비트의 두께 값이 도미노 핀의 두께 값과 같다. 즉 10mm 비트를 사용한다면 10mm의 구멍이 뚫릴 것이므로, 도미노 핀의 두께도 10mm가 되어야 한다. 도미노에서 사용할 수 있는 비트는 10mm, 8mm, 6mm, 5mm, 4mm 총 5가지이다(DF 500 기준). 그러므로 도미노 핀의 두께도 이에 맞추어 5가지가 될 것이다.

아래 사진은 페스툴 사에서 판매하는 5개의 도미노 비트와 6개의 도미노 핀이다. 가장 많이 쓰이는 도미노 핀이라 할 수 있는데, 8mm 비트의 경우 50mm와 40mm 두 개의 도미노 핀이 나온다. 그러나 판매하는 이것들만으로 모든 목공 작업을 만족시키기란 쉽지 않다. 그래서 많은 작업자들이 도미노 핀을 직접 만들어 쓴다. 직접 만들어서 사용하는 이유는 또 있다. 도미노 핀은 가구와 동일한 나무를 사용하는 것이 좋기 때문이다. 시중에 판매하는 도미노 핀은 '비치'로 제작한 것들이 많은데, 가급적이면 오크로 만드는 가구는 오크로, 월넛으로 만드는 가구는 월넛으로 도미노 핀을 제작하여 사용하는 게 이상적이다.

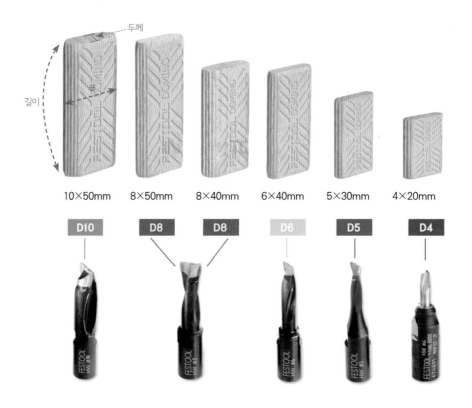

도미노 길이(암장부 깊이) 세팅하기

도미노에 장착하는 비트로 도미노 핀의 두께 값을 결정했다면 이제는 도미노 길이(암장부 깊이)를 세팅해야 한다. 오른쪽의 도미노를 보자. 암장부를 뚫을 때 적용할 수 있는 깊이가 표시되어 있다. 12mm, 15mm, 20mm, 25mm, 28mm 5가지이다.

이를 두 개의 암장부에 적용하면 조합할 수 있는 경우의 수가 많아진다. 가령 양쪽을 똑같이 20mm씩 뚫었다고 하면 40mm 길이의 도미노 핀이 필요하게 된다. 부재가 얇아 한쪽은 15mm를 뚫고 또 다른 한쪽은 12mm를 뚫었다면 27mm 길이의 도미노 핀이 필요하다. 비트 두께를 8mm로 사용하였다면 40mm 도미노 핀은 판매를 하니 구입할 수 있지만 27mm 도미노 핀은 구입할 수 없다. 이럴 경우 도미노 핀을 길게 만들어 필요할 때 필요한 길이로 잘라 사용한다. 이런 번거로움을 피하고 작업의 통일성을 꾀하자면 설계 과정에서 도미노 핀의 길이를 고려하여 결정하면 견고하고 튼튼한 가구를 만들 수 있다.

단 한 가지 예외가 있다. 4mm 비트의 경우다. 4mm 비트는 비트가 매우 얇기 때문에 안전상의 이유로 뚫을 수 있는 깊이(비트의 길이) 또한 짧다. 이 때문에 4mm 비트는 20mm, 15mm, 12mm 길이 밖에는 뚫지 못한다. 그런데 이 이 치수대로 뚫어도 해당 깊이만큼 뚫리지 않고 더 조금 뚫린다. 정해진 깊이 값으로 세팅을 해도 비트의 길이가 짧아 그 값대로 뚫리지 않는 것이다. 그러므로 4mm 비트를 사용할 때는 기존에 판매하는 도미노 핀을 사용하는 것이 좋다. 판매되는 도미노 핀을 사용할 때는 제일 낮은 값의 깊이인 12mm 세팅으로 작업하여 사용하면 된다.

유의사항

앞서 도미노 핀은 직접 만들어서 사용하는 것이 이상적이라 했다. 여기서 직접 제작하는 도미노 핀의 사이즈(폭)은 10mm을 말한다. 나머지 사이즈의 도미노 핀은 구매해서 사용하는 것이 바람직하다. 도미노 폭 10mm 사이즈의 도미노 핀만을 제작하는 이유는 안전상의 문제 때문이다. 도미노 핀의 폭이 좁을수록 날과 가까워지기 때문에 10mm보다 좁은 도미노 핀을 제작할 때는 그만큼 사고 위험률이 높아진다.

나는 구매해서 쓰는 도미노 핀은 5mm만 쓰고 있다. 8mm 도미노 핀을 사용해야 할 상황이라면 설계를 통해 10mm로 변경해 더 튼튼하게 만든다. 즉 도미노가 필요하면 폭의 규격을 10mm로 통일시켜 직접 제작해 쓰고, 작업 범위가 작아서 어쩔 수 없이 폭이 작은 도미노 핀이 필요하면 5mm를 구매하여 사용하는 것이다. 물론 자금에 여유가 있거나 자신만의 작업 스타일이 있다면 10mm, 8mm, 6mm,

5mm, 4mm 모두 적용하여 사용해도 무방하다. 단 만들어서 사용하는 도미노 핀은 안전상 10mm로 제한하기를 권하는 바이다.

도미노의 작동 원리

도미노는 직사각형에 가까운 구멍을 뚫는다. 이런 모양으로 뚫리는 이유는 직선 비트가 드릴과 같은 회전 운동을 하면서 좌우로 움직이며 넓은 타원 운동을 하기 때문이다. 비트가 두 가지 운동을 동시에 하도록 만든 이 점이 도미노가 가지고 있는 원천 특허이기도 하다.

양쪽 부재의 깊이가 합쳐서 50mm이라면, 도미노 핀을 제작하여 사용할 때 그 길이보다 약 1~2mm 작게 만들어야 한다. 도미노 날이 좌우 운동할 때 중심점을 기준으로 원호를 그리며 운동을 하기 때문에 양쪽 끝의 깊이가 살짝 짧아진다.

사이즈별 도미노 비트

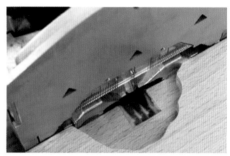
회전과 동시에 좌우 운동을 하는 도미노 비트

도미노 폭(암장부 폭) 설정하기

비트의 좌우 운동을 통해 나오는 암장부의 폭은 얼마나 될까? 결론적으로 말하자면, 각 비트 크기에 13mm를 더하면 도미노 비트의 좌우 운동을 통해 뚫리는 도미노 핀의 폭을 알 수 있다. 이렇게 계산하면 도미노 핀의 모든 재원이 나온다. 4mm 비트는 도미노 핀 폭 17mm, 5mm 비트는 도미노 핀 폭 18mm, 6mm 비트는 도미노 핀 폭 19mm, 8mm 비트는 도미노 핀 폭 21mm, 10mm 비트는 도미노 핀 폭이 23mm.

> **도미노 핀 두께 = 비트의 두께**
> **도미노 핀 폭 = 비트의 두께 + 13mm**
> **도미노 핀 길이 = 깊이 조절 시스템의 12mm, 15mm, 20mm, 25mm,**
> **28mm를 조합한 값**

이렇게 계산해보면 자신이 사용해야 할 도미노 핀의 크기를 가늠해볼 수 있을 것이다. 또한 가구가 받는 하중을 계산해 필요한 도미노 수를 계산할 수 있다.

도미노는 좌우 회전 운동을 3단계로 조절할 수 있다. 아래 사진을 보자.

3단계로 표시된 조절 장치가 보인다. 3개의 바 중 1단계는 상업적으로 판매하는 도미노 핀의 크기에 맞춰져 있는 구멍 폭이다. 2단계는 그보다 조금 더 큰 폭을, 3단계는 2단계보다 더 큰 폭의 구멍을 뚫어준다. 설계 시 이상적인 폭을 결정하여 사용하면 좀 더 견고한 작업을 할 수 있다.

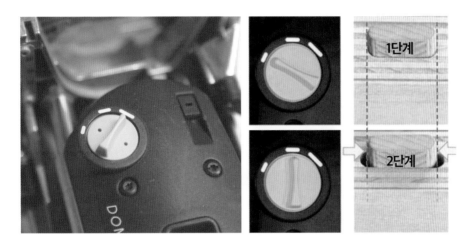

도미노 핀의 폭과 비트의 크기에 따른 도미노 폭

도미노 핀의 폭과 비트의 크기를 고려하여 도미노 폭 크기를 정리하면 다음과 같다.

1단계 조절바 비트 직경에 13mm를 더한 값이 도미노 핀의 폭이 된다.
2단계 조절바 비트 직경에 19mm를 더한 값이 도미노 핀의 폭이 된다.
3단계 조절바 비트 직경에 23mm를 더한 값이 도미노 핀의 폭이 된다.

조절바 \ 비트	4mm	5mm	6mm	8mm	10mm
1단계 비트 직경 + 13mm	17mm	18mm	19mm	21mm	23mm
2단계 비트 직경 + 19mm	23mm	24mm	25mm	27mm	29mm
3단계 비트 직경 + 23mm	27mm	28mm	29mm	31mm	33mm

암장부 폭을 결정하는 데 있어 나는 중간 폭은 사용하지 않는 편이다. 제일 좁은 폭을 적용하거나 넓은 폭을 적용한다. 10mm 비트를 사용한다면 그 편차 또한 10mm를 넘지 않을 것이기 때문이다. 그렇다면 중간 폭인 2단계는 어떤 상황에서 사용할 것인가? 예를 들면 박스 형태의 판재를 조립할 때 사용한다.

나무에서 휘는 성질은 넓은 판재일수록 그 정도가 심하다. 박스 형태로 판재를 조립할 때 도미노 핀을 일정한 간격으로 4개를 사용한다고 가정해보자. 아마 양쪽 끝은 휨의 따른 간격의 변화가 없을 것이다. 하지만 중간에 사용되는 두 개의 도미노 핀은 판재가 휘어져 있을 가능성이 높고, 때문에 정확하게 장부 홈을 가공했다 하더라도 판의 휨에 따라 직선으로 측정한 거리 값에 오차가 생기게 된다. 이럴 때 도미노 중간 단계의 폭을 이용하여 좀 더 크게 장부 홈을 가공해준다면 여유 공간이 생겨 원활하게 조립할 수 있다. 홈의 양쪽 빈 공간은 본드를 채워 강도를 완성해주면 된다. 물론 휨이 없는 판재라면 도미노 핀과 같은 사이즈로 홈을 파는 게 아무래도 좀 더 튼튼한 구조 강도를 만들어낸다.

도미노 높이(암장부 위치) 설정하기

도미노 핀의 두께와 폭을 결정했다면, 이제는 부재에 도미노로 가공할 위치(암장부 위치)를 잡아야 한다. 암장부의 위치는 두 개의 부재가 조립되어 만나는 지점을 표시한 마킹과 부재의 두께를 고려한 가공 높이를 고려해야 한다.

도미노의 가공 높이는 각각 다른 두께의 부재를 대패 가공하여 평을 맞췄을 때 나오는 평균 두께를 도미노에 설정된 값에 맞추어 조절하면 된다.

다음 그림을 보면 계단 모양의 높이 조절 시스템이 보일 것이다. 이것을 사용하여 도미노 핀이 위치할 가공 높이를 조절한다.

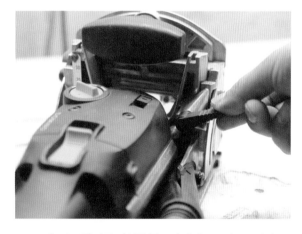

1 높이 조절 장금 장치를 풀고 앞 가이드 뭉치를 올린다.

2 높이 조절 시스템을 이루고 있는 계단 모양의 조절바를 앞이나 뒤로 옮겨 원하는 높이로 설정한다.

3 앞 가이드 뭉치가 높이 조절 바에 닿도록 완전히 내린 후 잠금 장치를 묶어 움직이지 않게 한다. 즉 가이드 뭉치를 미리 세팅해놓은 계단 높이에 걸치게 하여 높이를 조절한다. 높이 조절 시스템에서 설정할 수 있는 높이는 16mm, 20mm, 22mm, 25mm, 28mm, 36mm, 40mm이다.

높이 조절 시스템의 숫자는 실제로 뚫리는 암장부의 위치를 의미하는 것이 아니라 부재의 높이(암장부의 위치)를 의미한다. 즉 높이 조절 시스템에서 20mm를 선택하면 사용할 부재가 20mm 높이이며 그 중앙에 암장부를 뚫겠다는 의미이다. 20mm의 중앙이니 실제로 암장부가 뚫리는 곳은 10mm를 중심으로 하여 암장부가 생기는 것이다.

이런 원리로 보면, 도미노에서 설정하는 높이 조절 시스템은 실제로는 부재 윗면을 기준으로 하여 절반 위치에 뚫린다고 볼 수 있다. 즉 16mm는 8mm, 20mm는 10mm, 22mm는 11mm, 25mm는 12.5mm, 28mm는 14mm, 36mm는 18mm, 40mm는 20mm 부재 상단을 중심으로 하여 암장부가 뚫린다.

도미노 작업 시 높이 조절은 대부분 도미노가 제공하는 높이 조절 시스템을 이용하여 작업한다. 그 이유는 작업이 진행되는 동안 발생하는 진동과 설정 변경의 편리함 때문이다. 도미노는 비트가 회전하면서 동시에 좌우로 운동하기 때문에 진동이 어느 정도 발생한다. 작업 중의 진동으로 기계의 설정 값, 특히 높이 조절이 흔들리게 되면 결과 값이 다르게 나타날 수 있다. 또 임의로 설정된 값이라면 이를 원상복구하는 데 시간이 걸리고(보통 이럴 때는 이전 세팅 값과 완벽하게 일치시키는 것이 불가능하다.), 여러 설정 값을 사용해야 하

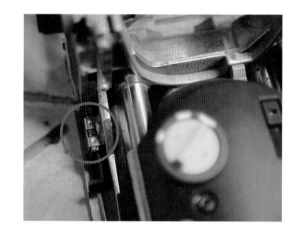

는 경우 설정 값을 바꿀 때마다 임의의 값을 적용하려면 많은 시간이 걸리기 때문이다.

현장의 예를 들면 이런 것이다. 30mm 높이의 부재 정중앙에 암장부를 내리면 부재의 윗면에서부터 15mm 아래를 기준으로 하여 도미노를 뚫어야 한다. 이 경우 도미노가 제공하는 높이 조절 시스템의 28mm를 선택한다. 28mm를 선택하면 부재의 윗면에서부터 14mm 아래에 암장부가 뚫린다. 1mm 정도의 오차가 나지만

구조적인 문제나 조립 시에 문제가 생기지는 않는다. 시스템이 주는 편리함과 정확성을 누리기 위해 근사치로 접근하는 것이다.

도미노의 높이 조절 시스템을 사용하면 이전 세팅으로의 완벽한 복원도 가능하다. 사람이 하는 일인지라 여러 개의 도미노 구멍을 뚫다가 그중 하나 정도를 실수했다고 해보자. 이때 도미노의 높이 조절 시스템을 사용하여 세팅했다면 실수를 만회하기 위한 재가공 시 이전 값으로 완벽하게 도미노 세팅을 할 수 있다.

수동으로 높이를 조절하는 경우

모든 부재를 도미노의 높이 조절 시스템으로 설정하여 사용해야 하는 것은 아니다. 가령 높이가 서로 다른 두 개의 부재를 정확히 정가운데에 암장부를 뚫어 결합해야 하는 경우, 두 부재의 두께가 높이 조절 시스템에서 제공하는 높이와 일치하지 않는다면 어쩔 수 없이 작업자가 임의로 높이를 조절해 정가운데에 암장부가 일치하도록 도미노를 설정해야 하며 이때는 시스템을 이용하지 않고 직접 표시선을 원하는 치수선에 세팅하여 사용한다.

위 사진에 표시된 부분이 도미노 높이를 알려주는 치수선이다. 예를 들어 도미노의 높이 조절 시스템을 이용하여 28mm에 세팅하였다면 치수선은 28mm의 중앙인 14mm에 표시선이 위치해 있을 것이다. 이와 같은 방식으로 15mm에 치수선을 위치하게 세팅한다면 높이 조절 시스템에 없는 30mm의 세팅이 얼마든지 가능하다. 단 이런 작업 방식의 단점은 완벽한 원상 복구 세팅이 불가능하다는 사실이다.

수동으로 조절할 때의 치수선과 표시선의 관계는 높이 조절 시스템의 수치와는 다르게 정확하게 암장부가 뚫릴 중앙의 높이를 나타낸다.

만약 높이 시스템에 없는 치수인 30mm 높이(암장부 위치)로 가공하고 싶다면 치수선 위치를 임의로 15mm로 맞추면 부재 상단 면에서 밑으로 15mm의 암장부를 만든다. 그러나 이렇게 임의로 높이를 조절하는 방식은 정밀성이 떨어진다. 눈금을 이용한 높이 조절에 대한 배려가 도미노에서는 부족한 편이기 때문이다.

임의로 높이를 조정한 경우에는 진동으로 인한 변동이 생기지 않도록 잠금 장치를 반드시 잠가야 한다. 잠금 장치는 시간이 지나면서 느슨해지는 경향이 있다. 잠금 장치가 느슨해졌다면 분해하여 다시 잘 잠기도록 조정해주어야 한다.

도미노의 바닥면을 기준으로 한 높이 조절

도미노의 높이 조절 시스템과 관련하여 또 다른 방법은 바닥면을 기준으로 조절을 하는 것이다. 이는 도미노 손잡이를 펴지 못하고 접어서 사용해야 할 경우에 쓰인다.

도미노 바닥면을 기준으로 날 중앙 센터까지의 높이는 10mm다. 이 값은 오직 도미노의 바닥면과의 관계에서만 나타나는 수치로 변하지 않는 고정 값이다. 높이 조절 시스템은 상단 가이드를 이동시키는 것이라서 바닥면에서 비트 센터 값인 10mm는 변하지 않는다.

아래 사진을 보자. 그림과 같이 도미노의 손잡이를 완전히 접어 사용하는 상황이 있을 수 있다. 이 경우 도미노 바닥면 외에는 아무런 기준점이 없게 된다. 이때 뚫어야 할 암장부의 기준점은 무엇으로 잡아야 할까? 먼저 암장부가 뚫릴 중앙에 기준선을 긋는다. 그 기준선을 중심으로 아래 또는 위에 10mm 기준선을 다시 긋는다. 그 선에 도미노 바닥면을 대고 비트를 암장부가 뚫려야 할 기준선 쪽을 향하게 놓은 후 도미노를 작동시키면 정확한 높이로 암장부를 뚫을 수 있다.

여기서 꼭 알아둘 것은 변하지 않는 고정값 10mm는 반드시 도미노 바닥면을 기준선으로 하여 계산하라는 것이다. 도미노 바닥면을 보면 센터 값을 표시한 위치선이 존재한다. 이를 잘 활용하면 도미노가 작업할 수 있는 작업 범위가 넓어진다.

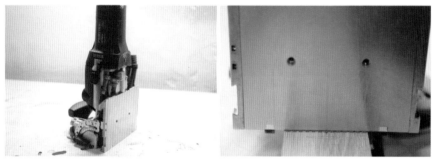

암장부가 뚫릴 기준선을 중심으로 10mm 지점에 선을 긋고 그곳에 도미노 바닥면을 위치시킨다.

도미노 각도 조절하기

도미노는 0~90° 까지 각도 조절이 가능하다. 각도는 앞 가이드 뭉치 옆에 달려 있는 잠금 장치를 풀어 조절하면 된다. 각도를 결정한 후에는 반드시 잠금 장치를 완전히 닫아 움직이지 않도록 해야 한다.

각도를 조절했을 때는 작업에 각별히 조심할 필요가 있다. 각도가 조절되어 있을 때는 높이 조절이 각도를 조절하지 않았을 때보다 직관적이지 않다. 그래서 기준선에서 날이 얼마나 내려갈지 반드시 테스트를 거쳐야 한다. 사선면은 깊이가 제한되어 있기 때문에 장부 홈이 가공되었을 때 최소 3mm는 여유가 남아야 장부가 통째로 뚫리는 사고를 당하지 않을 수 있다. 즉 비스듬한 면에 암장부를 뚫을 때는 도미노 높이 세팅을 최대한 낮은 수치로 한 후 작업을 하도록 한다.

 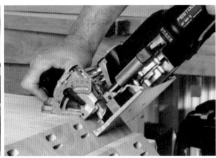

각도 조절 잠금장치   각도 조절 사용 예

도미노로 부재에 암장부 뚫기

도미노 폭과 길이를 도미노의 조절 시스템과 높이 조절 시스템을 통해 설정했으면, 이제 부재에 암장부를 뚫을 차례이다. 방법은 간단하다.

1 부재를 고정시킨 후 장부가 뚫릴 위치를 안내선으로 그려 넣는다.

2 안내선을 보고 도미노를 밀착시킨 후 전원을 켜고 조심스럽게 반대 손으로 손잡이를 밀어 넣는다. 이때 도미노가 흔들리지 않게 앞 가이드 뭉치 손잡이를 잡아 부재 쪽으로 눌러 고정시켜준다.

가공이 용이하려면 기계의 충분한 회전력이 나와야 하므로 도미노를 작동시킨 후 1~2초 정도 기다린다. 특히 마구리면은 가공 시 나무의 다른 면보다 부하가 커지므로 더욱더 천천히 작업해야 깔끔하고 정확하게 장부를 뚫을 수 있다. 목공을 할 때 흔히 범하는 실수 중 하나가 '빨리, 빨리' 하는 것이다. 특히 도미노 작업은 다른 장비에 비해 위험성이 낮고 반복적인 작업이 대부분이라 빨리 끝내고 싶어 서두르는 경향이 있다. 도미노가 나무를 가공하는 속도보다 전진하려는 손의 속도가 더 빠르면 부하가 걸리고 이내 진동이 발생한다. 그렇게 되면 정확한 위치에 구멍이 뚫리지 않을뿐더러 구멍 자체가 원하는 크기보다 더 커지는 유격이 생긴다. 빨리 하려다가 돌아가는 셈이 된다.

완벽하게 설정된 도미노와 천천히 작업하는 습관은 정확한 위치에 깔끔한 장부를 만든다. 그러므로 천천히 작업하는 습관을 들이도록 하자. 목공은 힘을 빼는 목공이 좋다. 가볍게 밀어 넣었을 뿐인데 스스로 가공되는 듯한 게 가장 이상적인 목공이다. 여기까지 책을 읽어온 독자라면 이는 여러 번 강조한 내용임을 알 것이다. 여기에 한 가지만 더하자! 기계는 거짓말을 하지 않는다.

조심할 것은 24mm 두께의 정사각형 각재에 25mm 깊이로 가공할 때이다. 이는 부재의 두께보다 길게 가공하는 것이므로 관통을 의미한다. 이때 관통을 생각하지 못하고 부재를 손으로 잡고 있다가는 사고가 발생할 수 있다. 도미노는 목공 장비 중 안전한 장비이기는 하지만, 이런 부주의는 아무리 안전한 장비라도 위험할 수밖에 없다. 각별한 주의가 필요하다.

올바른 사용자세

도미노는 현대 목공, 특히 가구 제작에 있어서 획기적인 도구이다. 주물로 생산된 목공기계들만 할 수 있던 작업을 전동공구 수준에서 가능하게 해주었기 때문이다. 그러나 도미노 역시 기계인지라 능숙하게 다루려면 어느 정도 숙련이 필요하다. 아무리 쉬운 기계라도 친해지는 과정은 있어야 하는 법이다.

도미노를 이용해 정확히 가공하려면 기계를 잡는 파지법과 밀어 넣는 동작 등에 대한 훈련이 어느 정도 필요하다. 특히 밀어 넣을 때는 힘을 쓰기 편안한 자세로 먼저 왼팔을 쭉 뻗은 상태에서 도미노 손잡이 뭉치를 부재에 잘 고정시킨 후 오른 손은 도미노 몸통을 잡고 오른쪽 허리춤에 팔을 딱 붙인다. 다리를 벌리고 어깨를 고정한 채 허리의 회전과 손의 힘, 즉 몸 전체를 사용하듯 밀어 넣는다는 생각으로 손잡이를 민다. 그러면 손의 힘이 아니라 몸 전체의 힘으로 밀어 넣는 것이 되어 균일하게 힘이 들어간다. 단 어깨를 고정하라고 해서 몸에 힘을 빡 주라는 뜻은 아니다. 힘을 쓰려면 오히려 어깨에 힘을 빼야 한다.

도미노 핀 만들기

앞서 말했듯 시판되는 도미노 핀은 너도밤나무(비치)로 제작되어 있으며 도미노 비트의 좌우 회전 운동을 기준으로 5가지 두께의 6가지 길이로 판매된다. 국내에 서 판매되지는 않지만 해외에서는 750mm 길이의 도미노 핀을 판매하기도 한다. 이렇게 긴 도미노 핀이 있으면 필요에 따라 적당한 길이로 잘라 사용할 수 있어 편 리하다.

도미노 핀을 사용하여 짜맞춤을 하다 보면 소모되는 양이 생각보다 많고 구입비 용도 만만치 않다는 것을 느낄 것이다. 그래서 작업 중 나오는 자투리 나무를 이용 하여 도미노 핀을 직접 만들어 사용하는 방법은 여러모로 권장할 만하다. 작업하 는 나무의 종류와 도미노 핀의 종류를 같게 할 수 있다는 장점도 있다.

도미노 핀을 제작할 때 가장 먼저 계산할 것은 두께와 폭이다. 두께는 비트의 두 께대로 일정하게 만들어야 하므로 수압대패와 자동대패를 이용해 깔끔하게 친다. 경험적으로 보면 두께는 버니어캘리퍼스로 쟀을 때 약 0.3mm 정도 작게 만들면 이상적이다. 두께가 딱 맞으면 가조립 시 결합과 분해가 어렵고, 본드 작업 시 본드 의 수분으로 인해 도미노 핀이 팽창되어 조립할 때 매우 빡빡하다. 특히 주의할 것 은 비트 두께보다 도미노 핀 두께가 두꺼우면 절대 안 된다는 점이다. 암장부보다 두꺼운 도미노 핀은 숫장부가 아닌 쐐기와 같은, 즉 부재를 강제로 밀어내어 작업 물을 파손하는 결과를 초래할 수 있다.

도미노의 폭은 가능한 한 그대로 사용하되, 이 역시 정해진 치수보다 크지는 않 아야 한다. 쐐기가 되면 안 되기 때문이다. 도미노 폭은 앞에서 이미 언급한 바가 있으니 참조하기 바란다(p.101 참조). 비트의 좌우 회전 운동에 따른 3가지 폭을 모 두 고려하여 자신이 사용할 비트와 원하는 폭을 고르기만 하면 된다.

원하는 두께와 폭으로 나무를 가공했으면 시판하는 도미노 핀처럼 모서리를 가 공해야 한다. 이때 가장 좋은 방법은 루터 테이블에서 '반원' 비트를 이용하여 모 서리를 라운드 형태로 깎아내는 것이다. 트리머 라운드 비트를 이용하여 모서리를 가공하는 방식도 있다. 도미노 핀은 작업할 부재와 동일한 나무로 만들면 좋다. 그리 큰 차이는 없지만 수분에 대해 같은 변형률을 가진 나무이니 변형과 관련하여 장점을 가질 수 있다.

이렇게 도미노 핀을 다 만들었으면 작업 조건에 따라 도미노 핀을 길이에 맞게 잘라 쓰면 된다. 그런데 여기서 주의할 점이 있다. 40mm의 도미노 핀이 필요하다고 하여, 도미노 핀을 잘라 사용할 때 40mm를 그대로 자르면 안 된다는 것이다. 2mm 정도 작은 38mm 정도로 자른다. 이는 판매하는 도미노 역시 마찬가지인데 2mm 정도의 여유가 있어야 본드가 들어가 공간을 잘 메우면서 안전하게 결합할 수 있기 때문이다.

루터 테이블에서 반원 비트로 도미노 핀의 모서리를 가공한다.

이런 이야기는 이미 앞에서부터 중복해서 해온 이야기들이다. 이처럼 중복되는 과정이 반복되어 적용되는 게 바로 목공이다. 원하는 작품을 만드는 데는 수많은 샛길이 존재한다. 그중에서 자신에게 가장 잘 맞는 길을 결정하여 작업하는 것일 뿐, 목공에 정답은 없다. 그만의 작업 스타일이 있을 뿐이다.

나사못

나사못은 다른 말로 '피스' 또는 '스크루'라고 한다. 두 개의 부재를 조립할 때 흔히 사용한다. 스크루가 없는 일반 못에 비해 나사못은 스크루로 두 개의 부재를 완전하게 결합시킬 수 있다. 앞서 말했듯이 현대에 들어 나사못은 짜임의 목적으로 사용하지 않는다. 짜맞춤 방식으로 목재를 결합하는 것보다 결합 강도가 약하기 때문이다. 아무리 강한 나사못이라도 목재가 수축·팽창을 하면 버티지 못하고 내부에서 휘어져 버리곤 한다. 시간이 지남에 따라 삐거덕거리는 가구는 대부분 나사못을 이용해 결합한 가구인 경우가 많다. 나사못이 버티지 못하여 조립된 부분에 유격이 생기는 탓이다.

그러나 본드의 발달로 스크루가 클램프처럼 쓰이는 경우도 있다. 두 개의 부재를 결합할 때 본드로 붙이고 나사못으로 결합하면 훌륭한 클램프 역할을 한다.

단, 못을 박은 자국이 남는 것은 어쩔 수 없어서 후처리가 필요하다. 그러나 이런 방법도 마구리와 면을 결합한 부분은 장부를 이용했을 때보다 결합력이 높지 않아 실효성이 크지 않다.

짜맞춤 작업에서도 나사못을 사용하는 경우가 종종 있다. 아이러니하게도 팔자 철물 작업이나 보강구조를 잡는 작업처럼 하중과 직접적으로 관련이 없는 곳에서 주로 사용하는데, 나무의 수축·팽창에 대비하기 위해서이거나 작업성을 고려해 어쩔 수 없이 사용하는 경우가 대부분이다.

나사못은 머리 모양에 따라 일자, 십자, 별, 6각 등 다양하게 있으며, 철공용과 목공용으로 구분되어 나온다.

라우터와 트리머

라우터와 트리머, 베이스

라우터와 트리머

라우터Router('루터'라고도 불린다.)와 트리머Trimmer는 각각 고유의 형태를 가지고 있는 날bit(비트)을 고속 회전시켜서 나무를 가공하는 휴대용 전동공구이다.

라우터와 트리머는 사용되는 힘의 크기와 비트의 크기에 따라 나눌 수 있다. 양손을 사용하여 큰 힘(최소 2마력 이상의)을 안정적으로 콘트롤하는 작업은 라우터를, 한 손을 사용하여 작은 힘(1마력 이하의)을 콘트롤하는 작업은 트리머를 사용한다. 그래서 큰 힘이 필요한 라우터는 12mm, 8mm 비트를 평균적으로 사용하고, 트리머는 6mm 비트를 주로 사용한다. 즉 트리머는 라우터의 경량화 버전이라 보면 된다.

라우터와 트리머는 크기나 형태가 조금씩은 다르지만 하는 일과 작동 원리는 같다. 작업의 효율성에 따라 힘과 크기를 나눈 것으로 이해하면 된다.

높이 조절 시스템 / 속도 조절 / 스위치 / 가이드 레일 / 플런지 베이스

플런지 베이스 형태의 라우터

가이드 레일 / 전원 스위치 / 콜렛 / 픽스 베이스 / 가이드 베어링

픽스 베이스 형태의 트리머

베이스

라우터와 트리머가 전동용 목공구로 활약하기 시작한 것은 '베이스'라고 불리는
바닥 고정 장치가 등장하면서부터이다. 베이스는 비트가 바닥면에 닿을 때, 비트를
바닥과 직각으로 만나도록 만들어주는 보조장치다. 이것은 매우 중요한 기능이라
할 수 있는데, 날카로운 날을 달고 고속으로 회전하는 전동공구가 비로소 편리하
고 안전하게 예측가능한 작업을 하게 되었음을 의미하기 때문이다. 베이스가 없는
라우터와 트리머는 상상할 수 없다. 그만큼 베이스는 필수 보조장치가 되었다.

베이스는 많은 종류가 양산되어 있다. 라우터나 트리머를 생산하는 업체들은 사
용자의 편의성을 고려하여 여러 종류의 베이스를 판매하고 있다. 그중 가장 특징
적인 두 가지가 '플런지 베이스'와 '픽스 베이스'이다(픽스 베이스는 그냥 '베이스'라고
도 불린다.).

하나의 모터를 사용하여 플런지형, 픽스형 베이스를 교체하여 사용하는 모델도
있다. 아래 사진을 보면 여러 종류의 라우터와 트리머가 있는데, 하나의 모터로 두
개 이상의 베이스가 사용되는 모델은 교체형이며 단독으로 하나의 모체 구성으로
이루어진 모델은 고정형이다.

각종 라우터와 트리머. 이들과 함께 사용되는 플런지 베이스와 픽스 베이스

플런지 베이스 | 주로 라우터에 채용된다. 라우터에서 플런지Plunge 베이스는 이
를 빼고 생각할 수 없을 정도로 중요한 보조장치이다. 주 기능은 베이스 상에서 라
우터가 상하로 움직일 수 있도록 하는 것이다. 라우터 몸체와 바닥 베이스 양쪽에
기둥이 있는 것이 플런지 베이스며, 이 기둥이 상하로 움직일 수 있도록 레일 역할
을 한다. 상하로 움직일 수 있다는 이야기는 수직으로 작업이 가능하다는 뜻이다.
라우터를 사용하는 중에 높이 조절을 할 수 있기 때문에 매우 다양한 작업이 가능
하다. 라우터와 플런지 베이스가 분리 가능한 경우(이를 흔히 '모터형 라우터'라고 부른
다.)와 라우터와 플런지 베이스가 일체형으로 만들어진 경우(이를 흔히 '플런지형 라우
터'라고 부른다.)가 있다.

플런지 베이스

픽스 베이스

픽스 베이스 | 주로 트리머에 채용된다. 날의 높이를 고정하여 사용하는 베이스다. 날의 높이를 조정하려면 트리머의 작동을 멈추고 픽스 베이스 자체를 조정하여 높이를 맞춘 후 사용해야 한다. 주로 작업물의 모서리를 깎거나 정해진 깊이의 간단한 홈을 팔 때 쓰인다. 트리머에 주로 적용되는 만큼 사용할 수 있는 힘이나 비트가 크지 않기 때문에 상하 운동을 해가며 하는 복잡한 작업보다 한손으로 잡고 컨트롤할 수 있는 간단한 작업에 적당하다.

라우터 또한 픽스 베이스가 있다. 작업 영역이 큰 힘을 필요로 할 때, 깊고 넓은 홈을 파내야 할 때, 즉 트리머보다 큰 힘을 필요로 하는 라우터에도 픽스 베이스가 존재한다. 하지만 플런지 베이스가 픽스 베이스의 기능 또한 사실상 하고 있으므로 사용 빈도가 적어 픽스 베이스는 주로 트리머에 적용된다. 한편, 트리머도 플런지 베이스를 사용할 수 있도록 트리머용 플런지 베이스를 제공하는 업체들이 늘어나고 있다.

플런지 베이스를 결합한 라우터는 베이스를 다양하게 활용할 수 있다. 어찌 보면 라우터가 플런지 베이스의 부속 기능처럼 보일 때도 있다.

주로 플런지 베이스의 밑면을 빼내고 그 밑면 대신 다른 기능이 들어간 부속으로 밑면을 교체하는 방식이다. 라우터와 결합한 플런지 베이스가 이런 형태로 발전한 것은 라우터의 힘 때문이다. 판매되는 라우터는 2~3마력 이상의 힘을 가진 것이 대부분이다. 매우 강력한 힘을 발휘하기 때문에 두 손으로 잡고 움직여야 할 만큼 다루기가 까다롭다. 이러다 보니 안정성이 우선시되어 작업자의 사용성과 안정성이 보장된 플런지 베이스와 결합하는 형태로 베이스가 발달했다.

원형이나 타원을 가공하는 경우가 플런지 베이스와 결합된 새로운 베이스 형태의 예가 될 수 있다. 아래 그림은 원형이나 타원형으로 가공하는 모습이다. 플런지 베이스에 결합된 지그들을 통해 전혀 다른 베이스의 모습을 나타낸다.

원형 가공

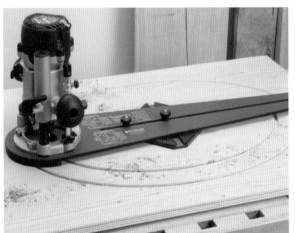

타원형 가공

트리머용 베이스는 매우 다양하게 출시되고 있다. 플런지 베이스는 물론, 90°가 아닌 다른 각도로 트리머를 변경해 작업할 수 있는 틸트 베이스, 트리머 날을 트리머가 아닌 베이스의 끝부분으로 옮겨 달아 사용할 수 있는 옵셋 베이스 등 여러 종류가 있다. 이렇게 여러 종류의 베이스가 트리머에 집중되는 이유는 새로 출시되는 트리머가 속도 조절이 가능하고 힘도 1마력에 가까워졌기 때문이다. 라우터에 비해 힘은 약하지만 나무를 가공하기에는 충분할 정도의 힘을 갖추었고 사람이 컨트롤하는 것도 아직은 라우터보다 수월하다 보니 여러 요구사항들을 판매사들이 발 빠르게 대처하고 있는 것이다.

그런데 여기서 명심해야 할 것이 있다. 많은 사람들이 라우터와 트리머를 구분해 사용하는 데는 분명한 이유가 있다는 것이다. 라우터는 기본적으로 강력한 힘에 비례하여 12mm에 이르는 굵은 비트를 사용한다. 그 힘을 유지하고 버텨야 하기 때문이다. 트리머 역시 매우 조심해서 써야 할 위험한 공구이다. 0.5~1마력의 힘은 결코 작지 않다. 여러 베이스를 이용해 작업할 때는 각별한 주의가 필요하다.

첫째, 힘을 과신하지 말아야 한다. 트리머의 힘이 작진 않지만 라우터가 아니다. 큰 압력을 받는 작업을 베이스를 믿고 무작정 밀고 나가는 것은 매우 위험하다. 라우터의 12mm 비트도 압력을 받으면 쉽게 마모되는데 트리머의 6mm 얇은 비트가 큰 압력에 버틸 것이라 믿는다면 매우 어리석은 일이다. 정상적으로 가공되면서 발생하는 소음과 부하를 받으며 가공될 때 나는 소음은 확연히 차이가 난다. 이런 위험한 소음이 감지되었다면 조금 더 여유를 갖고 작업해야 작업 중 부재를 손상시키지 않을 수 있다.

둘째, 비트 관리를 철저히 해야 한다. 트리머용 비트는 대부분 픽스 베이스를 염두에 두고 제작되었다. 직각이 아닌 다른 방향에서 오는 압력에는 상대적으로 무력하다. 따라서 픽스 베이스가 아닌 다른 베이스에서 작업했다면, 작업 후 비트의 상태를 잘 살펴보아야 한다. 날이 많이 마모되어 있다면 비트를 교체해어야 한다. 날이 마모되었다는 것은 지속적인 사용으로 비트의 내구력에 상당한 타격을 받아 교체할 때가 되었다는 뜻이다. 날을 살펴보고 잘 판단하여 안전한 목공이 되도록 해야 한다.

비트

한 마디로 교체용 날이라 말할 수 있다. 목공에서는 드릴(핸드용 또는 드릴 프레스용), CNC, 라우터, 트리머용 교체용 날들을 비트라고 하는데, 축을 중심으로 회전운동을 하면서 나무를 깎아내는 교체용 날을 말한다. 비트의 모양과 사용 방향에 따라 원형의 구멍을 뚫기도 하고, 직선으로 홈을 파기도 하고, 모서리를 둥글게 가공하기도 한다.

축을 중심으로 회전 운동을 하는 라우터와 트리머가 오늘날의 목공에서 널리 사용되는 이유는 베이스뿐만 아니라 다양한 비트의 보급이 있는 덕분이다. 전통적으로 사용되어온 비트부터 오늘날 새롭게 선보이는 비트들까지 그 수를 다 헤아리기 힘들 정도다. 밀링 머신(금속을 정밀하게 가공하는 기계)이 발달하면서 필요한 경우 자신의 작업에 적합한 비트들을 주문 제작하여 만들 수 있는 점도 라우터나 트리머 같은 목공구를 범용화시켰다.

작업의 목적에 따라 비트의 형태가 출시되어 있을 만큼 비트는 그 종류가 다양하다. 이런 확장성 덕분에 전통적으로 사용하던 모양대패와 끌은 점점 설 자리를 잃고 있지만, 작업의 효율성과 편리함은 더없이 좋아졌다.

다음 그림은 비트의 형태에 따라 나무가 깎이는 모습을 보여준다.

다양한 형태의 비트와 부재가 깎이는 모습

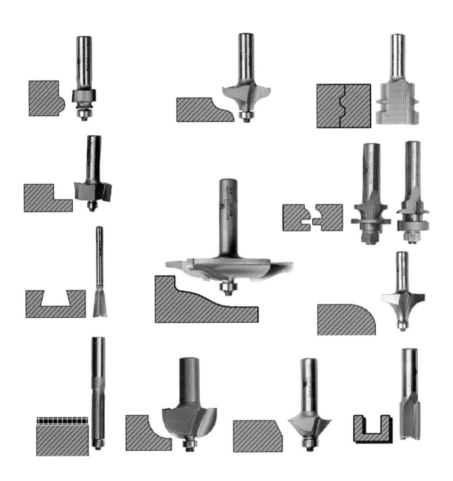

라우터나 트리머의 활용을 모두 이야기하려면 활용 가능한 모든 비트와 그에 대응되는 베이스에 대해 알아야 한다. 그러나 그 모든 것을 이 책에서 다룰 수는 없다. 각 작업에 필요한 비트와 해당 비트를 활용한 베이스는 목공에 익숙해지면서 본인 스스로 연구하고 익힐 부분이다. 이 책에서는 그런 능력을 키울 수 있도록 최선을 다해 기본이 되는 것들을 짚어주고자 할 뿐이다.

다만 비트를 구입할 때는 조금 비싸더라도 검증된 업체의 것을 구입하라고 조언하고 싶다. 검증되지 않은 비트는 사용한 지 얼마 되지 않아 날이 마모되거나 심지어 작업 중 파손되는 경우도 있다. 날이 빨리 손상되는 것도 문제지만 고속으로 회전하는 도구에서 날이 파손되면 자칫 대형 사고로 이어질 수 있다. 비트뿐만 아니라 고속으로 움직이는 부속들은 가능한 한 검증된 것을 써야 안전하다. 검증된 것을 구입했더라도 사용 전과 사용 후 등 수시로 점검하여 이상 유무를 판단해야 한다.

비트를 구입하면 그 비트를 사용했을 때의 결과 값 등을 담은 설명서가 들어있을 것이다. 비트를 잘 사용하려면 이 설명서를 잘 읽어봐야 한다.

다음 그림을 보자. 국내 업체인 쏘비트sobit 사에서 판매하는 '라우터 베어링 라운드오버 8R(샹크 8mm)' 비트이다. 비트의 설명을 보면 비트가 어떻게 구성되어 있고, 각 부분을 무엇이라 부르는지 알 수 있다.

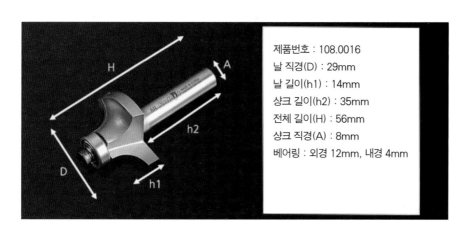

설명서에서 가장 중요한 내용은 날 직경(D)과 날 길이(h1)이다. 이 두 가지는 비트의 전면에도 표기될 정도로 중요하다. 그 이유는 이것이 바로 가공 영역이기 때문이다. 만일 위 그림처럼 라운드가 진 비트라면 라운드 값이 얼마나 되는지도 별도로 표기되어 있을 것이다.

날 직경과 날 길이 다음으로 중요한 것이 샹크 직경(A)과 샹크 길이(h2)이다. 샹크란 라우터나 트리머에 물리는 부분을 말한다. 비트는 날과 샹크 부분을 별도로 가공해 용접해 붙인 것이다. 샹크를 볼 때는 첫째 직경을 봐야 한다. 6mm 비트, 12mm 비트를 사용한다고 말할 때 이는 샹크의 직경이 6mm, 12mm란 뜻이다. 즉 샹크는 비트의 기본 크기를 지칭하는 말로 사용된다. 예를 들면 신형 트리머의 경우 6~8mm를 비트를 사용하는데, 이는 6mm 샹크와 8mm 샹크를 사용한다는 말과 동일하며 이를 표현할 때 흔히 6mm 비트, 8mm 비트라고 말한다.

비트를 선택할 때 샹크 길이를 무시하는 경우가 있는데 이 또한 잘 살필 필요가 있다. 샹크 길이가 짧으면 비트가 충분히 내려오지 못한 상태에서 기계에 물리게 된다. 그렇게 되면 원하는 작업을 충분히 하지 못할 뿐 아니라 (비트가 부재에 완전히 물리지 않아) 매우 위험하다. 그러므로 길이로 내려오는 작업에서는 반드시 샹크 길이가 얼마나 되는지 살펴야 한다. 그러려면 자신이 가진 라우터나 트리머에 샹크를 물렸을 때 최소 얼마의 길이가 필요한지를 숙지해두어야 한다.

이 외에 베어링을 사용하는 비트는 설명서에 베어링의 외경과 내경이 별도로 표시되어 있다.

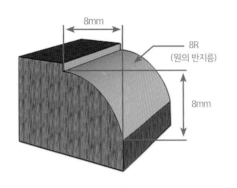

다음 그림은 지금 설명한 비트에 대한 결과 값을 보여준다. 이 비트의 정확한 이름은 '라우터 베어링 라운드오버 8R(샹크 8mm)'이다. 모서리를 둥글게 깎는 비트들은 모두 둥글게 깎이는 값이 표기되는데 이 비트는 8R, 반지름 8mm란 뜻이다.

그림으로 확인해보자. 반지름 8mm를 원형으로 깎고 나머지 부분은 직각으로 깎인다. 샹크 길이를 조절해 부재의 윗면에서 8mm까지 비트가 내려오면 반지름 8mm의 각으로 모서리를 가공할 수 있다는 말이다. 만일 부재의 윗면에서 9mm 내려오면 그림처럼 모서리 끝 부분이 직각으로 서게 된다. 이 비트의 경우 날 길이가 14mm이므로 8mm까지는 둥글게 모서리를 다듬고 직각 부분은 최대 6mm까지 만들 수 있다.

베어링

비트 베어링

라우터 비트와 트리머 비트는 베어링이 달려 있는지 없는지에 따라 나눌 수 있다. 베어링은 가공 경로의 기준면을 타고 가는 역할을 하며 그 기준면을 중심으로 비트의 모양에 따라 가공되어진다.

베어링 자체가 기준점이 된다. 다시 말해 베어링이 닿는 면이 기준점이 되어 나머지 부분을 모두 깎아내게 된다. 이 점을 이용해 많은 비트 제조사들이 베어링을 교체할 수 있도록 교체용 베어링을 별도로 제작·판매하고 있다. 이를 이용하면 베어링 사이즈를 조정하는 방식으로 기준점을 바꾸어 깎는 범위를 넓히거나 좁힐 수 있다. 앞에서 보았던 '라우터 베어링 라운드오버 8R(샹크 8mm)'의 경우 제품 설명서에 베어링 규격이 표시된 것을 볼 수 있었다. 베어링 외경이 12mm, 내경이 4mm이다. 이 말은 외경 12mm, 즉 반지름이 6mm이므로 베어링 중심에서 6mm를 기준점으로 하여 나머지를 비트가 깎아낸다는 의미이다. 내경을 표시한 이유는 베어링 교체 시 규격에 맞는 베어링을 사용하란 뜻이다. 내경이 맞아야 베어링이 흔들리지 않고 정확한 원 회전을 할 수 있기 때문이다.

이 비트는 실제로 교체용 외경 8mm와 10mm 베어링을 판매하고 있다. 외경으로 보면 기준점을 4mm, 5mm로 낮출 수 있어 기준점을 기준으로 기존 베어링보다 더 많이 깎아낼 수 있다. 그러면 윗면에 직각으로 턱을 낼 수 있을 뿐 아니라 아래 쪽에도 직각으로 턱을 낼 수 있다. 외경 8mm 베어링을 사용할 경우 2mm 턱이 생기고 외경 10mm 베어링을 사용할 경우 1mm 턱이 생긴다. 단지 베어링을 바꾸는 것만으로 작업 내용이 확 달라질 수 있는 것이다.

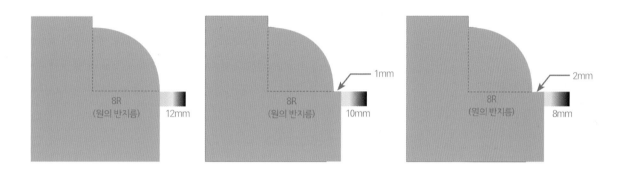

베어링은 제조사가 직접 판매하는 것을 구매하는 것이 좋지만, 그렇지 못할 때는 꼭 고속 회전에 부합하는 베어링인지 확인하고 사야 한다. 회전 속도는 자신이 사용하는 라우터나 트리머의 설명서에 나와 있다. 이를 참고하면 된다.

베어링을 이용해 가공면을 타고 모서리를 곡면으로 가공하는 모습

베어링을 이용해 가장 많이 하는 작업 중 하나인 모서리 가공 작업

모서리를 깎는 용도 외에 베어링은 템플릿 가이드를 사용할 때 많이 쓰인다. 주로 베어링이 달린 일자 비트가 이용된다. 다음 그림은 소비트 사에서 출시한 일자 베어링 비트. 일자 비트 아래에 베어링이 달려 있음을 볼 수 있다. 이 비트는 12mm 라우터에 달 수 있는 비트로 무려 50mm 정도의 면을 깔끔하게 다듬을 수 있다. 이 정도 길이의 비트를 사용할 정도라면 트리

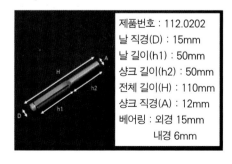

제품번호 : 112.0202
날 직경(D) : 15mm
날 길이(h1) : 50mm
상크 길이(h2) : 50mm
전체 길이(H) : 110mm
상크 직경(A) : 12mm
베어링 : 외경 15mm
내경 6mm

머로는 어림없고 라우터를 사용해야 할 것이다. 템플릿 가이드를 이용하여 라우터로 가공할 때는 터짐 현상이 발생할 위험이 따른다. 이때는 가공면을 최소화해야 터짐을 방지할 수 있는데. 그런 면에서 보자면 이 비트는 가공용 보다는 다듬는 용으로 사용해야 좀 더 안전하고 깔끔하게 작업할 수 있을 것이다.

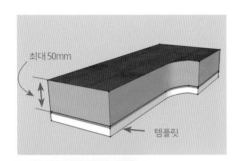

이 비트의 사용 예를 담은 그림이다. 템플릿이라고 표기되어 있는 부분이 보일 것이다.

템플릿을 놓고 템플릿과 최대한 근접하게 가공한 나무를 놓은 후 흔들리지 않게 단단하게 고정시킨다. 그런 다음 비트를 이용해 라우터로 가공하면 템플릿을 기준으로 베어링이 움직이며 비트가 베어링의 기준선을 따라 나무의 면을 템플릿과 동일하게 깎아낸다. 주의할 점은 베어링 부분이 템플릿에 닿아야 한다는 것이다. 깎을 면이 템플릿과 붙어 있어야 부재의 가공할 면 전체에 날이 닿도록 잘 조정해줄 수 있다.

좌) 하부 베어링 비트
우) 상하 베어링 비트

일자 베어링 비트는 꼭 하단에 붙어있지는 않다. 패턴 비트라 하여 윗부분에 베어링이 붙어 있는 것도 있고 상하 베어링 비트라 하여 아래위에 베어링이 달린 것도 있다. 어떻게 사용할 것인지는 작업 내용에 따라 결정해야 한다.

가이드 레일, 트리머 가이드, 부싱 가이드

베어링이 없는 비트는 대부분 홈을 파내거나 관통하는 특징이 있다. 가령 10mm 일자 모양 비트를 10mm 깊이로 설정한 라우터로 가공한다면 10mm의 홈이 만들어진다. 베어링이 없는 비트들은 정확한 가공을 위해 별도의 지그를 사용한다. 그 대표적인 것이 '가이드 레일'이다. 이 부속은 대부분 라우터와 트리머를 구입하면 기본으로 제공된다.

옆 사진은 라우터를 이용해 홈을 파는 모습이다. 플런지 베이스를 이용해 높이를 조절하고, 부재 옆면을 따라 동일한 거리로 홈을 파기 위해 플런지 베이스에 가이드 레일을 달아 이를 기준으로 움직이고 있다.

가이드 레일

가이드 레일을 이용한 홈 파기

트리머 역시 마찬가지다. 베어링이 없는 비트들이 기준면을 가질 수 있도록 '트리머 베어링 가이드'를 달아 사용할 수 있다. 다음 페이지에 있는 사진이 트리머에 베어링 가이드를 장착한 모습이다. 이렇게 베어링 가이드를 달게 되면 베어링이 달린 가이드가 기준면이 되기 때문에 베어링의 위치를 조정하여 부재 옆면에서 어느 정도 떨어져 홈을 파거나 구멍을 뚫을 수 있다.

가이드 레일과 트리머 베어링 가이드를 사용하지 않고 베어링이 없는 라우터와 트리머의 기준선 역할을 만드는 방법도 있다. 라우터, 트리머의 베이스 자체의 값을 이용하는 것이다. 라우터, 트리머의 베이스 기준으로 직선인 각재를 사용하여 가공하고자 하는 부재에 임의의 턱을 만들어 가이드 형태를 만드는 방식인데, 이 작업을 하려면 베이스 외경과 직경 관계를 계산하여 적용해야 한다.

임시 가이드를 이용한 트리머 작업

예를 들면 비트의 직경이 10mm이고 트리머 베이스가 100mm라고 한다면, 베이스의 절반에서 비트 직경의 절반을 뺀 45mm 간격을 둔 가이드 설치로 원하는 홈을 가공할 수 있다. 대부분 베이스가 원형인 이유는 가공 중 미세하게 회전하는 일이 있더라도 그 값을 같게 하기 위함이다. 복잡하게 이런 계산까지 하면서 가이드를 만들어 작업하는 이유는 라우터나 트리머에 부착하여 사용하는 가이드 레일은 지지하는 길이가 짧아 시작과 끝부분에서 허공의 공간으로 먹히는 경우가 많기 때문이다. 즉 시작과 끝부분에서 직선을 유지하기 위한 컨트롤이 필요하며, 실수를 유발할 수 있는 요인이 많아 이를 방지하기 위한 방법으로 가이드를 만들어 사용하는 것이다. 목공은 확률 싸움이다. 하나의 작업물을 만들어내기 위한 여러 가지 방법 중 확률적으로 안전하고 정확한 방법을 선택하는 지혜가 필요하다.

마지막으로 라우터, 트리머에 부착하여 사용하는 '부싱 가이드'가 있다. 부싱 가이드는 베어링 비트를 사용하지 않고 템플릿을 이용해 부재를 가공할 때 사용된다. 사진의 황동색 부분이 부싱 가이드로, 이격(離隔)이 없도록 베이스에 장착해 사용하는데 주로 일자 비트 또는 도브테일 비트를 사용한다. 플런지 베이스 앞쪽으로 튀어나온 부분이 부싱 가이드의 실질적인 사용 크기가 된다. 부싱 가이드를 사용하려면 비트의 직경과 부싱 가이드의 외경이 얼마인지 아는 것이 매우 중요하다. 즉 사용하는 일자 비트보다 부싱 가이드 홀이 커야 하며, 도브테일 비트 또한 마찬가지로 부싱과 날의 간섭이 없어야 하는 게 기본이다. 부싱 가이드 홀 크기는 여러 가지이니 선택해 사용하면 된다. 또 좀 더 정확한 정밀도를 위해 센터링 핀을 사용하기도 한다.

센터링 핀은 오른쪽 사진에서 황동으로 되어있는 녀석을 말한다. 먼저 라우터 바닥에 있는 아크릴과 베이스 고정 나사를 살짝 풀어준다. 이때 손으로 흔들어 보면 미세하게 움직일 정도라야 한다. 이후 센터링 핀을 콜렛에 장착시키면 핀이 베이스와 아크릴의 센터를 정확하게 잡아주는 역할을 하게 되고 이후 고정 나사를 조여 주면 부싱 가이드가 정확하게 라우터 센터에 위치한다.

부싱 가이드   플런지 베이스에 부싱 가이드를 장착한 모습   센터링 핀

부싱 가이드는 사용 원리를 알아야 효율적으로 사용할 수 있다. 아래 사진을 보자. 황동 휠 게이지라는 측정 도구이다. 사진처럼 황동 휠 게이지를 이용해 물체를 그리면 기준이 되는 물체에서 일정한 간격을 두고 그릴 수 있다. 여기서 사용한 황동 휠 게이지의 지름이 10mm라고 하고, 샤프가 들어간 부분이 정확히 정중앙 0.5mm여서 0.5 샤프가 꼭 맞았다고 한다면, 물체로부터 떨어져 그려지는 선은 5mm 떨어진 것이 된다.

부싱 가이드는 이와 똑같은 원리로 움직인다. 부싱 가이드를 사용하려면 두 가지를 알고 있어야 한다.

부싱 가이드 사용 원리는 황동 휠 게이지로 일정한 간격을 두고 그리는 원리와 같다.

우선 부싱 가이드의 지름이다. 여기서 부싱 가이드의 지름은 부싱 가이드 전체의 지름이 아니라 앞으로 톡 튀어 나온 부분의 외경을 의미한다. 이 부분이 템플릿 주변을 돌며 비트가 안내하기 때문이다. 그 다음 알아야 할 것이 비트의 외경이다. 비트의 외경은 부싱 가이드의 내경보다 작아야 한다.

부싱 가이드와 비트가 정확하게 기계에 물렸다면 그 원점은 동일할 것이다. 만일 부싱 가이드의 외경이 16mm이고 비트가 10mm라면 부싱 가이드와 비트 사이에는 3mm의 간격이 발생한다. 이 말은 자신이 원하는 정확한 크기를 부싱 가이드로 가공하려면 템플릿을 밖으로 3mm씩 키워야 한다는 것을 의미한다.

다음 사진을 보자. 부싱 가이드와 템플릿을 이용해 나비장 무늬를 만들어 나무에 삽입한 모습이다. 결과물을 보면 옆에 보이는 (아크릴) 템플릿에 비해 나비장 무늬가 작은 것을 확인할 수 있다. 이는 템플릿과 결합하는 부싱 가이드와 비트 외경 값에 따른 편차이다.

부싱 가이드와 템플릿을 이용해 작업한 나비장

만일 동일한 부싱 가이드에 외경 값이 다른 비트를 사용하면 어떻게 될까? 당연히 결과 값이 달라진다. 그러므로 템플릿을 만들어 작업할 때는 항상 동일한 크기의 부싱 가이드와 동일한 크기의 비트로 작업하도록 한다.

이런 방법으로 부싱 가이드는 함께 어울리는 템플릿만 있으면 동일한 작업을 신속하게 여러 번에 걸쳐 반복할 수 있다. 부싱 가이드는 트리머에서도 유용하게 쓰인다. 하지만 트리머는 대부분 높이 조절이 되지 않는 픽스 베이스를 활용하므로 동일한 높이에서만 작업할 수 있다. 이런 탓에 트리머를 위한 부싱 가이드는 라우터를 위한 부싱 가이드보다 상대적으로 종류가 적은 편이다. 라우터는 비트의 높이 조절이 작업 중에도 가능하므로 관통이나 깊은 홈도 문제없이 작업할 수 있다.

콜렛

비트를 라우터와 트리머에 고정시켜주는 부속을 콜렛collet이라고 부른다. 정확한 명칭은 콜렛 콘collet cone이다. 그 모습이 고깔모자와 닮았기 때문일 것이다(사진은 콜렛과 콜렛 너트collet net, 콜렛 척collet chuck이라고도 한다.). 콜렛은 일종의 쐐기 역할을 한다. 모양을 자세히 보면 양쪽으로 홈이 나 갈라져 있는 것을 볼 수 있다. 이 홈이 좁아지면서 비트를 단단하게 잡아주는 것이다.

콜렛 콘   콜렛(콜렛+콜렛너트)

콜렛 너트

비트 고정 시의 자세와 유의사항

비트를 고정하거나 제거할 때는 반드시 전원을 끄고 장갑을 껴야 한다. 비트는 고도의 정밀도를 가진 매우 날카로운 날을 가지고 있다. 장갑을 끼지 않고 작업할 경우 손이 베일 염려가 있다. 비트를 고정하는 방법은 다음과 같다.

1 콜렛을 라우터 또는 트리머에 끼운다. 이때 콜렛은 콘 방향(좁은 쪽)이 기계 속으로 들어가게 한다.

2 콜렛 너트를 돌려 적당히 고정시킨 후 비트의 샹크를 삽입한다. 단 비트를 넣기 전에 콜렛 너트를 너무 많이 돌리면 샹크가 잘 삽입되지 않을 수 있으니 주의한다.

비트 샹크 길이와 콜렛 길이 차이

샹크가 삽입되는 깊이는 매우 중요하다. 이는 안전과 직접적으로 연관되어 있기 때문이다. 샹크를 모터 쪽으로 완전히 밀어 삽입한 후 약 3mm 정도 뺀 상태가 가장 안전하다. 샹크를 완전히 밀어 넣지 않는 이유(완전히 밀어 넣으면 오히려 위험함)는 콜렛과 콜렛 너트의 구조 때문이다. 콜렛 너트를 돌려 조이면 콜렛 콘이 밀려들어가며 두 개로 갈라진 홈이 좁아진다. 이렇게 좁아진 홈은 삽입된 비트를 강하게 고정한다. 그런데 샹크가 기계의 끝까지 삽입된 상태에서 콜렛 너트를 조이면 콜렛이 제대로 역할을 할 수 없게 된다. 밀려들어갈 공간이 없기 때문이다. 이럴 경우 고속으로 회전하는 기계가 강한 압력을 받게 되면 자칫 비트가 풀려 빠져나올 수 있다. 이런 일이 발생하면 대형 사고로 연결되므로 샹크는 반드시 3mm 여유 있게 삽입하라는 것이다.

부재에 닿는 비트의 높이를 맞추려고 샹크를 너무 조금 삽입하는 경우도 있다. 이는 매우 위험한 행동이다. 비트는 고속으로 회전하면서 전진하거나 내려가면서 구멍을 뚫는다. 강하게 회전하는 힘으로 나무를 깎기 때문에 매우 큰 마찰력이 생긴다. 이런 큰 압력이 발생하는 작업에서 샹크를 조금 삽입하여 결합했다면 마찰력을 이기지 못해 샹크가 부러지거나 비트가 이탈하는 사고가 일어날 수 있다.

그렇다면 샹크는 최소 어느 정도까지 삽입해야 할까? 콜렛 콘의 길이까지는 삽입해야 한다. 비트를 잡는 핵심적인 부속이 콜렛 콘이기 때문에 콜렛 콘의 길이를 벗어나면 결합이 완전해지지 않는다고 봐야 한다.

콜렛 너트 조이는 방법

콜렛 너트를 조이는 방식은 이를 파는 제조사별로 조금씩 다르다. 이전에는 두 개의 스패너를 이용했다. 하나는 라우터와 트리머의 회전 주축이 움직이지 않도록 고정하고, 다른 하나는 콜렛 너트를 조이는 방식이었다. 현재도 이 방식을 고수하는 제품들이 많지만, 회전 주축이 움직이지 않게 핀으로 고정하는 방식이 대세를 이루고 있다. 이런 방식으로 하면 비트를 고정하거나 풀 때 하나의 스패너만 있어도 된다(제조사 입장에서는 스패너를 하나만 주어도 되니 원가 절감이 될 것이다.). 다만 이 방식은 핀으로 고정한 후에 스패너를 편하게 돌릴 수 있어야 하는데 라우터처럼 큰 도구는 지지할 공간이 많아 문제가 없지만 트리머 같은 작은 도구는 지지할 공간이 적어 핀으로 고정한 후 스패너를 돌리기 어려울 때도 있다.

이럴 때는 오른쪽 사진처럼 하나의 스패너를 바닥에 고정하고 나머지 스패너를 위에서 지그시 누르듯 잠가주어 고정하면 된다. 이렇게 작업하면 무리한 힘을 가하지 않아도 단단히 고정되고, 고정 시 스패너가 빠져 손가락이 다치는 경우도 줄일 수 있다. 핀으로 회전 주축을 고정하는 기계라 하더라도 주축을 스패너로 고정할 수 있도록 스패너 고정 자리가 있는 경우가 대부분이다.

스패너 하나는 바닥에 고정하고
나머지 스패너 하나는 지그시 눌러 고정한다.

콜렛의 크기에 따른 유의사항

콜렛의 크기는 민감하면서도 중요하다. 콜렛이 6mm라고 하면 6mm 샹크를 끼울 수 있다는 말이다.

트리머는 6mm 샹크 비트를 사용하므로 6mm 콜렛을 사용한다. 하지만 요즘 나오는 신형 트리머는 이전 트리머보다 힘이 세지면서 6mm 샹크와 8mm 샹크를 동시에 지원하고 있다. 그래서 6mm 콜렛 콘과 8mm 콜렛 콘을 함께 제공하는데, 6mm 샹크를 가진 비트를 쓸 때는 6mm 콜렛 콘을 사용하고 8mm 샹크를 가진 비트는 8mm 콜렛 콘을 사용하면 문제될 것이 없다.

문제는 라우터이다. 라우터는 기본적으로 12mm 샹크를 사용하므로 12mm 콜렛 콘을 주로 사용한다. 그런데 라우터용 비트 중에는 10mm 샹크나 8mm 샹크를 쓰는 것들이 있다. 12mm보다는 약하지만 경제성을 이유로 많은 비트들이 이 규격으로 나오고 있다. 그리고 이런 비트를 사용할 수 있도록 여러 라우터 제조사들이

10mm와 8mm 콜렛 콘을 제공한다. 여기까지는 심플하다. 샹크의 크기가 누가 봐도 다르기 때문에 이를 혼동할 사람이 거의 없기 때문이다. 문제는 12.7mm 콜렛 콘의 경우이다. 12.7mm 콜렛 콘이니 당연히 샹크 크기도 12.7mm인 비트를 사용해야 하는데, 그 차이가 12mm 샹크와 불과 0.7mm이다 보니 오차에 따른 문제가 발생하는 것이다.

이와 같은 규격에 따른 문제는 미터법을 쓰는 나라와 인치를 고집하는 몇몇 나라 때문에 생긴다. 12mm의 근사치는 1/2"('이분의일 인치'라고 읽는다)인데 이를 미터로 환산하면 12.7mm이다. 자신들이 흔히 쓰는 단위에 맞춰 제작하다 보니 미터법을 쓰는 나라는 12mm로, 인치를 쓰는 나라는 12.7mm로 날물을 제작하는 것이다. 그런데 사용자에게는 이런 차이가 위험을 자초하는 요인이 된다.

국내에서 파는 제품은 미터법에 따른 것이기 때문에 문제가 없지만 해외 직구로 라우터를 구입한 경우 콜렛 콘이 12.7mm인 것을 모르고 구입하였다면 문제가 된다. 여기에 국내에서 흔히 구할 수 있는 12mm 샹크를 물리게 되면 완전히 결합되지 않아 가공 도중 샹크가 빠지면서 비트가 튕겨나가는 불상사가 발생할 수 있다. 그러므로 해외 직구로 라우터를 구입할 경우에는 꼭 콜렛 콘 사이즈를 확인하고, 혹시라도 1/2" 콜렛 콘이 끼워져 있다면 여기에 맞는 콜렛 콘을 구입해 사용해야 할 것이다.

이는 비트도 마찬가지이다. 샹크가 1/2"인 비트를 구입했다면, 12mm 콜렛 콘으로 고정하면 안 된다. 반드시 1/2" 콜렛 콘을 구해 사용해야 한다. 또한 12mm 비트와 12.7mm 비트는 눈으로 구분하기 힘들기 때문에 반드시 콜렛 콘과 함께 구분해서 보관하고 사용해야 한다.

1/4" 비트도 주의해야 한다. 이를 미터법으로 환산하면 6.35mm가 되는데 인치를 사용하는 나라에서 트리머 비트로 많이 쓰인다. 국내에서는 경제성이 없는 편이라 거의 유통이 안 되므로 크게 신경 쓸 일이 없지만, 혹시라도 이를 쓰게 되면 반드시 1/4" 콜렛 콘을 구해 사용해야 한다. 제조사 홈페이지를 방문하면 대부분의 콜렛 콘을 구매할 수 있다.

혹시라도 잘못된 비트를 꼽았다면 정상적인 비트를 꼽았을 때와는 달리 진동과 소리가 확연히 다를 것이다. 이럴 때는 반드시 작업을 중단하고 비트와 콜렛 콘이 제대로 결합되었는지 살펴보고, 장비의 다른 이상 유무 또한 다시 한 번 점검한다. 목공 작업 중 발생하는 위험은 가공 소리, 기계의 진동 등으로 이상징후를 먼저 감지할 수 있다. 뭔가 이상하고 잘못된 듯싶다는 느낌이 들면 작업을 멈추고 점검을 하는 습관을 들이도록 하자.

라우터와 트리머의 작업 방법

라우터나 트리머는 비트가 아래로 있는 상태에서 시계 방향으로 회전한다. 라우터나 트리머를 제대로 사용하려면 이 회전 방향을 이해할 필요가 있다. 비트가 시계 방향으로 회전한다는 의미는 시계 방향으로 날이 회전하면서 나무를 깎아낸다는 의미이다. 이런 원리를 이해하고 라우터나 트리머의 나무를 깎는 진행 방향을 보자면,

1. (작업 기준) 작업자의 시선으로 볼 때
2. (나무 위치) 깎아야 할 나무(부재)가 왼쪽에 있고
3. (기계 위치) 오른쪽에서 나무(부재)를 향해 라우터나 트리머를 붙인 후
4. (진행 방향) 앞쪽으로 밀면서 나무를 깎아낸다.

라우터로 작업하는 모습. 작업자의 시선에서 나무는 왼쪽,
라우터나 트리머는 오른쪽, 진행 방향은 앞쪽으로 밀면서 올라가야 한다.

이를 내경과 외경으로 구분해 진행 방향을 살펴보면 그림처럼 내경과 외경이 서로 다른 진행 방향인 것을 확인할 수 있다. 언뜻 왜 진행 방향이 달라지는지 이해되지 않을 수 있는데, 라우터나 트리머를 붙이는 방향을 기준으로 비트가 회전하는 방향이 시계 방향이라는 것을 생각하면 날이 회전하며 나무를 깎기 위한 진행 방향이 이해될 것이다. 작업자의 시선에서 나무는 왼쪽, 라우터나 트리머는 오른쪽, 진행 방향은 앞쪽이 기준이 되므로 내경과 외경의 진행 방향이 그림처럼 되는 것이다.

이렇게 원리를 잘 생각하면 진행 방향이 이해될 것이나 그럼에도 이해가 더디다면 외워서라도 기억해야

내경 진행 방향

외경 진행 방향

한다. 이는 작업 결과물뿐만 아니라 안전과도 관련이 있기 때문이다. 앞에서 '터짐'에 대해 설명한 것을 기억한다면 진행 방향에 대해 좀 더 쉽게 이해할 수 있을 것이다(p.29 참조).

라우터와 트리머로 작업을 할 때 올바른 방향으로 진행해야 하는 이유는 시계 방향으로 회전하는 비트의 방향성을 고려한 것이다. 만일 반대 방향으로 작업하게 되면, 가령 시계 방향으로 비트가 도는데 라우터나 트리머를 반대 방향으로 작업하면 나무를 제대로 깎지 못하고 흐르는 '킥백'이 발생하게 된다. 킥백은 비트의 작업 방향이 바뀌면서 비트가 역할을 못하고 바퀴처럼 구르는 현상, 또는 회전하는 날에 의해 나무가 튕겨나가는 현상을 말한다.

킥백이 발생하면 라우터나 트리머가 정상적인 작업에 비해 매우 빠른 속도로 움직인다. 이때 기계를 제대로 통제하지 못하면 기계를 놓칠 수 있다. 고속으로 날이 회전 중인 기계를 떨어뜨리면 위험한 상황에 놓일 수 있다. 그러니 나무의 위치를 보고 기계가 놓이는 위치와 진행 방향을 정확히 숙지하여 작업에 임해야 한다.

관심을 가지고 몇 번만 연습해보면 라우터나 트리머의 진행 방향이 어떻게 되는지 금세 이해할 수 있다. 라우터나 트리머를 앞으로 밀었을 때 묵직한 저항감이 들면서 나무가 깎인다면 제대로 작업이 되고 있는 것이다. 반대로 진행하면 기계가 저항감 없이 가볍고 제대로 나무를 깎아내지 못하거나 거칠게 치목된다. 목공은 힘을 빼는 목공이 좋다. 라우터, 트리머 작업도 마찬가지다. 회전 방향과 진행 방향이 정확한 상태에서 작업한다면 적은 힘과 간단한 컨트롤만으로도 깔끔한 가공면을 만든다. 반대로 방향이 잘못됐다면 강한 힘을 주어 급변하는 컨트롤을 감당해야 함은 물론이요, 가공면도 깔끔하지 못하다. 목공은 경험을 통해서만 얻을 수 있는 학문임을 명심하자.

엇결의 작업 방법

모든 것이 정상적으로 작업되고 있다고 하더라도 주의할 것이 두 가지 있다.

첫 번째는 엇결이고, 두 번째는 반복 작업이다.

라우터나 트리머로 나무 측면을 깎을 때 진행 방향이 엇결이라면 대부분의 나무가 터져버릴 가능성이 높다. 특히 강한 힘으로 밀고 나가는 라우터나 트리머는 손대패로 작업할 때와는 비교도 할 수 없을 만큼 빠르고 강해 나무가 결을 타고 터져버린다. 이런 터짐(p.29 참조) 현상을 피하는 가장 좋은 방법은 엇결을 만나지 않는 것이다.

나무의 한쪽 모서리를 깎을 때는 순결인지 엇결인지를 파악해야 한다. 즉 나무가 터지는 현상을 미연에 방지하는 방법은 엇결을 피하는 것이므로 평소 결의 방향성에 대해 유심히 살펴보고 인지해야 한다. 엇결을 만났을 때의 작업 방법은 간단하다. 나무를 뒤집어 엇결과 순결의 방향을 바꾸면 된다. 다시 한 번 강조하지만 엇결과 순결을 파악할 수 있는 '눈'을 키워야 한다. 물론 이는 작업량이 쌓이면 몸으로 체득할 수 있는 부분이긴 하다.

하나의 나뭇조각에서도 중간에 결이 바뀌는 경우가 있다. 예를 들면 오른쪽 그림처럼 처음에는 순결의 진행 방향을 유지하다가 옹이를 중심으로 나무의 결 방향이 바뀌어 엇결이 되는 것이다. 이런 나무를 라우터나 트리머로 작업할 경우 결이 바뀌는 부분을 미리 표시하여 순결인 면으로 돌려가며 작업을 해야 터짐

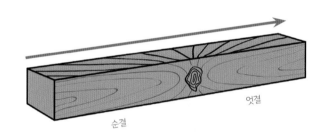

순결　　　　엇결

라우터나 트리머 작업 시 유의사항

많은 작업자들이 라우터나 트리머의 힘을 과신한 나머지 한 번에 모든 작업을 끝내려는 경향이 있다. 그러나 두세 번에 나누어 작업해야 할 것을 한 번에 끝내기 위해 밀어붙이면 기계와 비트에 동시에 과부하가 걸린다. 일단 비트 날이 손상되거나 모양이 변형된다. 기계 역시 수명이 단축된다. 깎인 결과물이 깔끔하지 않은 경우 또한 태반이다.

반복 작업 시 주의해야 할 것은 작업자와 기계의 컨디션 관리다. 반복 작업을 하다 보면 라우터와 트리머의 소음과 진동을 계속 듣고 있어야 하므로 컨디션을 유지하기가 힘들다. 특히 진동은 오랜 시간 기계를 통제하는 손의 상태에 많은 영향을 끼친다. 작업 결과물의 상태에 자주 문제가 생긴다면 잠시라도 쉬어가자. 기계의 상태 역시 일정 시간마다 점검하자. 기계의 진동이 계속되면 아무리 단단하게 조인 비트라도 결합력이 떨어져 비트가 이탈할 가능성이 있다. 또 기계에서 과도하게 열이 발생하면 이는 기계가 힘들어 한다는 신호이니, 잠시 전원을 꺼두도록 하자. 일정 시간마다 작업자와 기계의 컨디션을 점검하는 것을 습관으로 들인다면 더욱 좋겠다.

을 방지할 수 있다.

이미 완성된 가구의 면을 작업해야 하는 경우에는 면의 방향을 돌려가며 작업할 수 없는 경우가 있다. 이럴 때는 엇결이라고 하더라도 라우터나 트리머로 작업할 수밖에 없는데, 터짐이 예상된다면 최대한 깎아낼 양을 적게 설정해 조금씩 여러 번 깎아낸다. 그러면 터지더라도 작게 터지므로 큰 피해를 피해갈 수 있다.

작게 여러 번에 걸쳐 깎아내는 작업은 꼭 엇결이 아니어도 라우터나 트리머를 사용할 때 필요한 작업 방식이다. 숙련된 작업자라면 해당 기계의 설명서에 나온 수치와 작업자 각자의 경험치에 의해 한 번에 깎아낼 가공 깊이와 영역을 결정하겠지만, 그 기준이 미숙한 초보자는 조금씩 여러 번의 반복 작업을 통해 작업하는 것이 여러모로 안전하다는 것을 강조하고 싶다.

회전 속도와 작업물 완성도를 결정하는 요인

라우터와 트리머의 회전 속도는 어떻게 설정하면 좋을까? 단단한 나무일수록 회전 속도를 느리게, 무른 나무일수록 회전 속도를 높게 설정해야 한다. 단단한 나무를 고속으로 작업했을 때는 나무가 타는 현상이 자주 잘 발생한다.

직경이 큰 비트일수록 회전 속도를 낮추고, 직경이 작은 비트일수록 속도를 빠르게 해야 한다. 같은 속도로 비교했을 때 직경이 큰 비트는 외경의 회전 속도가 더욱더 빠르기 때문이다. 그래서 가격이 비싼 라우터와 트리머들은 대부분 회전 속도 조절 레버가 있어 사용자가 적정 속도 조절을 할 수 있게 만들어졌다.

라우터나 트리머로 작업할 때 작업물의 완성도를 결정하는 요인에는 회전 속도 외에도 여러 가지가 있다.

비트의 성능 | 대부분의 비트는 설명서에 최대 회전수가 명기되어 있다. 이 정도 회전수까지는 견딜 수 있다는 의미이다. 이는 비트가 나무를 깎아내면서 견딜 수 있는 마찰력의 한계를 의미하기도 한다. 최대 회전수를 넘어서면 비트는 제대로 힘을 쓰지 못한다. 12mm 비트를 기준으로 봤을 때 많은 비트들이 최대 회전수 14,000~16,000rpm를 지원한다. 최근에는 최대 24,000rpm을 지원하는 비트도 나오고 있다. 알겠지만 높은 회전 속도를 지원하는 비트일수록 비싼 편이다.

16,000rpm을 지원하는 비트를 장착하고 최대 속도 22,000rpm을 발휘하는 라우터를 돌린다고 가정해보자. 이 경우 최대 속도는 별 의미가 없을 뿐만 아니라 작업물도 완성도 있게 나오지 않는다. 오히려 비트만 빨리 마모될 뿐이다.

나무의 상태 | 나무는 그 특성상 모든 부분이 균일하지 않다. 하드우드라 하더라도 수종에 따라 단단함이 다르고, 한 나무 안에서도 무르고 단단한 부분이 존재한다. 옹이나 결이 바뀌는 부분 역시 그 주변과 단단함의 차이가 다르다. 이런 차이는 라우터와 트리머를 사용할 때 회전 속도 하나로 모든 것을 해결할 수 없다는 것을

알려준다. 때문에 라우터와 트리머를 구입할 때는 다소 비싸더라도 속도 조절이 가능한 기계를 구입하는 것이 좋다.

작업 결과물이 평소보다 거칠다고 느껴지면 회전수를 조금 올려주어야 한다. 비트의 회전력이 기준 아래로 떨어지면 비트로 깎아내는 면이 깔끔해지지 않는다. 이는 대패를 손으로 당길 때 속도가 충분히 뒷받침되지 않으면 깔끔하게 되지 않는 것과 비슷하다.

적절한 회전 속도를 찾는 것은 결국 작업자의 몫이다. 목공은 글이 아닌 몸으로 익혀야 하는 분야이다. 어떤 형태, 어떤 크기의 비트를 어떤 나무에 어떤 속도로 적용시켜야 가장 이상적인 결과물을 만들어낼 수 있을지 경험을 통해 스스로 알아내야 한다.

라우터의 회전 속도는 8,000~25,000rpm 정도이며, 속도 조절 시 어느 정도의 편차를 갖는지는 각 제품마다 다르다. 그에 대한 자세한 정보는 제품 설명서를 참조해야 한다. 여기서 주의할 것은 회전 속도가 힘을 나타내는 절대 기준은 아니라는 것이다.

라우터 제품을 광고하는 리플렛 등을 보면 2HP, 3HP, 4HP처럼 힘을 나타내는 마력(말 한 마리의 힘. 1초당 75kg의 물체를 1m 움직이는 힘.) 표시가 있는 것을 볼 수 있다. 라우터의 힘은 이 숫자가 높을수록 강하다. 회전 속도는 마력이 커져야 충분한 힘을 발휘한다. 만일 라우터를 구입하고자 한다면, 여력이 되는 한 마력이 높고 회전 속도 조절이 가능하고 회전 속도가 높은 제품을 구매하는 것이 유리하다.

참고로 말하자면, 마력 표시가 아예 없는 제품들도 있다. 마력 표시는 제조사의 선택 사항이라서 굳이 명기할 필요가 없기 때문이다. 이럴 때 라우터의 힘의 세기는 무엇으로 비교해야 할까? 이때에는 소비 전력을 살펴보아야 한다.

1마력을 소비 전력으로 환산하면 746W이다. 소비 전력이 1,492W 이상이면 2HP, 2,238W 이상이면 3HP, 2,984W 이상이면 4HP로 보면 된다. 라우터 제조사들의 모터를 다루는 기술에는 편차가 크지 않기 때문에 에너지 효율 차이는 크지 않다. 즉 소비 전력이 클수록 모터가 큰 힘을 발휘한다고 생각하면 된다. 3마력 이상이 되면 가정집의 차고나 아파트 베란다 같은 소규모 작업장에서는 작업에 주의할 필요가 있다. 내부로 들어오는 전기가 약한 곳에서 3마력 제품을 사용하면 전기 차단기가 작동할 수 있기 때문이다. 일반 가정집이나 아파트 베란다에서 쓸 것이라면 2마력 정도의 제품을 찾아보기 바란다. 목공을 하는데 뭐 이런 것까지 알아야 하느냐고 생각할 수도 있다. 물론 작업할 때 이런 소소한 숫자까지 기억할 필요는 없다. 하지만 아는 것이 힘이다. 특히 마력을 계산하는 방법은 훗날 작업실을 세팅할 때 꼭 필요한 지식이니 알아둬서 나쁠 건 없다.

트리머의 경우, 속도 조절이 가능한 제품은 10,000~30,000rpm 정도를 지원한다. 제품에 따른 정확한 회전 속도는 각 설명서를 참조한다. 속도 조절이 되지 않는 제품 중에는 35,000rpm까지 회전 속도를 지원하는 제품도 있다. 소비 전력은 속도 조절이 안 되는 제품은 390~550W(0.5~0.7마력) 정도이고, 속도 조절이 되는 제품은 710~720W(약 1마력) 정도이다. 회전 속도는 라우터에 비해 빠르지만, 힘은 라우터에 비해 현저히 약하므로 가벼운 핸디용 도구로 사용된다.

속도 조절이 가능한 트리머들은 속도 조절 중에 일어나는 변수를 줄이기 위해 1마력에 가까운 힘을 발휘할 수 있게 했다. 그 결과 8mm 콜렛을 제공하여 8mm 비트 또한 사용할 수 있게 되었다. 8mm 비트는 라우터에서 주로 사용하던 비트로 6mm 비트보다 내구성이 뛰어나다. 이제 트리머로도 강한 힘이 필요한 작업을 할 수 있게 된 것이다.

픽스 베이스만 사용할 수 있었던 트리머에 각종 베이스가 선보인 시점은 1마력에 가까운 힘을 가진 속도 조절용 트리머가 나오면서부터이다. 이는 내구력이 현저히 강한 8mm 비트를 염두에 두었기 때문이다. 아직은 트리머와 라우터의 쓰임이 엄격히 다른 터라, 현장에서 트리머를 이용해 라우터처럼 작업하는 사람은 거의 없다. 하지만 트리머의 기능이 향상될수록 트리머의 여러 베이스들 또한 활용될 것이다. 라우터에 비해 가볍고 작업 편의성이 좋은 만큼 이는 당연한 수순이다.

이때 꼭 염두에 두어야 할 것은 비트이다. 앞서 설명했듯이 대다수의 6mm 비트들은 픽스 베이스에 적합하게 설계되어 있다. 픽스 베이스 이외의 다른 베이스를 사용할 때는 가능한 한 8mm 비트를 사용하는 것이 좋으며 6mm 비트 사용 시에는 무리하지 않는 작업 범위 내에서 사용하는 것이 좋다.

3강 라우터 테이블

라우터 테이블은 라우터를 테이블에 장착하여 사용할 수 있도록 나온 제품이다. 원형 톱을 테이블에 붙여 사용하는 테이블 쏘처럼 라우터 비트를 정반에서 원하는 높이까지 끌어올려 설정한 후 그 위로 부재를 통과시켜 가공한다. 라우터 테이블은 전동공구가 아닌 목공기계로 분류해도 될 만큼 고정적인 기계 요소가 많지만, 라우터를 설명하던 이야기의 흐름을 이어가기 위해 이 단원에서 살펴보기로 하겠다.

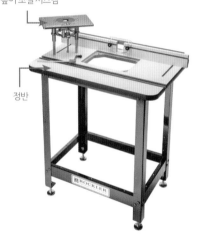

높이 조절 시스템

정반

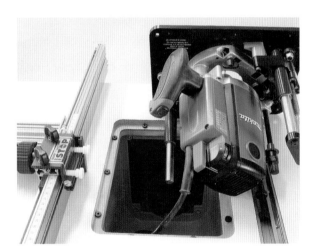

라우터 테이블의 구성요소와 기능

라우터 테이블에서 가장 중요한 장치는 작업물(부재)을 올려놓을 정반surface plate(정확하게 다듬질된 평면을 가진 금속의 튼튼한 블록 또는 테이블)과 라우터의 높이를 조절하기 위한 높이 조절 시스템이다.

시중에 판매되는 라우터 테이블의 정반은 주로 금속이거나 PBParticle Board로 만들어졌다. 라우터 테이블에서의 작업은 섬세하고 정밀함을 요하므로 가급적 금

속으로 된 정반을 이용하는 게 좋다.

높이 조절 시스템은 라우터 테이블의 가장 핵심적인 기능으로 정반과 직각으로 움직이도록 장착된다. 라우터의 높낮이를 조정하여 라우터에 장착된 비트가 튀어나오는 높이를 조절하는데, 플런지 베이스를 거꾸로 돌려놓은 형태라고 할 수 있다.

라우터 테이블의 높이 조절 시스템

라우터 테이블에 라우터를 장착하는 법

플런지 베이스와 라우터가 분리 가능한 '모터형 라우터'의 경우 라우터 테이블과 라우터의 장착이 어렵지 않다. 아래 사진처럼 플런지 베이스를 제거하고 라우터만 남은 상태에서 높이 조절 시스템의 리프트에 라우터를 장착하면 된다. 이런 형태로 결합되는 방식을 '모터형 높이 조절 시스템'('모터형'이라고도 한다)이라고 한다. 장착 방법은 라우터의 종류와 시스템의 종류별로 각각 다르다. 제품 사용 매뉴얼을 보고 장착해야 하는 수고와 공부가 필요하다.

플런지 베이스와 라우터가 일체형인 '플런지형 라우터'의 경우에는 '모터형 높이 조절 시스템'에 장착하는 것에 여러 문제가 있다. 높이 조절 시스템의 리프트에 라우터를 장착할 때 플런지 베이스의 손잡이와 간섭을 일으키기 때문이다. 이런 경우에는 '플런지형 높이 조절 시스템'('플런지형'이라고도 한다.)을 구해야 한다. 플런지 베이스 자체를 높이 조절 시스템에 직접 결합하는 방식이라 거의 모든 라우터에 제한 없이 사용할 수 있다. 픽스 베이스가 결합된 트리머도 라우터 테이블에 장착해 쓸 수 있다. 다만 트리머의 특성과 힘의 크기를 생각하면 가능한 한 사용하지 않는 것이 바람직하다.

플런지 베이스를 제거한 후 높이 조절 시스템의 리프트에 라우터를 장착한 예. 이런 방식을 '모터형', 또는 '모터형 높이 조절 시스템'이라고 한다.

플런지 베이스를 직접 높이 조절 시스템의 리프트에 연결하여 장착한 예. 이런 방식을 '플런지형' 또는 '플런지형 높이 조절 시스템'이라고 한다.

여기서 하나의 의문이 들 것이다. 높이 조절 시스템의 리프트에 라우터를 장착할 때 보편적으로 장착할 수 있는 '플런지형'으로 통일해 사용하면 될 텐데 굳이 '모터형'을 쓰는 이유는 뭘까?

모터형 라우터의 장점이자 플런지형 라우터의 단점

장단점이 있겠지만, 우선 모터형은 라우터 테이블에서 활용하기 좋은 점이 많다.

첫째, 가장 큰 장점은 비트를 교환하는 문제다. 높이 조절 시스템에 따라 조금씩은 다르지만 모터형은 장착 시 최대한 위로 올릴 수 있기 때문에 콜렛 너트가 라우터 테이블 윗면까지 올라오게 할 수 있다. 콜렛 너트가 라우터 테이블 윗면까지 올라오면 비트를 교체하는 데 아주 편리하다. 반면 플런지형은 대부분 플런지 너머로 콜렛 너트가 넘어오지 않기 때문에 아무리 높게 라우터를 끌어 올려도 라우터 테이블에 장착된 상태에서는 비트를 교환하는 것이 쉽지 않다.

둘째, 전원 장치. 플런지형은 라우터의 편의 장치가 라우터 테이블에 장착됨으로서 오히려 불편을 초래하는 경우가 있다. 그중 하나가 전원 장치인데 모터형 라우터의 전원 장치는 끄고 켜기만 있어 간단한 반면, 플런지형 라우터는 손잡이 쪽에 전원 장치가 있고 작동 스위치와 지속적인 작동을 위한 잠금lock 스위치가 이중으로 되어 있는 것이 많다. 이는 안전을 위한 장치이기는 하지만 라우터 테이블과 결합하면 골치가 아파진다. 지속적인 작동을 위해 잠금 스위치를 고정시켜놓아야 하기 때문이다.

셋째, 콜렛 너트를 열기 위한 장치로 플런지형은 불편하다. 요즘 나오는 콜렛 너트는 회전을 정지시키는 잠금 장치가 있어 하나의 렌치를 이용해 비트를 교환할 수 있다. 그런데 라우터 테이블에 라우터를 결합하고 나면 이 잠금 장치를 손으로 제어하기 힘들다. 모터형은 콜렛 너트가 라우터 테이블 상면까지 올라오기 때문에 잠금 장치를 쓰지 않더라도 두 개의 렌치를 사용해 비트를 교환하면 되지만, 플런지형은 그것이 가능하지 않아 잠금 스위치와 함께 렌치를 써야 하는데 이것이 불편한 것이다.

이런 점들을 고려해봤을 때 라우터 테이블에서 작업하기 편리한 라우터는 플런지 베이스와 분리되는 모터형 라우터라고 할 수 있다.

라우터 테이블에서의 집진 시설

안전을 생각한다면, 집진은 모든 목공 작업에서 가장 중요한 요소이다. 특히 라우터 테이블 작업에서는 그 중요성을 더욱 강조하고 싶다.

라우터 테이블에서 부재를 움직일 때는 테이블 쏘처럼 푸시스틱(p.196 참조)을 사용하지 않고 손으로 직접 움직이는 경우가 많다. 이는 비트의 날과 손의 거리가 좁아진다는 의미이다. 이 때문에 라우터 테이블에서 작업할 때는 매우 집중해야 안전사고를 예방할 수 있다.

면치기

라우터 테이블은 쉽게 말해 라우터를 테이블에 고정시켜 사용하는 것이고, 이보다 좀 더 중량화된 기계로 큰 힘과 넓은 영역을 가공하기 위해 만들어진 '면치기'라는 것이 있다. 간단히 설명하면 면치기는 라우터 테이블에 라우터를 장착한 모습의 일체형 버전이다. 라우터 비트뿐만 아니라 좀 더 큰 비트를 장착하여 넓은 면을 한 번에 가공할 수 있다.

면치기는 가격이 비싼 편이고, 대량 작업을 목적으로 한 공장용이 대부분이다. 가구 공방에서 사용하기에는 그리 적절하지 않다.

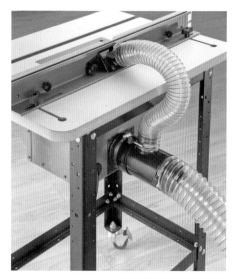

라우터 테이블의 집진 설비

라우터 테이블에서 작업할 때 집진이 잘 되지 않으면 위험하다. 라우터 비트는 날이 작아서 톱밥에 쉽게 가려진다. 테이블 위의 톱밥을 치우려는 손짓이 자칫 안전사고를 유발할 수 있다는 말이다. 라우터 테이블에서의 집진이 작업 안전을 위해 매우 중요한 이유이다. 아울러 쾌적한 작업 환경은 안전사고 예방의 기본임을 명심하도록 하자.

라우터 테이블에 라우터를 장착할 때는 집진 박스의 크기 또한 고려해야 한다. 라우터 테이블의 집진 박스는 대부분 라우터가 장착될 부분에 달려 있다. 그런데 플런지 베이스가 장착된 상태에서 라우터 테이블에 결합하는 경우 집진 박스가 작으면 손잡이 부분을 분해하여 장착해야 한다. 이는 동전의 양면과 같다. 집진 박스가 넓으면 집진에 불리하고 집진 박스가 작으면 플런지 베이스가 장착된 라우터의 경우 손잡이 부분의 분해가 불가피해지는 것이다.

특히 플런지형일 경우 더 문제가 되는 것은 손잡이 부분에 전기 스위치가 들어 있는 경우가 많아 이를 분해하고 뒤처리를 잘못하게 되면 집진과 연결된 전기 부품에 나무 먼지가 끼게 된다는 점이다. 이는 기계를 노후하게 만들 뿐만 아니라 화재의 원인이 될 수 있다. 그러니 집진 박스는 가능하면 자신이 장착하려는 라우터가 풀 사이즈 상태로 들어갈 수 있게 한다. 라우터보다 작은 사이즈의 집진 박스를 가진 라우터 테이블이라면 손잡이 부분을 분해할 때 분해된 사이로 먼지가 들어가지 않도록 잘 처리해준다.

라우터 테이블 사용 방법

라우터 테이블에서 작업할 때 작업자는 고정된 라우터를 두고 나무를 움직여 가공을 하게 된다. 나무를 고정한 후 라우터를 움직여 나무를 깎아내던 방식과 정반대로 작업하는 것이다. 지금 여러분은 이런 의문이 들 수 있다. 나무를 깎아내는 작업이 동일하다면, 라우터로 그냥 깎으면 되지 굳이 테이블까지 동원해 작업해야 하나? 그 이유는 효율성에 있다.

움직이기 어려운 큰 나무나 집성판이라면 나무를 움직이는 것보다 라우터를 움직여 깎는 것이 효율적일 것이다. 그러나 잘 재단된 동일한 규격의 작은 부재들은 라우터를 고정해두고 나무를 가져와 작업하는 것이 좀 더 효율적이다. 특히 작은 부재들이 필요한 경우는 반복적인 작업일 때가 많다. 이럴 때 라우터 테이블은 작업의 편리함을 준다.

라우터 테이블은 목공기계 중에서 가장 위험한 기계에 속한다. 라우터는 비트의 회전 방향과 가공 진행 방향이 반대일 경우 부재를 튕겨내는 킥백 현상 등이 발생할 수 있는데, 전원을 끄지 않는 이상 날이 노출된 상태로 계속 회전하고 있어 매우 위험하다. 다만 라우터는 상대적으로 무게가 있는 가공물 위에서 움직이거나 부재를 고정시킨 후 가공하기 때문에 킥백이 발생해도 라우터만 놓치지 않으면 비교적 안전한 반면(사고가 나더라도 가공물이 피해를 입는 정도다.), 라우터 테이블 위에서의 작업은 상대적으로 작은 부재들을 가공하는 경우가 많아 킥백 발생률이 높을 뿐만 아니라 부재를 컨트롤하는 손의 위치와 회전하는 비트의 간격이 가까워 큰 사고로 이어질 가능성이 높다.

그러나 라우터 테이블 역시 라우터를 사용할 때와 마찬가지로 올바른 진행 방향으로 순결의 부재를 가공한다면 얼마든지 안전하게 작업할 수 있다.

라우터 테이블을 사용할 때는, 라우터를 사용할 때처럼 회전 방향을 잘 이해해야 한다. 라우터와 비교해보면 라우터 테이블에서의 작업은 기준면이 반대가 되므로 회전 방향과 부재 진행 방향도 바뀌게 된다. 이를 정확히 이해하고 작업해야 킥백이 발생하지 않는다.

> - 라우터 : 고정된 부재 위를 라우터가 움직여 깎는다.
> - 라우터 테이블 : 고정된 라우터에 부재를 이동시켜 깎는다.

라우터 사용법과 같은 방법으로 라우터 테이블 사용법을 정리하면 다음과 같다.

그림에서 보는 바와 같이, 라우터 테이블에서의 비트 회전 방향은 시계 반대 방향이 된다. 이는 시계 방향으로 회전하는 라우터를 바닥에 붙여놨기 때문이다. 이

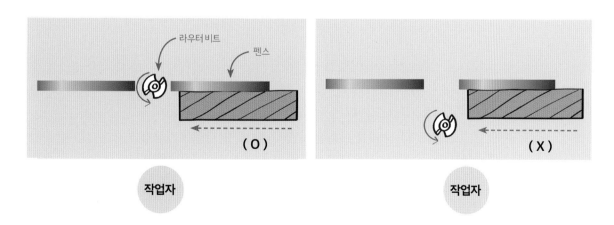

때 라우터 펜스를 정면으로 바라보고 오른쪽에서 왼쪽으로 작업 방향을 진행해야 한다.

라우터 테이블 펜스는 다른 기계의 펜스와 달리 라우터 날의 간섭을 피해 둘로 나뉘어져 있다(다른 기계들은 펜스가 하나로 연결되어 있다.). 그렇다 보니 그림 중 오른쪽과 같은 잘못된 예를 보면 날과 펜스의 세팅 사이에 부재가 끼는 형태가 될 수 있다. 이는 부재가 먹히거나 킥백으로 부재가 튕기는 현상이 발생할 수 있는 최악의 상태임을 명심하자. 라우터 비트를 펜스 사이에 위치시켜 부재가 튕겨나가도 킥백이 발생하지 않게 세팅하는 게 라우터 테이블 사용에 있어 가장 명심해야 할 안전수칙이다. 킥백은 항상 회전하는 날과 펜스 사이로 부재가 끼었을 때 발생한다는 것을 이해해야 한다.

펜스 없이 작업할 때 : 스타트 핀의 역할

라우터 테이블에서의 작업은 대부분 펜스를 중심으로 이루어진다. 펜스를 이용하면 쉽게 부재를 작업할 수 있다. 그러나 펜스를 사용할 수 없는 작업들도 있게 마련이다. 길게 원을 그리며 가공해야 하는 작업 등이 그러하다. 이런 경우에는 펜스를 제거하고 베어링 있는 비트를 이용해 작업한다. 특정한 모양을 깔끔하게 작업하기 위해 템플릿을 사용하는 경우도 있다. 이처럼 라우터 테이블에서 펜스 없이 작업하는 것을 '프리 스타일' 작업 방식이라고 한다.

펜스를 제거하고 하는 작업은 위험도가 높다. 아무런 기준점이 없기 때문이다. 그래서 필요한 것이 스타트 핀start pin이다.

라우터 비트는 회전 시에 부재를 끌어당기는 성질을 가지고 있다. 이 성질을 잘 알지 못하면 부재가 비트에 닿는 순간 킥백이 발생할 수 있다. 스타트 핀은 이런 킥백을 방지하고 비트가 부재를 끌어당기는 힘을 분산시킨다.

지렛대의 원리를 이용한 것인데, 회전하는 비트와 가공할 부재가 닿는 첫 순간 비트가 끌어당기는 힘을 스타트 핀에 의존해 분산시키는 원리다. 말 그대로 부재가 빨려 들어가지 않게 지지해주는 역할을 스타트 핀이 하는 것이다.

킥백 없이 작업이 시작되었다면 부재가 베어링에 밀착되어 끌어당기는 힘이 더 이상 존재하지 않는다는 것이기 때문에 더 이상 스타트 핀의 역할이 필요 없게 된다(첫 시작에 필요한 장비라서 이 녀석을 스타트 핀이라고 부른다.). 이때부터는 베어링에 의존해 가공해야 한다.

펜스 없이 작업할 때 스타트 핀의 있느냐 없느냐는 작업 안정성에 큰 영향을 미치므로 라우터 테이블을 사용한다면 필수적인 부속이라고 생각하자.

템플릿을 이용해 작업하기

아래 사진은 라우터 테이블에서의 작업 중 가장 많은 비중을 차지하는 템플릿을 이용한 작업이다.

1 먼저 부재에 템플릿 가이드를 위치시킨 후 연필로 모양에 맞게 선을 그린다. 그런 다음 밴드 쏘로 대강의 덩어리를 걷어낸 후 라우터 테이블에서 작업을 진행하는 것이다..

2 사진처럼 라우터 테이블에서 베어링 일자 비트를 이용하여 템플릿과 동일한 모양대로 부재를 가공한다. 템플릿 작업 시에도 필요할 경우에는 스타트 핀을 사용한다. 템플릿이 있든 없든 펜스를 제거하고 작업할 때는 첫 접촉 시 킥백 발생 확률이 높기 때문에 스타트 핀을 사용하는 것이 바람직하다.

기타 전동공구들

샌딩공구

원형 샌더

부재를 자르고 깎고 조립한 후에는 샌딩으로 마무리해야 작업물의 완성도가 높아진다. 샌딩은 부재 표면에 생기는 가공 흔적을 지우고 나무의 거친 부분을 매끈하게 다듬어주는 작업이다. 쉽게 말해 사포질이라고 생각하면 된다.

좋은 샌딩 공구는 진동이 적어 작업자의 피로도를 줄여주고 작품의 완성도를 높여준다. 비싼 샌딩기가 부담스러워 저렴한 것을 구입하는 작업자가 많은데, 일단 좋은 샌딩 공구를 경험해보면 결코 투자가치가 적지 않다는 것을 알 수 있다.

팜 샌더

샌딩기는 크게 두 가지로 나눌 수 있다. 좌우로 미세하게 회전하면서 움직이는 진동을 '오비탈 회전'이라 하는데, 오비탈 회전과 동시에 그 힘을 이용해 자연스럽게 원형 회전을 하는 샌딩기를 '원형 샌더'라 하며 오비탈 회전만을 이용한 사각형의 샌더를 '사각 샌더' 또는 '팜 샌더'라 한다.

최근 출시되는 샌더들은 대부분 벨크로를 채택하여 쓰고 있어 사포의 교환이 쉽다. 샌더에 쓰이는 벨크로 사포는 탈부착이 쉽고 집진을 위한 구멍이 뚫려 있다. 초보자들의 자주 하는 실수가 벨크로 사포의 구멍을 샌더의 구멍과 잘 맞춰 붙여야 하는데 구멍과 무관하게 붙여 사용한다는 것이다.

벨크로(Velcro)
옷이나 신발 따위의 두 폭을 한데 떼었다 붙였다 하는 접착 테이프. 한쪽에 갈고리가 있고 다른 한쪽에는 걸림 고리가 있어 두 면을 붙이면 접착되고 잡아당기면 떨어진다. 단추나 끈과 같은 역할을 한다.

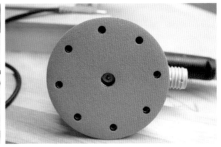

샌더의 집진 구멍은 단지 집진에만 사용되는 것이 아니다. 공기를 흐르게 하여 샌딩 중에 일어나는 마찰열을 낮추는 역할도 한다. 이는 사포의 수명을 길게 하고

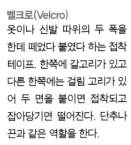

샌딩의 품질을 높이는 것이므로 꼭 유의하도록 하자. 페스툴 사의 샌더는 이를 극대화하여 공기가 순환되는 특허를 내기도 했다. 그 정도로 중요한 부분이다.

집진 구멍을 제대로 맞추지 못하면 벨크로의 찍찍이 부분이 손상될 수 있다. 손상이 반복되면 나중에는 벨크로 사포의 결합력이 떨어지게 된다. 그러니 샌더에 사포를 결합할 때는 꼭 구멍에 맞추어 결합하도록 하자.

국내에서 주로 사용하는 샌더는 5"와 6" 크기에 집진 구멍 6개 또는 8개의 홀을 가진 것이다. 샌딩용 사포를 구입할 때는 본인이 가진 샌더에 맞게 구입해야 한다.

샌딩을 하는 이유

샌더를 이용해 샌딩을 하는 이유는 무엇일까? 일차적인 목적은 부재의 표면을 정리하기 위해서이다. 그런데 몇몇 작업자의 샌딩하는 모습을 보았더니 나무의 턱을 없애거나 심지어 부재의 사이즈를 줄이기 위해 사용하는 것을 볼 수 있었다. 이는 작업 목적에서 벗어나는 행위일 뿐만 아니라 작업 효율성에도 맞지 않은 작업이다. 왜 그렇게 작업하는지 대충은 짐작이 간다. 목공에 입문한 지 얼마 안 된 초보자들은 몰라서 그러는 것일 테고, 어느 정도 경험이 쌓인 작업자라면 귀찮아서 그럴 수도 있다.

그러나 샌딩은 엄밀하게 말해 표면을 갈아내는 작업이라서 턱을 없앤다거나 사이즈를 줄이는 용도로는 적합하지 않다. 사람 손이 하는 작업이라서 아무리 정교하게 작업하더라도 부재의 평이 무너지기 때문이다. 즉 샌딩을 한다는 것은 수압대패와 자동대패로 잡은 평을 무너트리는 행위나 마찬가지다. 특히 부재가 조립되는 부분은 샌딩을 피하거나 최소화하는 게 좋다.

하나의 작업물을 만들 때, 샌딩 횟수는 보통 3번 이상 이루어진다. 부재 조립 직전에 1차 샌딩, 조립 후에 2차 샌딩, 이후 필요에 따라 3차 이상의 샌딩이 이루어진다. 오일을 바를 때 미처 다듬지 못했던 흔적이 그제야 눈에 띌 때가 있는데, 이는 고운 샌딩 가루가 나뭇결에 박혀 있거나 표면을 덮고 있어서일 경우가 많다. 이를 방지하려면 샌딩을 하는 작업대 조명의 조도를 좀 더 높일 필요가 있다. 샌딩을 할 때도 구역을 나누어 구역당 완벽한 샌딩을 한다는 마음으로 천천히 작업해야 한다.

가구를 만들 때는 대부분 원형 샌더를 많이 사용한다. 샌딩 가공 흔적이 거의 남지 않기 때문이다. 하지만 때때로 평면을 만드는 데 적합한 핸드형 벨트 샌더가 필요한 경우도 있다. 단 벨트 샌더는 힘이 강하고 거칠게 샌딩되기 때문에 샌딩 후 거친 자국을 원형 샌더로 지우기도 한다. 이밖에 그라인더를 이용한 작업 등을 한 경우에는 표면이 매우 거칠기 때문에 벨트 샌더를 이용해 평면을 잡기도 하고, 거칠게 나오는 부분을 갈아내는 용도로 쓰일 때도 있다.

전기를 연결하여 사용하는 샌더가 아닌 컴프레서를 이용하여 구동하는 에어샌더도 있다. 샌딩기가 구동하는 원리는 같지만 주 동력이 전기 또는 바람이라는 것이 다르다.

직쏘

직쏘

직쏘는 원형 톱이 아닌 일자형 톱을 사용하는 공구다. 일자형 톱은 주로 밴드 쏘에서 쓰이고 있으니 직쏘는 이것의 핸드형 버전이라고 보면 될 것 같다(밴드 쏘는 p.176 참조).

밴드 쏘와 비교하면 직쏘는 가공 깊이가 제한적이고 정밀도가 떨어진다. 밴드 쏘는 위와 아래에서 톱을 잡고 있기 때문에 대부분의 부재가 반드시 잘리는 데 반해, 직쏘는 위에서만 톱을 잡아주고 있기 때문에 하드우드의 경우 조금만 부재가 두꺼워도 톱이 밀리며 사선으로 잘린다.

그럼에도 직쏘가 쓰이는 이유는 자유로운 곡선 가공 능력 때문이다. 부재가 두껍지만 않다면 원하는 형태로 자유롭게 잘라낼 수 있다. 핸디형이라 쉽게 사용할 수 있다는 것도 장점이다. 또한 직쏘는 부재의 외경뿐만 아니라 한가운데, 즉 부재의 내경도 가공이 가능하다. 이는 밴드 쏘가 가지지 못한 장점이라 할 수 있다.

사용 중에 톱날이 휘는 구조적인 문제가 있으므로 정밀 가공이 필요한 가구에서 정재단용으로는 사용되지 않고, 가재단을 하거나 밴드 쏘에서 작업할 수 없는 내경 부분을 가공할 때 주로 사용한다.

작업의 정밀도를 조금 더 올리려면 수시로 날을 체크하여 톱날을 교체해주는 것이 좋다. 직쏘는 생각보다 마찰력이 많이 발생하는 편이어서 날의 상태가 작업의 관건이 될 때가 많다. 직쏘의 날은 나무에서부터 철까지 다양하다. 직쏘는 직선이 아닌 곡선 재단에 최적화된 공구임을 명심하자.

핸드 그라인더

우리가 흔히 목공용 그라인더라 부르는 공구는 대부분 핸드 그라인더를 부르는 명칭이다. 그라인더는 우리말로 '연삭기'라 하는데, 고속으로 회전하는 연삭 숫돌을 사용하여 면을 깎을 때 사용하는 공구에서 출발했다. 대팻날이나 끌날이 심하게 망가진 경우 이를 바로 잡기 위해 사용하는 탁상용 그라인더 역시 연삭기의 일종이다. 고정형인 그라인더가 기술이 발달함에 따라 손에 쥐고 사용할 수 있는 공구가 된 것이 오늘날의 핸드 그라인더이다.

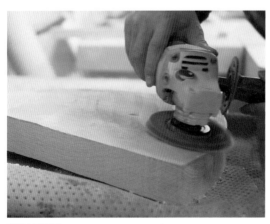

핸드 그라인더

핸드 그라인더는 수작업용 그라인더라고도 불린다. 목공, 철공, 타일, 석재, 샌드위치 판넬 등 매우 다양한 작업에서 수작업 공구처럼 사용되기 때문이다. 이는 고속으로 회전하는 모터와 30여 가지에 이르는 다양한 날들이 공급되기에 가능한 일이다.

날의 종류는 작업물의 종류와 작업 성격에 따라 구분되지만 크게 절단용과 연마용으로 나뉜다. 목공용 역시 목재 절단용과 연마용 날이 별도로 존재한다. 절단용 날은 4인치의 작은 날이어서 실제 목공용으로 쓰이는 일은 흔치 않다.

그러나 연마용은 사정이 다르다. 매우 다양한 형태로 쓰인다. 그중 가장 많이 쓰이는 것이 어글리 커터Angle cutter('에그리 캇타'라고도 표기한다.)와 휠 샌드 페이퍼 Wheel Sand Paper(일명 '해바라기 사포'라고 한다.)이다.

어글리 커터

어글리 커터와 휠 샌드 페이퍼

큰 덩어리의 나무를 원하는 형태에 근접하도록 덩어리를 덜어내는 작업에 쓰인다. 주로 조각을 하듯 머릿속에 그려 놓은 라인을 따라 깎아내기 때문에 숙련이 필요하다. 어글리 커터는 금속으로 되어 있어 작업이 강력하게 진행되며 매우 위험한 날에 속한다. 그러므로 작업의 방향이 그라인더의 회전 방향을 거스르지 않도록 해야 하고 특히 커터 날의 품질을 잘 관리해야 한다. 고속으로 회전하는 날이 부러지면 어디로 튈지 모르기 때문에 날의 상태가 곧 안전을 의미한다. 다른 날도 마찬가지지만 어글리 커터만큼은 가급적 공인된 날을 선택해야 한다. 대부분 이런 조건을 갖춘 날들은 비싸긴 하지만 충분한 값어치를 한다.

휠 샌드 페이퍼(해바라기 사포)

어글리 커터를 사용할 때는 안전장비도 철저하게 착용할 필요가 있다. 먼저 얼굴을 커버하는 안면 마스크, 귀마개, 방진 마스크로 완전 무장해야 하며 가죽 앞치마는 기본이고 손에도 두꺼운 용접 장갑을 착용하고 작업해야 한다.

다른 작업에 비해 안전장비를 잔뜩 착용하는 이유는 혹시 있을지 모를 날의 파손과 작업 중 튀는 나무 파편 때문이다. 그만큼 위험한 작업이라는 뜻이다.

작업 방법 | 한손이 아닌 양손으로 작업해야 한다. 그라인더로 하는 작업은 대부분 날이 닿는 순간 부재가 가공되는 정교함과 집중력을 요하는 작업이다. 한손으로 대충할 수 있는 작업이 아니다. 손의 힘만이 아닌 몸 전체의 움직임을 통해 작업해야 한다.

1. 두 다리를 작업에 불편하지 않게 적당히 벌린 후 그라인더 손잡이와 몸체를 양손으로 잡는다.
2. 그라인더를 잡은 손과 팔꿈치, 어깨의 힘을 적절히 분배하며 그라인더를 움직인다.
3. 작은 움직임으로 정교하게 작업해야 할 때는 가급적 팔꿈치를 옆구리에 밀착시켜 움직임을 줄인다. 움직이는 방향의 반대쪽 팔꿈치를 옆구리에

가깝게 붙이며 약간의 힘을 주면 그 팔꿈치가 기준선 역할을 하며 움직임을 좀 더 정교하게 만들 수 있다. 크게 움직여야 할 때는 움직이는 방향의 반대쪽 어깨를 고정한다는 생각으로 움직인다. 그러면 그라인더를 움직이는 통제력이 더 강해진다.

가장 중요한 것은 발의 위치다. 깎아낼 부재를 작업하기 적당한 위치로 계속 움직여 주어야 그라인더를 움직이는 행동반경이 줄어든다. 행동반경을 줄이며 작업할수록 작업물의 품질이 좋아지고 작업자의 피로도가 적어진다.

어글리 커터로 충분히 덩어리를 걷어냈다면 그 다음 사용하는 공구는 휠 샌드 페이퍼, 일명 해바라기 사포다. 휠 샌드 페이퍼는 가급적 낮은 방수를 사용하는 것이 좋다. 100# 이상으로 방수가 올라가면 나무를 갈아내는 것보다 타 버리는 경우가 많다. 100# 이상 사용되는 방수는 대부분 철공용이다.

핸드 드릴

핸드 드릴은 드릴 프레스와 마찬가지로 구멍을 뚫거나 나사를 조이는 데 쓰인다. 전기 드릴, 충전 드릴, 햄머 드릴, 임팩트 드릴 등이 있는데 공방에서 사용되는 드릴은 이동성이 좋은 충전 드릴이 좋다.

핸드 드릴은 볼트 수가 낮을수록 힘이 약하다. 대신 가벼워서 사용하기 편하다(볼트 수가 높을수록 힘은 좋지만 기계 자체가 무겁다.). 하드우드를 다루는 데 적합한 드릴은 14.4V 정도이다.

드릴 비트를 잡아주는 부분을 '척'이라 한다. 척은 드릴을 사용하는 데 있어 날을 잡아주는 가장 중요한 부분으로 이 부분이 어떤 형식이냐에 따라서 편의성이 달라진다. 요즘에 나오는 드릴들은 대부분 손으로

드릴비트를 고정하거나 풀 때 쓰는 보조도구

왼쪽이 키레스 척, 오른쪽이 드릴 척 또는 연동 척이라 한다.

드릴 비트를 고정하거나 풀 수 있는 척을 사용하는데 이를 '키레스 척'이라 한다. '드릴 척'은 사진 오른쪽에 있는 것과 같은 보조도구를 이용하여 드릴 비트를 고정하거나 푼다.

드릴에 적힌 숫자 계기판은 모터의 회전 컨트롤을 조절해 힘을 제어하는 역할을 한다. 숫자가 올라갈수록 제어하는 힘이 커지며, 하드우드에 나사못을 박을 때는 9~10 정도에 맞춰놓고 사용하면 알맞은 힘으로 제어해준다. 나사못을 박을 때 드릴의 힘이 너무 세면 나무가 갈라지거나 나사못의 머리가 부러지거나 갈릴 수 있으니 꼭 적정 제어 수치에 놓고 작업하도록 한다.

충전 드릴과 전기 드릴

주로 구멍을 뚫는 데 최적화되어 있다. 높은 숫자의 끝에는 드릴 날 표시가 있다. 이는 제어를 하지 않고 무한정 힘을 보내어 구멍을 뚫겠다는 표시이다.

무한정 힘을 보낸다는 뜻은 남은 배터리 양만큼 돌아감을 말하며 이처럼 지속적으로 무한대의 힘을 써야 한다면, 충전 드릴보다 전기 드릴이 적합하다. 전기 드릴은 컨트롤이 힘들고 전기선이 있어서 이동성과 작업의 편의성이 떨어지지만, 힘이 강해 긴 시간 작업해야 할 때 적합하다.

오랜 시간 강하게 작업해야 하는 일들은 날을 튼튼하게 잡아주는 역할이 중요하기 때문에 전기 드릴은 대부분 연동 척으로 되어 있다.

드릴과 드릴 비트. 드릴 비트는 목공용, 철공용, 콘크리트용으로 나뉜다. 목공용에도 트위스트, 포스트너 등 다양한 드릴 비트가 있다.

임팩트 드릴

피스를 조여 주는 데 최적화된 녀석이다. 드라이버 비트를 원터치 형식으로 탈부착하며 돌리는 순간 충격을 주어 효과적으로 조이거나 풀 수 있게 되어 있다. 하지만 무리하게 힘을 주면 나무가 갈라지거나 피스의 머리가 부러질 수 있으니 이런 기능이 오히려 단점이 될 수 있음을 기억해야 한다.

햄머 드릴

콘크리트에 구멍을 낼 때 사용하는 드릴로 드릴 날이 회전할 때 뒤에서 망치로 두드려 콘크리트를 효과적으로 구멍을 낸다.

드릴의 생김새는 대부분 비슷하다. 임팩트 기능과 햄머 기능의 여부는 모델명으로 구분되어 있으니 이를 잘 살펴보면 된다.

원형 톱과 플런지 쏘

원형 톱은 인테리어 현장에서는 판재를 자르는 데 많이 사용되고, 공방에서는 주로 집성된 판재의 길이를 자르는 데 사용된다. 원형 톱의 업그레이드 버전을 플런지 쏘라고 하는데, 하는 일은 원형 톱과 같지만 집진, 레일 등의 성능이 월등히 좋아 원형 톱에 비해 정교한 작업이 가능하다. 슬라이딩 쏘가 없는 공방에서는 긴 판재를 자르기 위해 필수로 갖춰야 할 공구이다.

원형 톱

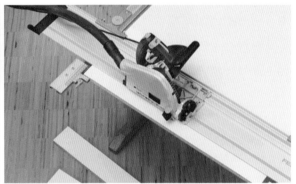
플런지 쏘

소형 집진기

일명 청소기로 불린다. 주로 전동공구와 연동시켜 분진을 모아주는 용도로 사용한다. 전동공구의 전원을 집진기에 연결하면 두 기계가 연동되어 집진기가 자동으로 작동된다. 전동공구 옵션에 집진 기능이 있다면 이 공구는 집진기와 연동하여 사용할 수 있다는 것이다.

공구를 사용할 때 집진 기능을 연동하여 사용하면 작업 환경이 쾌적해진다. 작업 시 나오는 톱밥 등의 부산물을 한 곳으로 모아주기 때문이다. 특히 페스툴 사에서 나오는 대부분의 전동공구는 집진과의 연동이 기본으로 되어 있다. 우리가 자주 사용하는 도미노와 샌더는 집진기 연동을 필수로 해야 할 공구다.

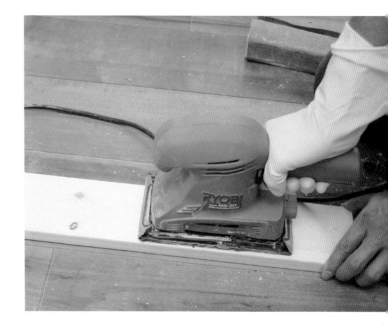

목공
철학
4

"목공은
학을 싸움이다"

class #4

목공기계

현대 목공은 기계 작업이 전체 작업의 주를 이룬다. 산업혁명으로 인한 기계의 발전은 목공 분야에서도 예외 없이 적용되어 수공구를 이용하여 손으로만 작업했던 목공이 지금은 기계 작업으로 확연히 넓어졌다. 앞으로 3D 프린터나 CNC 머신 같은 기계들이 좀 더 발달하고 범용화된다면 예전에는 상상할 수도 없는 다양한 작품을 기술의 도움을 받아 심플하고 정확하고 쉽게 작업할 수 있을 것이다. 어쨌든 오늘날의 목공 기술은 기계의 발전 덕분에 지속적으로 발전하고 있다.

손의 감각에 의해 만들어진 전통가구를 만들던 목수들도 지금은 기계의 도움을 받으며 가구를 만들고 있다. 전통가구와 현대 가구의 차이는 손으로 만드느냐, 기계로 만드느냐 같은 작업 방식이 아니라 전통의 결구(짜맞춤) 방식을 고수한 작업이냐에 따라 결정된다.

장인들의 기술 전수는 지극히 패쇄적이었다. 소수의 전승자에게 도제식으로 기술을 전수해주는 방식이어서, 인고의 시간을 버티고 버텨야 비로소 가구를 만들 수 있었다. 오랜 시간 숙련을 해야 만들 수 있었던 옛 시대의 목공과 달리 현대 목공은 가구 공방의 문화적 정착으로 누구나 손쉽게 목공을 시작할 수 있다. 어느 정도의 비용과 시간을 투자한다면 "직접 가구를 만든다."는 이야기는 그리 어려운 일이 아닌 것이다.

책을 통해 기초적인 학습을 하더라도, 목공은 결국 몸으로 배우고 익혀야 하는 기술이다. 작업자만의 목공 스타일이란 결국 작업을 통해 완성되는 것이다. 특히 기계 작업의 비중이 높다는 것은 그 기계를 얼마만큼 잘 활용하느냐에 따라 그만의 스타일이 완성된다고 할 수 있다.

목공기계가 하는 일은 매우 직관적이다. 회전하는 날에 나무를 통과시키면 나무가 가공되는 지극히 단순한 원리이다. 이 원리를 어떻게 응용하여 사용할 것인지에 따라 작업 영역이 넓어지고 다양해질 수 있다. 그래서 기계의 특징을 잘 이해하고, 그

기계가 하는 일을 얼마만큼 다양한 방법으로 응용할 수 있는지, 또 어떻게 하면 안전하게 작업할 수 있는지를 아는 것은 매우 중요한 일이다.

목공기계 중에는 서로 중복되는 일을 하는 경우가 많다. 이들 중 가장 안전하고 정확하다고 판단되는 방법을 선택하는 것, 이것은 확률 싸움과도 같으며 그 방법이 바로 그의 작업 스타일이 된다. 이번 파트에서 살펴볼 '목공기계'의 사용법 또한 이러한 맥락에서 읽어주었으면 한다. 나름 10여 년 동안의 작업을 하면서 축적한 가장 효과적이고 이상적인 방법들을 선별해 소개하겠다. 이야기를 이어 나가기 전 몇 가지 용어 정리가 필요하다.

용어 설명

킥백KICKBACK | 고속 회전의 힘을 이용하여 나무를 가공하는 목공기계의 특성상 회전하는 날에 의해 나무가 튕겨나가는 현상이 일어날 수 있다. 혹은 비트의 작업 방향이 바뀌면서 비트가 역할을 못하고 바퀴처럼 구르는 현상이 일어날 수 있다. 기계마다 킥백이 발생하는 현상은 다르지만 그 원리와 이해는 비슷하다. 목공 작업 대부분의 사고는 킥백에 의해 발생한다.

정반 | 기계 부품의 조립이나 검사를 하기 위해 쓰이는 금속 또는 돌로 만든 평판을 말한다. 공방의 모든 공간을 통틀어 가장 평이 잘 맞다고 신뢰할 만한 부분이다. 정반에는 쇠정반, 석정반 등이 있다. 목공기계의 테이블 역할을 하는 곳은 대부분 쇠정반이며 그외 보조 정반으로 나뉜다.

정재단 | 도면에 명시된 치수 및 각도대로 정확하게 가공하는 것을 말한다.

가재단 | 작업 효율성을 위해 정재단 치수보다 약 20~30mm 여유있게 자르는 것을 말한다.

각도 절단기

각도 절단기는 인테리어 공사 현장에서 사용할 목적으로 만들어졌다. 몸체가 크고 무거운 목공기계들보다 상대적으로 가볍고 이동이 용이하다. 주로 나무를 자르는 용도로 사용된다. 펜스를 기준으로 좌우 45° 전후로 세팅이 가능하며 여러 각도로 가공이 가능하다.

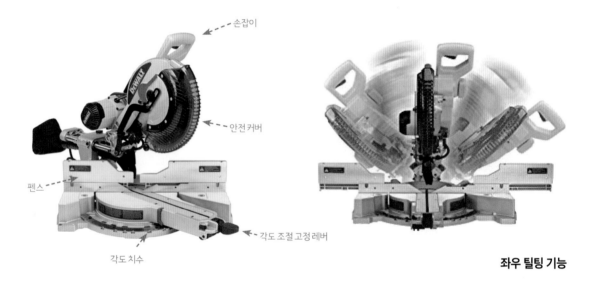

손잡이

안전 커버

펜스

각도 조절 고정 레버

각도 치수

좌우 틸팅 기능

이처럼 나무의 각도를 자르기 편안하게 되어 있다 하여 이를 '각도 절단기'라 부른다. 여기에 슬라이딩 기능을 추가시켜 자르는 범위를 넓힌 기계를 '슬라이딩 각도 절단기'라 한다.

각도 절단기는 정밀도가 떨어지기 때문에 주로 가재단용으로 사용한다. 톱의 몸통을 잡고 좌우로 흔들어 보았을 때 흔들린다면, 그 기계가 가지고 있는 정밀도가 그만큼 불안한 것이다. 가구 공방에 세팅되는 목공기계들은 대부분 기능들이 중복되어 있는데, 이들 중 가장 정확하게 나무를 정재단할 수 있는 기계는 테이블 쏘이다. 각도 절단기는 오로지 가재단용으로만 사용하길 바란다. 물론 이 또한 하나의 작업 스타일일 뿐이다. 각도 절단기로 나무를 정재단하는 작업자들도 다수 있다.

킥백의 원리만 이해한다면 각도 절단기는 사고의 위험성이 지극히 낮은 편에 속한다. 하지만 이 녀석이 내는 굉음과 나무를 자를 때의 모습은 사람을 위축시키기에 충분하다. 이런 이유로 작업자가 조금은 소극적인 자세로 작업에 임하게 되는데, 모든 목공기계 작업은 회전하는 날을 나무가 통과한 후에야 비로소 위험에서 자유로울 수 있다. 따라서 이러한 소극적 자세는 오히려 위험을 부를 수 있다. 작업 중 겁을 내거나 멈칫하는 것이 자칫 위험성을 높이는 작업으로 진행될 수 있다.

각도 절단기에서 킥백이 발생하는 이유

각도 절단기의 안전성 여부는 나무 길이 방향의 휨과 직결되어 있다.

자를 때 바닥면이 떠있는 방향, 즉 나무의 길이 방향으로 오목한 상태에서 작업하면 킥백이 발생한다. 나무를 자르는 과정에서 길이가 절단되면서 오목한 부분이 주저앉게 되는데 이때 나무가 회전하는 톱날을 잡아버리면서 킥백이 발생할 수 있는 것이다.

각도 절단기는 킥백이 발생해도 손이 다치는 등의 사고가 날 확률은 낮은 편이지만, 그럼에도 사고가 종종 일어나니 어떤 기계든 안전을 최우선으로 할 필요가 있다.

킥백 현상이 나타나지 않게 하려면 나무의 길이 방향으로 오목한 방향을 뒤집으면 된다. 원목 보관대에서 꺼낸 나무의 휨 상태를 먼저 확인한 후 볼록한 길이 방향이 아래로 내려가게 한다면 킥백은 대부분 방지된다. 또 다른 방법으로는 나무를 자를 때 한 번에 자르려 하지 말고 여러 번에 나누어 조금씩 자르는 것이다. 두꺼운 부재나 부재를 뒤집을 수 없는 환경일 때, 이런 방식을 활용하면 킥백을 미연에 방지할 수 있다.

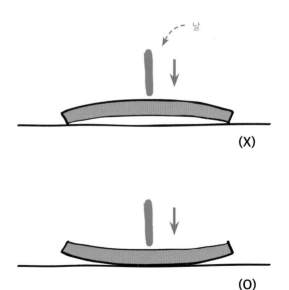

각도 절단기 사용 방법

각도 절단기를 사용하는 방법을 알아보자. 각도 절단기는 나무를 자르는 용도이므로 톱날은 자르기 전용 톱날을 사용한다. 이에 대해서는 뒤에서 좀 더 심도있게 이야기하도록 하겠다.

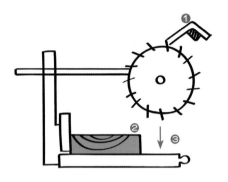 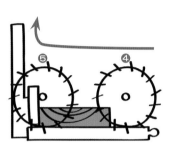

❶ 날을 충분히 회전시킨 상태에서
❷ 부재 모서리부터
❸ 톱날을 아래로 끝까지 내린다.

❹ 펜스 끝까지 밀어서 자른다.
❺ 스위치를 놓고 톱 회전이 멈추면
　위로 올린다.

1. 나무를 킥백이 발생하지 않는 길이 방향으로 볼록한 상태로 두고 자를 위치를 정했다면 나무가 날이 회전하는 방향으로 밀리지 않게 펜스와 완벽하게 밀착시킨다.
2. 전원 스위치를 켠 후 톱날의 회전수가 최대로 올라올 때까지 기다린다. 이때 나무와 톱날이 닿지 않게 주의해야 한다.
3. 이후 자를 나무의 모서리 부분부터 시작하여 아래로 끝까지 내린 상태에서 펜스까지 밀어 넣으면 나무가 잘린다.
4. 나무를 자른 후 톱날을 들어올리기 전에 전원 스위치를 끄고 톱날 회전이 멈출 때까지 기다린 다음 톱날을 들어올린다. 톱날이 회전하는 상태에서 들어올리면 다른 나무를 건드려 튀는 상황이 발생할 수 있기 때문이다.

가재단 시 유의사항

가재단 용도로 각도 절단기를 사용하는 거라면, 넓은 폭을 자를 수 있도록 슬라이딩 기능이 추가된 모델을 사용하는 걸 권한다. 슬라이딩 기능이 추가된 모델은 가격이 비싸다. 하지만 작업 범위가 넓지 않은 각도 절단기는 부재를 자른 후 뒤집어 나머지를 또 잘라야 하기 때문에 매우 번거롭다. 가재단용으로 사용되는 슬라이딩 각도 절단기는 정밀도와는 관계없이 사용되므로 너무 비싸지 않은 걸로 적정한 선에서 구입하도록 한다.

45°로 부재를 자르는 모습. 긴 부재를 잘라 사용한다.

각도 절단기는 가재단 이외에도 45° 보강재를 만들 때 주로 사용된다. 테이블 쏘를 이용한 방법보다 효과적이기 때문이다. 다만 길이가 짧은 45° 보강재는 길이가 긴 각재를 잘라내서 사용하는 방식으로 안전하게 작업할 필요가 있다.

가재단할 때 주의할 점은 나무의 갈라짐이다. 끝부분이 갈라져 있는지 잘 살펴보고 필요하다면 갈라진 부분을 먼저 잘라내고 가재단 길이를 측정하도록 한다.

가재단 적용 범위는 보통 컷당 10mm로 잡는다. 부재를 가재단한 후에는 대패 작업을 통해 4면을 잡고, 이후 길이에 대한 정재단을 하게 되는데, 가재단 상태에서는 양쪽 모두 직각이 잡히지 않은 상태이기 때문에 결국 한쪽을 직각으로 자른 후 정확한 정재단 가공을 진행한다. 이런 경우 하나의 부재에서 양쪽, 즉 두 번의 커팅이 필요하므로 가재단 적용 범위를 20mm 추가하여 길이를 정한다. 가령 부재 정재단 길이가 500mm라면 여유 범위 20mm를 더한 520mm로 가재단하면 된다.

작업을 하다 보면 하나의 부재를 두 개로 잘라서 사용해야 하는 경우도 있다. 이때 각도 절단기로 자른 부재가 손바닥 한 뼘 길이보다 짧다면, 이후 대패 작업 시 부재가 튀면서 위험한 킥백 현상이 발생할 수 있다. 이를 예방하려면 다른 부재와 길이를 합산하여 대패 작업을 먼저 진행한 후 테이블 쏘로 정재단하여 짧은 부재를 완성하면 되는데, 하나의 부재에서 두 개를 사용해야 하므로 정재단 길이에서 30mm를 더하여 각도 절단기로 가재단 후 작업을 진행하면 될 것이다(정재단을 위해 자르는 컷이 최초 직각을 위한 컷과 나머지 두 개 포함하여 총 3컷이 되기 때문이다.).

가재단 범위를 결정할 수 있다는 것은 부재의 길이에 어느 정도 여유 있다는 의미이다. 만약 2,820mm 길이의 부재를 1,400mm 두 개로 가공해야 한다면, 이때는 여유가 부족하더라도 1,410mm로 가재단하여 그 효과를 최대한 높이는 방법으로 작업해야 할 것이다.

2강 테이블 쏘

테이블에 고정시킨 원형 톱날을 고속 회전시켜 나무를 자르거나 켜는 기계를 말한다. 목공 작업 중 사용빈도가 가장 높지만 그만큼 사고율도 높다. 작업 자체가 위험한 것이 아니라 말 그대로 사용빈도가 높기 때문에 사고가 많이 나는 것이다.

1895년 독일인이 최초의 전기 손 드릴을 발명하면서 목공기계의 역사가 시작되었다. 약 100년 남짓한 역사를 가진 목공기계들은 예나 지금이나 형태 및 기능적 면에서 크게 달라진 것이 없다. 그중 기술 발전의 혜택을 받은 기계의 대표주자인 테이블 쏘는 손가락이 닿으면 톱날을 물리적으로 잡아 멈춤과 동시에 정반 아래로 떨어트려 손가락을 보호하는 '쏘 스톱saw stop 기능을 탑재한 것들이 출시되고 있다.

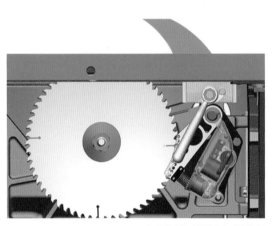

쏘 스톱 기능이 탑재된 테이블 쏘

쏘 스톱 기능은 작업 중 손가락이 톱날에 닿으면 전류가 인체로 흘러들어가고 그걸 카트리지가 감지하여 왼쪽 그림처럼 톱날을 순간적으로 멈추게 하는 기능이다. 실제로 나 또한 몇 개의 손가락을 이 기능 덕분에 구할 수 있었다. 쏘 스톱 기능이 있는 테이블 쏘는 공방 세팅 시 1순위로 구비해야 할 기계이다.

테이블 쏘의 구성을 보자. 엄밀히 따지자면 오른쪽 페이지 사진에서 설명하고 있는 목공기계의 정확한 명칭은 '캐비넷 쏘'이다. 테이블 쏘는 캐비넷 쏘보다 더 경량화된 것을 말하지만 일반적으로 슬라이딩 기능이 없는 쏘를 테이블 쏘라 말한다.

테이블 쏘 세팅 방법

테이블 쏘가 하는 대표적인 일은 나무를 직선으로 자르거나 켜는 일이다. 톱날은 정반 위로 원하는 만큼 핸들을 돌려 올리거나 내려 세팅할 수 있다. 또한 좌우 어느 한 방향으로 0°에서 45°까지 각도를 주어 세팅할 수도 있다.

예를 들어 40mm 두께의 부재를 가공할 때, 톱날을 40mm보다 높게 세팅한 후 가공한다면 원하는 폭이나 길이만큼 켜거나 자를 수 있다. 이때 각도를 주어 가공하면 각진 부재 또한 만들 수 있다. 한편 톱날 높이를 20mm로 세팅한 후 40mm 두께의 부재를 가공한다면 톱날 두께만큼의 홈을 만들어 사용할 수 있을 것이다. 이처럼 기계가 하는 일은 정해져 있지만 어떻게 세팅하고 어떤 방법으로 작업하는지에 따라 그 결과물은 달라질 수 있다.

테이블 쏘에서 작업하는 모습

테이블 쏘가 가장 많이 하는 일은 부재를 정재단하는 것이다. 톱날을 기준으로 좌우 거리를 조정하여 고정할 수 있는 펜스(조기대)가 있는데, 펜스와 날 사이의 거리를 정확하게 세팅할 수 있는 측정자 및 눈금이 있어 부재를 작업자가 원하는 정확한 폭으로 정재단할 수 있다.

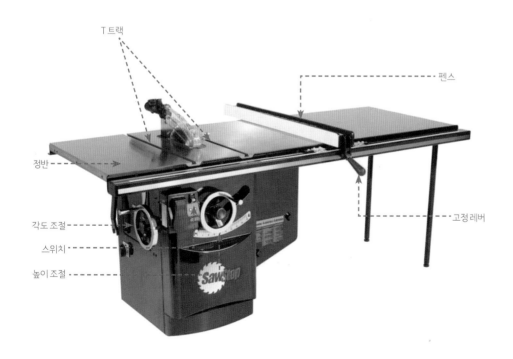

T 트랙

펜스

정반

각도 조절

스위치

높이 조절

고정 레버

눈금을 정밀하게
조정할 수 있는 뭉치

하지만 아무리 정확하게 측정하려 해도 작업자의 시선이나 기준점은 사람마다 달라질 수밖에 없다. 이러한 부정확성을 해결하고 완벽한 세팅을 위해 만든 장치가 테이블 쏘이다(옆 그림에서 나사를 풀면 좌우로 세팅이 가능하다.)

이렇듯 대부분의 목공기계는 사용자가 얼마든지 정밀 세팅을 할 수 있도록 유동성을 갖고 있다. 기계마다 세팅하는 방식과 위치는 차이가 있지만 원리는 비슷하다.

세팅하는 방법을 예로 들어보자. 옆 사진을 예로 들면 왼쪽 눈을 감고 오른쪽 눈만 뜬 채 테이블 쏘 눈금을 직선 방향에서 바라본 후 측정 표시선(빨간선) 두께의 왼쪽 선에 맞춘다. 선마다 아주 미세한 두께가 있기 때문에 그 두께의 왼쪽 끝선에 맞출 것인지, 오른쪽 끝선에 맞출 것인지는 스스로 선택해야 한다. 이렇게 세팅한 후 부재를 테스트 커팅한 다음 다시 측정한다. 측정값을 알게 되면 나사를 풀어 원하는 위치에 표시선을 이동시킨 후 재고정시킨다.

어떤 방식이든 본인만의 세팅 기준을 만드는 게 필요하다. 한 대의 테이블 쏘를 여러 명이 사용한다면 사용자마다 정확한 값을 내는 기준이 다를 수밖에 없다. 이런 경우에는 필히 테스트로 커팅해보는 과정이 필요하다.

T 트랙의 역할과 정재단하는 방법

테이블 쏘 정반을 보면 길게 홈이 파져 있는 부분이 있는데 이를 'T 트랙'이라 한다. 대부분의 목공기계에는 T 트랙이 있는데 이를 이용하여 썰매(p.196 참조), 마이터 펜스(p.161 참조), 테논 지그(p.197 참조) 등 나무를 가공할 때, 보다 정밀하고 안전하게 작업을 할 수 있다. 작업 보조도구들이 T 트랙을 타고 수직, 수평 운동을 하는 일종의 레일 역할을 하기 때문이다.

마이터 게이지
각도 조절이 가능한 T 트랙용
작업 보조도구이다.

아래 사진은 T 트랙을 활용하여 마이터 게이지로 부재를 길이 방향으로 정재단하는 모습이다. 앞서 각도 절단기는 구조적 정밀도가 떨어지기 때문에 정재단할 때 잘 사용하지 않는다고 설명했다. 정재단은 T 트랙을 활용하는 방식을 통해 할

마이터 게이지를 이용한 길이 가공

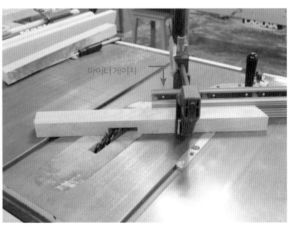
마이터 게이지를 이용한 홈 가공

수 있다.

수입 목공기계들의 유통 과정을 보면 이동의 편의성을 위해 완성품이 아닌 분해된 상태에서 운송이 이루어진다. 현장에서 조립하여 사용하는 경우가 대부분인 것이다. 아무리 정밀한 기계라 하더라도 이런 과정이라면 여러 가지 상황이 발생할 수밖에 없다. 완벽한 세팅이 되지 않는 경우도 있다. 이럴 경우 작업자가 관심을 갖고 그 기계의 정밀도를 검증해야 하는데, 이때 톱날과 T 트랙의 수평 관계를 측정하여 세팅하면 정밀도를 높일 수 있다.

세팅 방법은 간단하다. 정반과 테이블 쏘의 몸통을 고정한 볼트가 있는데 이를 느슨하게 풀고 정반을 좌우로 움직여 보면 어느 정도의 유격이 생긴다. 그 유격을 이용하여 T 트랙과 톱날이 수평이 되도록 세팅한 후 단단하게 조여 고정한다.

디지털 각도 게이지로 톱날 각도 세팅하기

부재의 각도를 잡는 가장 이상적인 방법은 테이블 쏘를 활용하는 것이다. 디지털 각도 게이지를 이용하면 0~45° 범위에서 소수점 한 자리까지 세팅할 수 있다. 특히 부재를 비스듬한 각도로 가공해야 할 때 테이블 쏘를 이용한 각도 정재단은 확률적으로 가장 정확하다.

아래는 디지털 각도 게이지를 톱날에 부착시켜 톱날이 어느 정도 각도인지를 세팅하는 사진이다. 디지털 각도 게이지는 소수점 하나까지 세팅이 가능하다. 이 말은 설계상 대부분의 각도를 정확하게 가공할 수 있다는 이야기이며 그만큼 정밀도가 높다는 뜻이다. 디지털 각도 게이지 세팅 방법을 알아보자.

 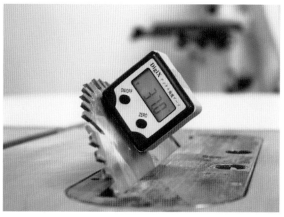

1 먼저 직각자를 이용하여 톱날의 90°를 세팅한다. 이때 90°를 맞추는 직각자의 위치는 부재가 잘릴 때 사용되는 정반의 방향과 같아야 한다. 펜스와 톱날 사이에는 대부분 제로 인서트 간섭이 생길 수 있는데(사진의 빨간색 부분) 그 높이와 정반의 높이가 일치하는지 체크한 후 직각자를 톱날의 팁을 피해 철판과 90°로 만든다.

2 이후 디지털 각도 게이지를 톱날에 부착하여 0점을 잡은 후 원하는 각도만큼 핸들을 이용하여 세팅한다. 각도 게이지에 자석이 붙어 있어 톱날의 철판에 바로 부착시킬 수 있다. 위 사진은 디지털 각도 게이지를 이용하여 톱날을 37°만큼 기울인 것이다.

디지털 각도 게이지는 각도를 세팅하기에 최적화된 측정 도구이다. 하지만 각도 게이지를 이용해서 90°를 세팅하는 것은 가급적 삼가는 게 좋다. 90°를 맞추는 가장 정확한 방법은 톱날의 철판을 기준으로 직각자를 이용하여 빛이 통과되지 않게 세팅하는 것이다.

목공은 응용의 미학이라 할 수 있다. 기계가 하는 일은 정해져 있지만 그 일을 어떤 방법으로 하는지에 따라 작업 영역이 넓어진다. 따라서 기계의 특성을 잘 파악하고 이해하는 데 중점을 두도록 하자. 모든 기계는 별도의 세팅을 위한 장치가 주어진다. 펜스와 톱날의 수평 관계, 정반과 펜스의 직각 관계, 치수 정밀도, 톱날과 T 트랙과의 수평 관계, 90°와 45° 스톱퍼 등 고가의 새 기계라 하더라도 본인이 만족하는 값으로 직접 세팅하는 게 좋다. 이런 세팅은 기계의 안전성과 정밀성에 직결되어 있으니 작업 전 이를 꼭 체크하고 신경을 써야 할 것이다.

테이블 쏘에서의 킥백 방지 방법

테이블 쏘의 킥백 원리는 간단하다. 회전하는 톱날과 막혀 있는 힘의 관계, 즉 톱날과 펜스 사이에서 킥백이 이루어진다. 쉽게 설명하자면 톱날과 펜스 사이를 지나가는 나무가 어떤 이유에서든 그 사이에 끼어버리면, 회전하는 톱날의 힘에 의해 나무가 튕겨나가는 것이다.

나무가 잘리는 과정에서 회전하는 톱날을 타고 올라가 그 회전의 힘에 의해 작업자 쪽으로 튕겨 나가는 킥백을 방지하기 위한 가장 간단한 방법은 나무가 톱날을 타고 올라서지 못하게 하는 것이다.

리빙 나이프

왼쪽 사진에서 톱날 끝 부분에 자리한 뾰족한 철판을 리빙 나이프riving knife라고 하는데, 이 녀석이 나무가 톱날을 타고 넘지 못하게 막아주는 역할을 한다. 10여 년 전만 해도 리빙 나이프가 달려 있는 테이블 쏘는 가격이 비쌌으나 지금은 대부분의 테이블 쏘에 기본적으로 장착되어 있다. 리빙 나이프 덕분에 킥백은 90%가 넘게 방지되고 있을 만큼 안전해졌다.

킥백 없이 안전하게 작업하기 위한 기본적인 수칙이 있다. 나무가 잘리기 시작할 때부터 톱날을 벗어날 때까지 부재를 컨트롤하는 것이다. 작업 전 충분한 이미지 트레이닝을 통해 내가 이 나무를 어떤 방법으로 가공할 것인지, 왼손과 오른손이 할 일은 무엇인지 충분히 생각하고 작업해야 안전하게 작업할 수 있다. 숙련자들의 작업 속도가 빠른 이유는 많은 경험을 통해 이런 이미지 트레이닝이 기본적으로 몸에 익었기 때문이다.

작업 중 사고 조짐은 본인 스스로 예감하는 경우가 많다. 빨리 하려는 조급함, 귀찮아서 쉽게 하고 싶은 마음이 앞서기 때문이다. 다친 사람들 이야기를 들어보면 대부분 비슷하다. "내가 이러다 다칠 줄 알았다."

여유 있게 천천히 작업하는 습관을 들이자.

테이블 쏘 인서트

테이블 쏘 톱날과 정반 사이에 있는 녀석을 인서트라고 한다(사진의 파란색 부분이다.). 대부분의 테이블 쏘는 빨간색 인서트를 가지고 있다. 그 공간 내에서 사고가 발생하니 주의하라는 경각심의 빨간색이다.

인서트가 존재하는 이유는 톱날을 교체하기 위해서이다. 톱날을 교체하기 위해 손이 들어갈 공간을 정반에 만들어놓은 것인데, 이를 막아주는 역할을 하는 게 인서트다. 인서트는 나무 또는 알루미늄으로 제작되어 있다.

인서트를 정반 높이와 정확하게 일치시키려면 높이 세팅이 필요한데, 인서트 안쪽을 보면 높이 조정을 할 수 있는 볼트들이 보일 것이다. 이를 통해 정반과 최대한 평행하게 세팅할 수 있다. 테이블 쏘 진동에

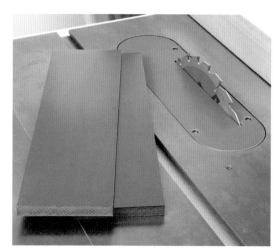

테이블 쏘에 장착된 제로 인서트

의해 인서트 안쪽의 볼트들이 풀리면서 높이의 단차가 생길 수 있으니 주기적으로 체크하길 바란다. 단차로 인해 안전 및 정밀도가 떨어져서는 안 될 일이다.

사진에서 보는 것처럼 인서트를 직접 제작하여 장착하는 걸 '제로 인서트'라 한다. 기존 인서트는 톱날과 인서트 사이에 틈이 있는데 이는 톱날이 0~45° 꺾일 때 생기는 공간을 확보하기 위해서이다. 이 공간을 최소화하면 톱밥이 튀어오르는 걸 최소화할 수 있다. 그래서 직접 제작하여 사용하는 것이다. 물론 제로 인서트를 사용하려면 세팅 값 0~ 45°에 따른 여러 개의 인서트를 사용해야 하는 불편함이 있다.

하지만 기본적으로 제공되는 인서트는 어떤 각도든 톱날이 기울어지는 만큼의 공간을 확보하기 위해 톱날과 인서트 사이가 비교적 넓으므로 이런 점이 싫다면 제로 인서트를 제작하여 사용한다. 제로 인서트는 말 그대로 0°에 맞춰진 인서트이다. 톱날이 꺾이는 공간이 없다. 톱날이 꺾이게 되면 인서트에 끼면서 날이 휠 수도 있다.

테이블 쏘를 이용한 사선 이중각 부재 가공

스툴 또는 테이블의 다리가 좌우로 동시에 사선으로 떨어질 때, 다리의
끝 부분은 바닥과 평이 맞지 않는다.
이런 경우 T 트랙에서 정재단하는 것과 같은 방법으로 정밀도가 높은
톱날의 각도와 마이터 펜스의 각도를 이용하여 동시에 커팅하는 식으로
바닥의 평을 잡을 수 있다.

❶ 톱날을 디지털 각도 게이지를 이용하여 15°로 세팅

❷ 마이터 게이지를 15°로 세팅

❸ 위 두 개의 각도 세팅 값으로 동시에 다리 가공

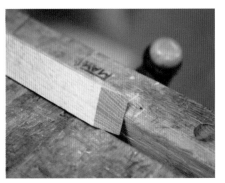

❹ 스툴 다리가 이중각으로 가공된 모습

슬라이딩 테이블 쏘

테이블 쏘 톱날을 기준으로 왼쪽의 마이터 펜스와 정반이 레일을 타고 앞뒤로 슬라이딩하는 기계를 말한다. 테이블 쏘가 펜스 고정 후 나무를 직접 밀어서 가공하는 것이라면, 이 녀석은 나무를 슬라이딩 정반에 태워 기계 자체를 움직여 가공한다. 때문에 안전하고 정밀도 또한 좋은 편이다. 여기서 마이터 펜스는 테이블 쏘 T 트랙을 이용한 마이터 게이지와 같은 의미로 해석하면 된다.

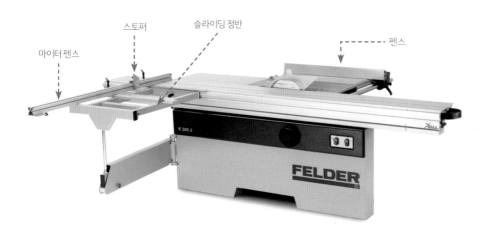

슬라이딩 테이블 쏘의 기능과 특징

슬라이딩 테이블 쏘의 가장 큰 장점은 넓은 판재를 가공하는 데 탁월하다는 것이다. 테이블 쏘는 기준면이 없는 판재를 직각으로 길이 정재단하는 것이 불가능하다. 정재단을 하려면 원형 톱, 또는 플런지 쏘를 이용하여 한쪽 기준면을 미리 잡아줘야 한다. 하지만 슬라이딩 테이블 쏘는 판재의 폭이 되는 측면을 기준면으로 잡고 직각인 마이터 펜스에 정확하게 밀착한 후 판재의 길이 방향을 가공하기 때문에 길이의 정재단과 직각을 쉽고 완벽하게 가공할 수 있다. 또 부재를 직접 밀어서 가공해야 하는 테이블 쏘와 달리 부재를 슬라이딩 정반에 올려 기계 자체를 움직여 가공하는 방법이라 손과 날과의 안전거리가 정확하게 확보되어 킥백 및 사고 예방에 안전하다.

폭 재단의 경우에도 일반적인 테이블 쏘에서는 별도의 보조도구가 필요하지만 슬라이딩 테이블 쏘는 마이터 펜스를 사용해 쉽게 정재단이 가능하다. 이 점은 테이블 쏘에서 찾을 수 없는 장점이다. 다만 이 경우 단점이 존재하는데, 주 정반과 슬라이딩 정반의 높이가 (구조적으로) 미세하게 다를 수밖에 없어 정밀도가 떨어진다는 점이다.

비용과 공간상의 이유로 테이블 쏘와 슬라이딩 테이블 쏘 두 가지를 모두 구비하기 어려운 상황이라면 테이블 쏘를 마련하는 게 우선이다. 첫 번째 이유는 테이블 쏘는 쏘 스톱 기능이 있어(쏘 스톱 기능이 있는 테이블 쏘에 한함) 비교적 안전하기 때문이고, 두 번째 이유는 비용 때문이다. 일반적으로는 덩치가 큰 슬라이딩 테이블 쏘가 더 비싸다.

두 가지 기계 모두 구비가 가능한 상황이라면, 테이블 쏘는 켜기 전용(폭 재단)으로 사용하고 슬라이딩 쏘는 자르기 전용(길이 재단)으로 구분하여 사용하는 것이 안전사고 예방에 도움이 된다.

세팅 방법과 톱날의 종류

사진은 슬라이딩 정반과 함께 세팅되어 있는 마이터 펜스이다. 펜스에는 치수선과 정재단을 위한 스토퍼가 있는데, 이를 이용하여 부재를 정밀 가공할 수 있다.

마스터 펜스는 테이블 쏘 T 트랙을 활용한 자르기용 보조 장치와 같은 개념인데 슬라이딩 쏘에서는 그 장치가 고정되어 있다고 보면 된다. 또한 슬라이딩 쏘는 치수선을 정밀 세팅하는 장치가 요소마다 있기 때문에 본인이 신뢰할 수 있는 방법으로 세팅을 하면 된다.

슬라이딩 정반과 함께 세팅되어 있는 마이터 펜스

스토퍼를 이용하여 부재 길이를 정밀 가공할 수 있다.

톱날은 10~12인치 이상 사용할 수 있으며, 톱날의 크기에 따라 모터의 힘과 작업 최대 높이가 결정된다. 즉 각 모델마다 적용할 수 있는 톱날의 크기가 한정되어 있다. 톱날의 종류는 '자르기용', '켜기용', 이 둘에 최적화된 '겸용', 한꺼번에 넓은 홈을 파기 위한 '데이도 날'로 구분된다.

톱날은 각 용도별로 구분한다. 원형 톱날 하나의 원판 속에 톱날 개수가 몇 개인지를 알면 되는데, 톱날 수가 많을수록 자르기, 적을수록 켜기에 적합하다. 그 중간 개수는 겸용이다. 평균 자르기용 톱날은 100개이고, 켜기용 톱날은 10~30개이며, 겸용은 50~60개 정도이다. 톱날을 구입하면 아래 사진에서 보듯 그 톱날에 대한 매뉴얼이 표시되어 있다. 이를 정확히 확인하고 구입할 필요가 있다. 톱날에 표시되어 있는 매뉴얼에서 주의 깊게 봐야 할 부분은 둘째 줄이다.

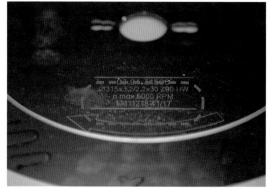

Ø315 × 3.2/2.2 × 30 Z90 HW

파이 315는 톱날의 크기인 315mm를 나타내며 이는 12인치 톱날이라는 이야기와 같다. 다음 3.2/2.2는 톱날의 팁 폭이 3.2mm, 톱날의 철판이 2.2mm라는 이야기이다. 다음 30이라는 숫자는 아버arbor의 크기를 말하는데 테이블 쏘의 주축 사이즈가 30mm라는 말이다. 마지막으로 Z90은 톱날의 개수를 말하며, 90개의 톱날을 가졌으니 켜기용이 아닌 자르기 전용임을 알 수 있다.

홈을 파내는 데이도 날은 3~18mm 이상까지 한 번에 가공하여 홈을 만들 수 있게 한 톱날로 '확장형'과 '고정형' 두 가지가 있다. 톱날을 장착하는 중심축을 '아버'라 하는데 각각 톱날마다 적용할 수 있는 아버 사이즈가 정해져 나온다. 따라서 자기가 보유한 기계의 아버 사이즈를 확인한 후 톱날을 구입해야 한다.

원형 톱날의 구조를 보자. 얇은 철판에 초경날(톱날의 팁)이 붙어 있다. 이 둘의 관계는 대팻날의 복합강과 같다고 생각하면 된다. 강하지만 쉽게 깨지는 초경날과 연성이지만 잘 깨지지 않는 철판의 조합 말이다.

작업할 때 열이 많이 발생하거나 초경날과 철판의 접합이 불량하면 초경날이 떨어져 나갈 수도 있다. 떨어져 나간 초경날에 맞아 다치는 사람도 있다. 이를 방지하려면 가급적 품질이 검증된 좋은 톱날을 사용해야 한다. 예전에 국산 날을 사용하다가 이런 일이 발생되어 큰 사고로 이어질 뻔한 이후 나는 확실히 검증된 수입산 날을 사용하고 있다.

또한 열을 최소화하는 방법으로 작업해야 한다. 처음부터 끝까지 진행 속도를

적절히 유지하고, 두꺼운 부재의 작업을 피하고, 톱날의 연마 상태를 체크하여 최상의 상태를 유지하면 작업열을 최소화할 수 있다. 보호장구의 착용은 필수다.

슬라이딩 테이블 쏘에서 작업하는 모습

목공 보호장비

목공 작업에 필요한 보호 장비에 대해 알아보자.

귀마개 | 인간의 청력은 한 번 잃으면 회복이 불가능하다. 목공기계는 대부분 날카로운 음역대에서 소음을 발생시키기 때문에 귀마개를 착용해야 한다. 귀마개를 착용하는 이유는 청력을 보호하기 위한 것뿐만은 아니다. 시끄러운 기계음은 사람에게 공포감 주는데 이때 몸이 위축되면서 안전사고 발생률이 높아지기 때문이다.

보안경 | 작업을 하다 보면 사방으로 톱밥이 튄다. 그러다가 톱밥이 눈에 들어가면 각막에 손상을 입을 수 있다. 그보다 더 시급한 문제는 눈에 톱밥이 들어가는 순간 시야가 가려진다는 것이다. 기계가 돌아가는 작업 중에 이런 상황이 벌어지면 매우 위험하다. 앞이 보이질 않는데 위험한 칼날이 나를 위협하고 있다고 생각해보자. 보안경의 소중함이 느껴질 것이다. 보안경은 눈을 주로 보호하는 안경 같은 형태와 얼굴 전체를 커버하는 안면 마스크가 있다. 안면 마스크는 그라인더나 목선반으로 작업할 때 많이 사용한다. 나 또한 어글리 커터(p.141 참조) 그라인더 작업 중 날이 깨져 안면 마스크 정중앙을 강타한 적이 있는데, 이때 안전장비를 완벽하게 착용하고 있지 않았다면 어땠을지 상상조차 하기 싫다. 안전장비 착용의 생활화를 제1원칙으로 두자.

방진 마스크 | 집진기는 톱밥은 빨아들이지만, 공중에 떠다니는 먼지까지 빨아들이진 못한다. 작업을 하다 보면 톱밥뿐만 아니라 미세먼지도 많이 나온다. 이 녀석들이 우리의 건강을 해친다. 처음엔 조금 답답하겠지만 익숙해지면 괜찮다.

앞치마 | 앞치마는 가슴부터 배를 보호하는 역할을 한다. 다양한 수납이 가능하다는 장점도 있다. 측정 도구를 많이 지니고 있어야 하는 작업 특성상 앞치마는 필수다. 또한 앞치마는 회전 기계에 말려 들어갈 법한 요소들을

숨겨준다. 킥백이 생겨 작업자에게 날아오는 부재를 막아주기도 하고, 남이 날린 부재 또한 막아준다. 가구 목수라면 하나쯤 오래된 앞치마 정도는 있어야 목수다운 분위기를 연출할 수 있지 않겠는가.

장갑과 토시 | 작업 중에 장갑과 토시는 절대 사용하지 않는다. 장갑을 끼게 되면 사고 발생 시 손가락 하나 정도만 희생할 수 있는 상황에서 손목 전체를 잃는 피해를 당할 수도 있다. 장갑이 기계 회전에 의해 빨려 들어가기 때문이다. 토시는 소매에 이물질이 묻지 않게 하는 기능만 있을 뿐 오히려 기계에 빨려 들어갈 수 있는 여지를 더 열어준다. 차라리 소매를 걷고 작업하는 편이 안전하다. 장갑을 끼지 않기 때문에 손바닥에 가시가 자주 박힐 수는 있으나 그 고통을 즐겨라. 손가락이 날아가는 것보단 낫다. 나무가시의 고통이 싫다면 나무를 애기 다루듯 부드럽게 다루면 된다.

수압대패

수압대패 기능과 특징

수압대패는 말 그대로 손(手)의 압력을 이용해 나무를 밀어서 대패하는 기계를 말한다. 주로 부재의 기준면 또는 수평의 직선면을 잡을 때 사용한다. 목공기계는 기본적으로 직선, 직각, 수평 등에 최적화되어 있으나 그중 가장 확실한 직선 및 직각을 만들어낼 수 있는 기계가 바로 수압대패다. 즉 우리가 사용하는 목공기계 중 가장 직선(또는 수평) 작업에 최적화되어 있다. 그래서 원목면을 깨끗이 하거나(작업면의 평을 잡아주거나) 두 면을 직각이 되게 만들기 위한 기준면과 직각면을 잡을 때 쓰인다.

수압대패는 기계의 정밀도가 작업의 퀄리티를 보장하므로 다른 기계들보다 가장 많은 투자를 해야 한다. 또한 크기도 크고 무거워서 일단 세팅한 후에는 기계를 바꾸거나 위치를 옮기는 행위가 여간 까다로운 일이 아니므로 신중히 선택하도록

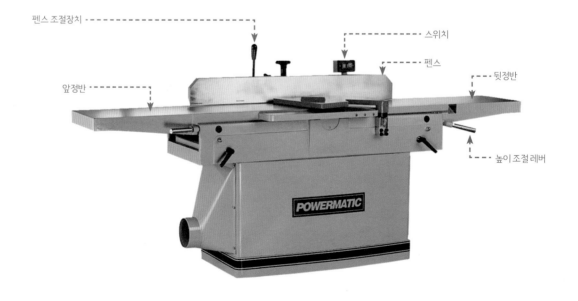

한다.

작업의 시작, 즉 기준면을 잡는 수압대패의 기능이 완벽하고 결과물이 좋아야 그 다음 공정에서도 좋은 결과물을 얻을 수 있다. 수압대패에서 만들어진 1%의 오차는 다음 공정을 거치면서 눈덩이처럼 불어나 완성도가 떨어진다. 좋은 수압대패를 보유해야 하는 이유이다.

올바른 자세와 사용 방법

수압대패 작업을 할 때는 손의 힘을 최대한 빼고 작업한다. 나무가 정반 또는 펜스에 일정하게 붙어서 전진할 수 있을 정도만 힘을 주도록 한다. 나무가 정반에 붙어 가는 느낌으로 작업하는 게 평을 잡는 가장 이상적인 방법이다. 누가 작업하든 똑같은 평이 만들어진다고 착각하지 말자. 말 그대로 수압대패다. 내 손의 컨트롤에 의해 평의 품질이 결정된다. 완벽한 평을 만들 정도가 되려면 충분한 숙련이 필요하다. "목공 실력은 해본 자와 안 해본 자의 차이다."

수압대패를 사용할 때의 올바른 자세

수압대패의 원리

수압대패는 그림처럼 각각의 높이 세팅이 가능한 앞뒤 두 개의 정반과 그 사이에 고속으로 회전하는 날이 있다. 앞정반과 날의 높이를 일치되게 세팅하고(그것을 0이라 하자.), 뒤정반을 앞정반 높이의 0 이하로 낮추면 그 차이만큼 뒤정반에 닿은 부재가 깎여 나간다.

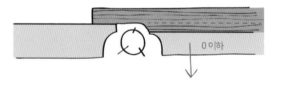

수압대패의 가장 근본적인 기능은 휘어진 나무를 완벽하게 수평으로 만들어내는 것이다. 따라서 폭의 휨을 잡기보다 길이의 휨을 잡는 것이 우선이다. 먼저 길이 방향으로 부재가 얼마나 휘었는지 확인한 후 그림과 같이 오목한 부분이 정반을 타고 갈 수 있도록 위치시킨다.

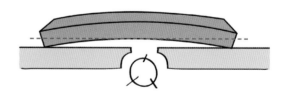

앞정반을 기준으로 뒤정반이 내려온 만큼 깎이는 원리이니, 오목하게 휘어져 정반에 먼저 닿은 부분이

먼저 깎일 것이다. 이러한 작업이 반복되면 결국 전체 면이 평평하게 다듬어진다.

부재의 길이가 길면 휨의 정도가 커지며 그만큼 많은 횟수의 대패 작업을 필요로 한다. 깎여나가는 나무가 많다는 건 부재 두께가 줄어든다는 말과 같다. 따라서 긴 부재일수록 최대한 길고 반듯한 나무를 골라 가공하는 것이 중요하다.

수압대패 작업 시 푸시스틱 사용은 필수다. 부재를 손으로 밀 때 손바닥과 날과의 거리는 불과 부재 두께 정도밖에 되질 않는다. 특히 얇은 부재를 작업할 경우 살짝 미끄러지기라도 하면 사고가 날 위험이 매우 높다. "푸시스틱 사용을 습관화하자."

측면에 있는 펜스는 각도 조절이 가능하다. 90°로 세팅한 후 판재를 세워서 가공하면 부재의 직각을 맞출 수 있다. ❶ 부재의 넓은 면을 기준면으로 잡은 후 ❷ 이 기준면을 펜스에 밀착한 상태에서 가공하면 아래의 좁은 면과 기준면의 각도가 직각이 될 것이다. 평평하게 가공된 두 면이 만나 직각이 만들어지는 것이다. ❸ 판재를 세워서 가공할 때는 손과 날과의 거리가 비교적 안정적이므로 푸시스틱 사용은 오히려 번거로울 수 있다. 부재를 가볍게 쥐고 엄지는 나무의 윗면을, 검지는 마구리면을 밀면서 작업한다.

기준면을 잡거나 세워서 직각 면을 잡는 작업은 모두 손의 압력에 의해 미세하게 평의 품질이 갈린다. 이 품질을 높이려면 앞손과 뒷손의 압력 비율을 동등하게 적용하도록 한다.

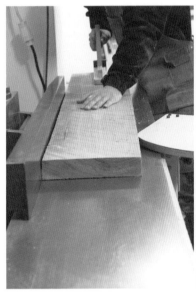  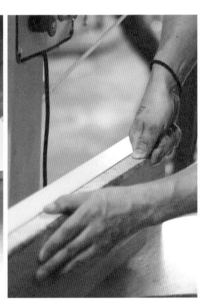

❶ 기준면 잡기　　❷ 펜스를 활용한 직각면 잡기　　❸ 판재를 세워서 가공할 때는 부재를 가볍게 쥐고 작업한다.

수압 대팻날의 종류

수압대패의 대팻날은 크게 '헬리컬 날'과 '일자날(평날)' 두 가지로 나뉘며 이외에 일회용 일자날도 있다.

헬리컬 날

헬리컬 날

20~40개의 작은 날들이 트위스트로 교차되어 있다. 일회용 소모품이라서 커터칼처럼 교환하면 된다. 사각형의 4면 또는 2면의 날을 필요에 따라 돌려가며 사용할 수 있다. 나무를 가공하는 날의 면이 각각 분리되어 트위스트로 교차하여 가공하는 원리인데, 일자날은 한 번에 나무를 깎으므로 부하가 걸리는 반면 헬리컬 날은 부하도 적고 소음도 적다. 날에 이가 나가거나 파손되어 교체할 때 자동으로 높이가 맞춰지긴 하지만 이때 틈새에 먼지 등 이물질이 끼거나 새것과 헌것에 의한 미세한 단차가 생길 수 있어 작업면에 그에 따른 라인이 생기기도 한다. 하지만 이는 샌딩으로 쉽게 없앨 수 있다. 눈으로 거슬리는 사소한 것일 뿐 작업에 큰 영향을 미치는 것은 아니다. 헬리컬 날은 일자날 헤더보다 약 100만 원 이상 비싸다.

일자날

날 세팅 지그

평균 3~4개가 한 세트로 헤더에 장착되며, 날의 이가 나가면 연마를 해서 재사용할 수 있다. 헬리컬 날은 파손된 부분만 교체하여 사용하지만 일자날은 어느 한 부분이 파손되면 날 전체를 교체해야 한다. 사진처럼 하나의 헤더에 3~4개의 날들이 동일한 높이로 세팅되려면 대패의 날 세팅 지그를 사용해야 하는데 세팅 결과에 따라 가공면의 품질이 달라지므로 유의하도록 한다.

일자날 전체가 가공면에 걸리기 때문에 부하가 크고 소음도 다소 큰 편이다. 하지만 날 상태가 좋으면 가공 품질은 헬리컬 날에 비해 월등히 좋다. 그만큼 일자날은 연마 상태에 따라 부재의 가공 품질이 달라진다.

날 연마는 전문 연마 업체에 의뢰해야 한다. 그러나 15인치 이상 되는 긴 날의 경우 완벽하게 수평을 유지하며 연마하는 업체가 우리나라에 있을지 의문이다. 따라서 15인치 이상의 대패를 사용한다면 가급적 헬리컬 날을 이용하는 게 편리하다. 일자날을 스스로 연마하여 사용하는 사람도 있는데, 이는 별도의 연마기와 그에 따른 기술을 익혀야만 가능한 일이다.

수압대패 구입 요령과 안전수칙

목공기계는 대개 직선, 직각, 수평 등에 최적화되어 있다. 이 기본적인 기능에 문제가 생겼을 때 작업자는 스트레스를 가장 많이 받게 된다. 이중 수압대패는 기계의 크기가 크고 무거워서 한번 세팅하면 업그레이드하기가 여간 까다롭지가 않다. 애당초 구입할 때 좋은 녀석으로 욕심을 부리는 게 현명한 선택이다.

수압대패의 사이즈는 정반의 가공 영역인 폭의 사이즈를 말한다. 제재목 평균 폭이 180~200mm이므로 10인치 수압대패가 이상적인 사이즈라 할 수 있다. 하지만 우리나라에서 10인치 수압대패는 찾아보기가 힘들다. 찾았다 하더라도 기계 자체의 품질이 낮다. 수압대패를 결정하는 선택의 폭이 좁을 수밖에 없다.

수압대패는 인치당 약 50만 원 정도의 가격 차이가 난다. 제일 작은 녀석이 8인치 그 다음 녀석이 12인치다. 8인치는 폭이 좁아 작업 중 아쉬움이 많이 남는다. 12인치는 상대적으로 가격 부담이 크고 그만큼의 넓은 폭으로 작업하는 일도 지극히 드문 편이다. 그런데도 10인치 수압대패를 찾아보기 힘든 상황이 안타까울 뿐이다. 물론 더 넓은 16인치, 또는 그 이상의 수압대패도 있다.

안전사고 예방수칙

수압대패 작업 시 안전사고는 손바닥 한 뼘보다 짧은 부재를 대패했을 때에 많이 발생한다. 길이가 짧은 부재를 대패 작업할 때 앞정반과 뒤정반 사이, 즉 날의 헤더 쪽에 나무가 박히는 현상이 생기면서 사고가 발생하는 것이다. 정반을 지지하며 타고 가는 면적이 짧기 때문에 생기는 위험한 상황이다. 따라서 짧은 부재는 절대로 가공하지 않도록 하며, 짧은 부재가 필요하다면 길이가 충분한 부재를 대패 작업한 후 잘라서 사용하도록 한다.

대패는 나무를 켜는 용도로만 사용해야 한다. 절대 마구리면 작업을 해서는 안 된다. 자르는 면인 마구리면을 생각 없이 작업하다가는 나무가 깎이기 전에 튕겨나가는 위험한 상황이 발생할 수 있다. 부재가 튕겨 나가면서 부재를 잡고 있는 손이 날카로운 모서리에 닿아 상처가 날 수 있고, 심한 경우 인대가 절단되어 수술까지 해야 할 수도 있으니 조심 또 조심하자.

마지막으로 안전 커버가 항상 날을 덮고 있는지도 확인해야 한다. 안전 커버는 주기적으로 윤활제를 바르고 커버가 잘 작동하고 있는지 확인한다. 안전 커버가 열려 있는 경우는 대패 작업 시 나무가 날 위를 지나가면서 커버를 밀어낸 상황뿐이어야만 한다. 이와 같은 상황이 아니라면 안전 커버는 반드시 닫혀 있어야 한다 (안전 커버가 열려 있다는 것은 사고에 노출되어 있음을 말하는 것과 같다.). 특히 오래된 주물 기계들은 안전 커버가 없는 경우가 종종 있는데, 커버 없는 수압대패가 작동하고 있을 때 발을 헛디뎌 날을 손바닥으로 짚는 경우를 본 적도 있다. 안전수칙은 아무리 강조해도 지나치지 않는다.

수압대패는 사고가 일어나면 아주 큰 사고가 날 수 있으나 사고율 자체는 낮은 기계이다. 푸시스틱의 습관화, 짧은 부재 가공금지, 마구리면 작업금지, 그리고 안전 커버 작동 유무를 잘 확인하고 작업하여 안전사고를 예방하자.

자동대패

자동대패 기능과 특징

자동대패는 수압대패와 세트라 할 수 있는 기계이다. 즉 수압대패가 있으면 당연히 자동대패도 있어야 한다. 수압대패는 최초 기준 평면을 잡거나 잡은 기준면을 이용하여 옆면의 직각 평면을 잡을 수는 있지만, 나머지 두 면을 평평하게 잡을 수는 없다. 기준면의 반대되는 면 또한 수압대패로 동일하게 작업하면 되지 않을까, 라고 생각할 수는 있지만 이렇게 작업한다면 가공면의 평면은 잡을 수 있지만 작업면과의 평행면은 만들어낼 수 없다. 즉 수압대패만으로는 시작과 끝, 왼쪽과 오른쪽의 동일한 두께 값을 만들어낼 수 없다는 이야기다. 이런 작업을 하는 기계가 바로 자동대패이다.

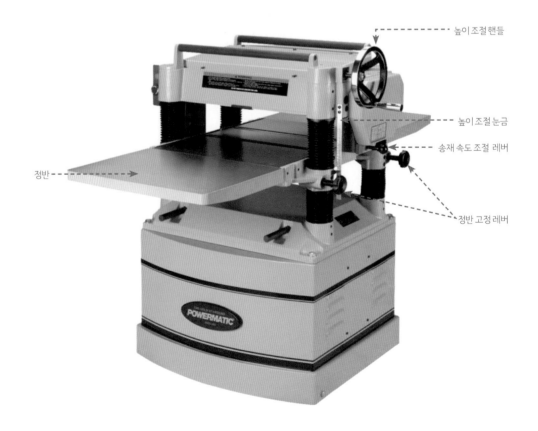

높이조절핸들

높이조절 눈금

송재 속도 조절 레버

정반

정반 고정 레버

자동대패 작동 원리와 작업 방법

자동대패는 대패날이 위쪽에서 회전하고, 대패날과 정반 사이의 높이(두께) 값을 세팅하면 나무가 그 사이를 통과하면서 윗면이 깎여나간다. 따라서 수압대패로 기준면을 잡은 후 그 기준면을 아래로 향하게 한 채 정반을 타고 이동시키면 기준면과 평행하는 면, 즉 기준면의 반대 면을 일정한 두께로 가공할 수 있다.

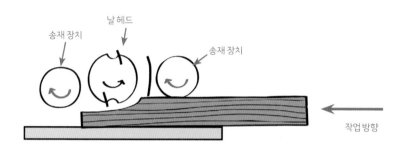

자동대패는 말 그대로 부재를 대패 입구로 밀어 넣으면 자동으로 나무가 빨려 들어가 깎이는 대패이다. 그래서 이름도 자동대패이다. 자동대패는 대패날 헤더와 헤더 좌우로 송재(送材) 장치가 있는데, 측면에 있는 송재 속도 조절 레버를 통해 나무의 이송 속도를 조절할 수 있다. 부재를 작업 방향으로 밀어 넣으면, 송재 장치로 판재가 빨려 들어가면서 가공된다. 가공 영역이 넓은 판재는 이송 속도를 느리게 하고, 좁은 각재는 이송 속도를 빠르게 하여 작업 능률을 올릴 수 있지만, 보통은 이송 속도를 느리게 세팅하여 사용한다.

중요한 것은 수압대패로 평을 잡은 면의 반대 면이 가공되기 때문에 기준면의 평이 잘 잡혀 있어야 자동대패 면의 평도 잘 잡힌다는 것이다. 즉 자동대패는 휘어진 판재를 넣으면 휘어진 판재가 나오고, 평이 잡힌 판재를 넣으면 평이 잡힌 판재가 나온다.

앞서 언급한 바와 같이 수압대패와 자동대패는 한 쌍으로 항상 함께 작업해야 한다. 작업 동선이 가까운 게 좋다.

자동대패로 부재를 깎을 때는 조금씩 깎이도록 높이를 세팅해야 한다. 고속 회전으로 구동되는 목공기계는 필연적으로 가공열이 발생하는데, 깎는 양이 많으면 그만큼 가공열이 많이 발생할 수밖에 없고, 그렇게 되면 판재가 가공열로 인해 휠 가능성이 높기 때문이다. 또 그만큼 기계에 무리를 주어 기계 수명이 줄어들 수 있다. 최대 1mm 이하로 반복해서 깎아내야 이러한 문제를 최소화할 수 있다. 목공은 확률 싸움이다. 어떤 방법으로 작업해야 부재가 스트레스를 적게 받을지를 생각해보면 나름의 작업 기준이 생기며 그 방식이 비로소 본인의 작업 스타일이 된다. 목공은 정답이 없다. 그저 스타일이 존재할 뿐이다.

자동대패로 부재를 가공할 때, 최초 가공되는 거친 면이 완벽한 평면이 나올 때까지는 이 작업이 무한 반복된다. 원하는 두께 이하로 대패 작업이 되었음에도 깨끗한 면이 잡히지 않았다면 그 이유를 최초 기준면을 잡았던 공정인 수압대패 작업에서 찾아야 할 것이다. 목공 작업의 시작은 수압대패의 기준면 잡기에서부터 시작되는데 이때 '적당히' 작업했다면 그 오차나 완성도는 다음, 또는 그 다음 공정에서 점점 벌어질 수밖에 없는 것이다. 정도의 차이나 이유는 말로 설명할 수 없는 영역이다. 작업을 통해 느끼고 깨우쳐야 한다.

마지막 평면 작업이 완료되기 직전에는 두께 정재단을 위해 세팅을 세밀하게 조정해야 한다. 대부분 부재 두께의 정재단은 이 과정에서 마무리를 짓는다. 가령 동일한 두께의 부재들은 이때 한꺼번에 작업해야 한다. 정재단을 위한 최종 세팅을 했다면, 세팅 값을 바꾸지 않고 필요한 모든 부재가 자동대패로 가공되어야 한다는 말이다. 이는 작업의 일관성을 위해서인데, 원하는 두께보다 부재 두께가 얇아졌다면 필요한 모든 부재가 똑같이 얇아져야 그 오차 값을 잡는데 수월하기 때문이다.

자동대패의 단차 현상

자동대패 정반 중앙 쪽을 보면 송재 장치(롤러)가 삽입되어 있다. 이는 부재의 이송의 효과를 높이기 위해 만들어진 장치이다. 이 롤러의 높이가 정반보다 높으면 대패 가공면의 시작 부분과 끝 부분에 미세한 단차snife가 생긴다. 롤러를 타고 가는 순간 정반을 기준으로 롤러의 미세한 높이만큼 부재가 들리는 현상이 발생하고 그 단차만큼 앞부분이 더 깎이기 때문이다.

반면 롤러의 높이가 정반보다 낮으면 이송이 원활하게 되지 않는다. 또 자동대패의 미세한 진동으로 롤러의 높이가 낮아져 송재가 안 되는 경우도 있으니 정기적으로 관리해야 한다. 이송 롤러는 주로 15인치 이하의 자동대패에서 볼 수 있는데, 롤러가 없는 기계는 대부분 유럽산 브랜드이다. 참고로 롤러가 없는 자동대패는 이송이 잘 되도록 정반 길이 방향으로 수십 개의 미세한 홈이 파여져 있다. 마찰력을 줄이기 위함인데 그럼에도 불구하고 자주 윤활제를 뿌려주어야 이송이 잘 된다.

자동대패 폭은 넓으면 넓을수록 목공 작업이 수월하다. 예를 들면 판재를 집성하는 과정에서 집성면의 단차를 잡는 가장 쉬운 방법은 자동대패로 한 번 더 가공하는 것이다. 하지만 그만큼 넓은 판재를 넣을 수 있는 자동대패는 가격이 비싸다.

자동대패 날의 종류와 안전수칙

자동대패의 날은 수압대패와 마찬가지로 일자날과 헬리컬 날 두 종류가 있다.

이에 대해서는 수압대패 부분을 참고하기 바란다.

안전사고 예방 수칙

자동대패는 사고율이 현저히 낮다. 그 이유는 송재 장치가 부재를 이동시켜 주어 손과 날이 가까이 다가갈 일이 없기 때문이다. 단, 사람이 다칠 확률은 없지만 기계가 상할 상황은 존재하므로 손바닥 한 뼘보다 짧은 나무는 작업을 피하는 게 좋다. 나무를 누르며 이송하는 송재 롤러는 날을 중심으로 앞뒤에 하나씩 있는데 이 롤러와 롤러 간격 이하의 나무는 송재 장치가 앞뒤로 동시에 눌러주지 못하므로 나무가 튕기는 현상이 발생할 수 있다.

밴드 쏘

일명 '띠톱이'라고 한다. 밴드 형식의 톱날이 위아래 두 개의 휠을 타고 시계 방향으로 회전하면서 마치 톱질을 하듯 부재를 가공한다. 정육점에서 쓰는 뼈 자르는 기계와 비슷하다.

밴드 쏘는 나무를 자르거나 켜는 일을 하며 직선보다는 곡선 작업에 최적화되어 있다. 하지만 장부의 촉과 같은 길이가 짧은 직선 가공에도 많이 활용된다. 날 폭이 넓을수록 직선 가공에 적합하며 폭이 좁을수록 곡선 가공에 적합하다.

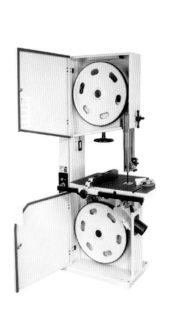

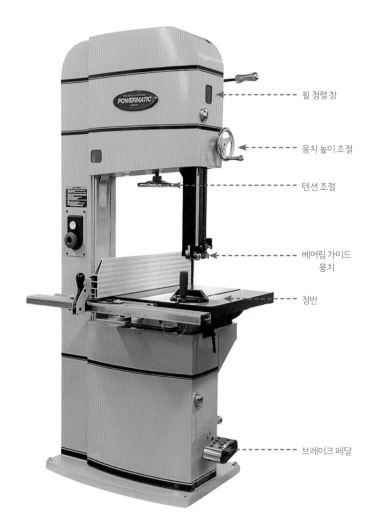

휠 정렬 창

뭉치 높이 조절

텐션 조절

베어링 가이드 뭉치

정반

브레이크 페달

킥백의 이유와 베어링 가이드

밴드 쏘에서 킥백이 생기는 이유

밴드 쏘 작업 중 킥백은 둥근 봉처럼 바닥면이 평평하지 않은 부재를 자를 때 일어난다. 날이 회전할 때 부재가 함께 회전하면서 톱날이 나무에 '박힌다'라고 표현되는 매우 위험한 상황이 벌어지는 것이다. 따라서 바닥면이 둥근 부재, 또는 바닥면이 평평하지 않아 안정적으로 서있지 못하는 부재는 가급적 작업을 하지 않는 것이 바람직하다.

베어링 가이드

밴드 쏘에는 날의 이탈을 방지하기 위해 정반 아래와 정반 위 두 곳에 베어링 가이드가 설치되어 있다. 위쪽에 있는 베어링 가이드는 높이를 세팅할 수 있는데, 부재의 최대 높이와 근접하게 세팅해야 밴드 쏘 날이 흔들리지 않는다.

아래 사진은 ❶ 판재를 세워서 작업할 때와 ❷ 판재를 곡선으로 가공할 때를 보여준다. 두 작업 모두 베어링 가이드가 부재 높이와 근접하게 세팅되어 있음을 확인할 수 있다. 참고로 나무의 무늬가 서로 대칭되는 가구의 문짝이나 서랍의 앞판 등을 제작하려면 한 판의 나무를 얇게 두 개로 가르는 작업이 필요하다. 나무를 세워서 반으로 켜는 ❶이 이를 나타낸다.

밴드 쏘 세팅 방법

밴드 쏘의 사이즈는 14~21인치가 대부분이다. 이 사이즈는 밴드 쏘가 나무를 가공하는 크기가 아니라 위아래로 날을 돌려주는 휠 사이즈를 기준으로 한다. 인치가 클수록 모터의 힘이 좋고 작업 가능한 부재의 크기가 크다. 브랜드에 따라 가공 영역은 휠 인치와는 무관하다. 정반의 바닥면부터 위쪽의 베어링 가이드를 최대한 위로 올려 세팅한 것이 밴드 쏘의 최대 가공 높이다.

밴드 쏘는 날의 품질도 중요하지만 기계의 세팅에 매우 예민하다. 최적의 세팅이 되어야 비로소 제 기능을 한다. 밴드 쏘만큼은 작업자의 세팅에 의해 작업물의 퀄리티가 결정된다. 품질이 다소 떨어지는 밴드 쏘라 해도 세팅만 정확하다면 충분히 좋은 결과물을 얻어낼 수 있다.

휠 세팅

일단 위아래에 위치한 두 개의 휠을 똑바로 정렬시켜 밴드 쏘 날이 휠의 중앙에서 회전할 수 있게 세팅한다.

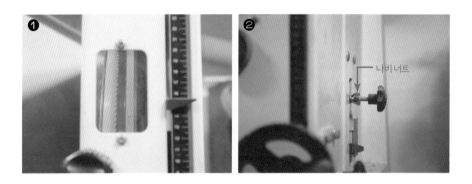

❶이 위쪽 휠 앞면, ❷가 위쪽 휠 뒷면이다. 위쪽 휠은 창이 있어 휠 정렬 상태를 확인할 수 있다. 위쪽 휠 뒷면에는 휠 정렬 세팅을 위한 볼트 손잡이가 있는데 이 손잡이의 나비 너트를 풀고 휠을 좌우로 미세하게 돌리면 휠의 축을 밀거나 풀어서 휠을 정렬할 수 있다. 밴드 쏘 날이 휠의 중앙에 위치하도록 볼트 손잡이를 미세하게 조정한 후 나비 너트로 고정하면 된다. 밴드 쏘 세팅에 있어 가장 우선시되어야 하는 게 휠 정렬이다.

날의 텐션

밴드 쏘의 두 개의 휠은 위아래로 날을 잡아주면서 적당한 텐션을 유지할 수 있게 벌려주는 역할을 한다. 긴 밴드 쏘 날이 출렁이지 않게 잡아주어 가공 시 날이 이탈되지 않도록 하는 것이다.

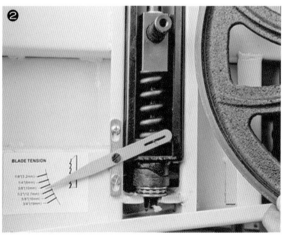

❶은 텐션을 완전히 해제하는 레버이다. 이 레버는 밴드 쏘 날을 교체할 때나 장시간 사용하지 않을 때 날이 텐션에 의해 늘어나는 것을 방지하기 위해 사용한다. 레버 위의 동그란 손잡이가 휠 정렬을 위한 볼트 손잡이이다.

❷는 텐션을 조절했을 때 날의 폭에 따라 적절한 텐션 값을 표시해주는 눈금이다. 처음에는 이 눈금을 참고로 세팅하는 것이 좋다. 하지만 장시간 사용으로 날이 늘어나면 이 텐션 값은 의미가 없어진다. 이때는 작업자의 감으로 밴드 쏘 날을 손으로 눌러보면서 텐션을 조절한다. 늘어나는 한계점에 도달했을 때 밴드 쏘 날이 끊어지는 현상이 발생한다.

베어링 가이드와 밴드 쏘 날과의 세팅

작업 중에 날이 휠에서 이탈되지 않도록 하는 베어링 가이드를 세팅해야 하는데, 그러려면 먼저 위쪽에 있는 휠을 일자로 정렬하여 밴드 쏘 날이 휠의 중앙에서 회전할 수 있도록 한 후 밴드 쏘 날과 베어링 사이를 최대한 가깝게 세팅해야 한다.

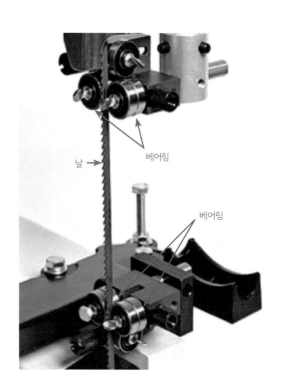

오른쪽 사진은 베어링과 날이 세팅된 사진이다. 이때 베어링과 날이 닿으면 안 된다. 각각의 베어링에는 좌우로 이동할 수 있는 미세 조정 장치가 있는데 이를 이용하여 밴드 쏘 날과 베어링이 닿을 듯 말 듯 최대한 가깝게 세팅하는 것이 핵심이다. 쉽게 설명하자면 담뱃갑 종이 두께만큼의 간격을 두고 날과 베어링을 세팅한다. 살짝 두꺼운 종이라고 생각하면 되겠다.

날을 세팅한 후에는 위쪽의 휠을 손으로 돌려보면서 베어링이 날 회전에 간섭하는지 확인한다. 베어링이 날에 닿아 돌아간다면 잘못된 세팅이다. 베어링은 작업 시 날이 휠 중앙에서 이탈하는 것을 잡아주는 역할을 할 뿐, 날을 잡아주는 것으로 착각해서는 안 된다.

날과 정반의 직각 세팅

일정한 각도로 부재를 잘라야 할 때 테이블 쏘는 톱날을 비스듬히 꺾어서 각도를 주지만, 날이 기계에 고정되어 있는 밴드 쏘는 정반의 틸팅(한쪽 방향으로 기울어지는 기능) 기능으로 각도를 준다. 때문에 날과 정반의 직각은 정반의 세팅에 의해 완성된다.

브랜드마다 세팅 방식에 다소 차이는 있지만 정반 아래를 보면 정반을 고정시켜주는 볼트 손잡이가 있

을 것이다. 이 손잡이를 풀고 정반을 틸팅시켜(기울여) 각도를 맞춰주면 된다. 각각의 브랜드 모두 생김새만 다를 뿐 구성요소는 비슷하므로 쉽게 세팅할 수 있다.

밴드 쏘로 작업하는 모습

7강 | 벨트 샌더

벨트 샌더는 밴드 쏘와 같은 원리로 작동하는 샌딩 기계이다. 양쪽에 두 개의 휠이 있고 벨트로 된 사포가 이 휠을 타고 한쪽 방향으로 회전하면서 부재를 샌딩한다. 고속으로 회전하는 사포는 아주 위험하다. 아주 잠깐 스치더라도 손가락 지문 정도는 쉽게 지워버릴 수 있다. 따라서 무리하게 힘을 주어 킥백 현상이 생기지 않도록 조심해야 한다.

사포 정렬 장치 | 텐션 레버 | 휠

정반 높이 고정 나사

스위치

작업 방법 및 유의사항

벨트 샌더는 직선 작업보다는 곡선 형태의 외경 작업물, 즉 밴드 쏘로 가공한 부재를 다듬을 때 사용된다. 직선 작업을 하기에는 그 정밀도가 조잡하기 때문이다.

부재와 샌딩 페이퍼의 단순한 접촉만으로도 충분히 가공되므로 힘을 빼고 천천히 작업한다. 힘을 주어 가공하면 벨트 샌더의 회전 방향으로 부재가 튕기거나(킥백), 사포와 부재의 마찰열로 타거나 눌어붙을 수 있다. 이렇게 되면 사포의 수명이 짧아지고 부재의 완성도도 떨어진다. 킥백으로 날아간 작업물은 더 이상 돌이킬 수 없는 후회를 남김을 명심하자.

고속 회전하는 샌더들의 특징은 사포의 방수가 높으면 갈아내는 것보다 타버리는 경우가 많다는 것이다. 벨트 샌더에서 사용하기 적당한 샌딩 페이퍼는 80# 정도이다.

벨트 샌더의 정반은 벨트 샌더의 폭만큼 위아래로 높이가 조절된다. 이는 면의 한 부분만을 지속적으로 사용하면 사포가 타는 등 기능이 떨어지기 때문이다. 벨트의 폭을 최대한 활용하는 것이 좋다. 정반의 높이를 조절하여 샌드 페이퍼의 폭을 최대한 넓게 사용하도록 하자. 정반 높이 고정나사를 풀고 손으로 들어 올리면 정반이 올라간다. 원하는 높이만큼 올린 후 고정 나사를 조이면 높이가 고정된다.

벨트 샌더 끝 부분을 보면 벨트를 돌려주는 원형 휠이 있다. 이 부분의 라운드 값을 이용하여 부재를 가공하기도 한다. 벨트가 회전하는 뭉치 전체가 정반의 직각 기준으로 틸팅되는데 테이블 쏘 톱날에 각도를 주는 방법과 같은 원리이다.

기타 목공기계들

스핀들 샌더

봉 형태의 사포가 회전하면서 곡선의 안쪽 부분, 즉 내경을 샌딩해준다. 사포의 형태가 원형이라는 점에서 벨트 샌더와 차이가 있다. 이는 벨트 샌더가 외경을 가공한다면 스핀들 샌더는 내경을 가공해주는 것이다. 꼭 있어야 하는 기계는 아니지만 있으면 편하다.

스핀들 샌더의 봉은 지름별로 크기가 다양하다. 봉 사이즈에 따라 사포를 교체하여 최적의 라운드 값으로 작업을 마무리할 수 있다. 이 기계도 밴드 쏘와 마찬가지로 정반에 틸팅 기능이 있어 부재의 사선 작업이 가능하다. 킥백의 위험성은 거의 없다고 봐도 무방할 정도로 안전하다.

정반

정반 틸팅
고정 레버

스위치

목공 선반

목공기계는 대부분 날을 고속으로 회전시켜 부재를 가공한다. 하지만 목공 선반은 이와 반대로 나무를 회전시킨 상태에서 끌과 같은 칼로 깎는 방식으로 부재를 가공한다. 나무가 정확한 중심점을 기준으로 회전하면서 '원'의 형태로 부재를 가공할 때 쓰인다. 목봉, 그릇, 접시 등을 만들 때 주로 쓰이며 가구 작업에서는 목봉, 원형 다리 등을 만들 때 활용된다.

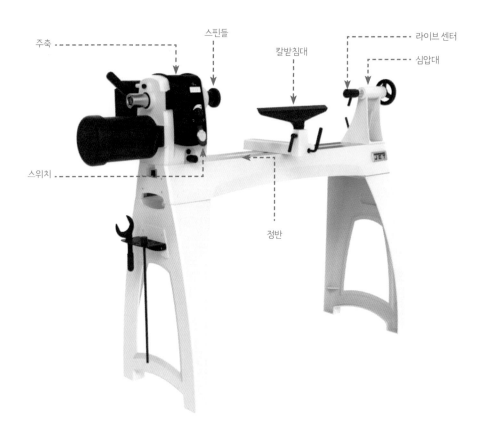

목공 선반은 '목선반', '로구로', '우드터닝' 등으로도 불리지만 주로 '목선반'으로 불린다. 그 이유는 쇠를 정밀하게 가공하는 '선반'이라는 기계와 같은 원리로 작동하면서 쇠가 아닌 나무를 가공하기 때문이다.

작업에 대한 안전성 또한 좋은 편이라 작동 방법 및 깎는 원리만 이해한다면 누구나 쉽게 작업할 수 있다. 하지만 깊게 파고들수록 어렵고 복잡한 분야라서 가구 제작에 필요한 봉 형태의 부재 정도를 만들 것이라면 상관없지만, 그릇이나 접시 등 그 이상의 작업을 하고자 한다면 목선반을 전문으로 하는 공방에서 익

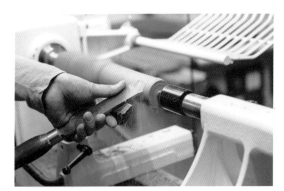

목선반으로 나무를 가공하는 모습

히는 것이 좋다. 즉 목선반은 목공의 독립된 분야로 볼 수 있다. 목선반 하나만 가지고 운영하는 공방도 있다. 이런 공방은 가구 공방과는 나무를 이해하는 접근 방식이 다른데, 이는 주로 직선 가공을 하는 가구 공방에서 나무의 결을 이해하는 것과 회전하는 나무의 결을 이해하는 목선반 전문 공방의 차이이기도 하다.

올바른 자세와 사용 방법

"목선반을 잘 다루는 가장 빠른 길은 목선반을 구입하는 것이다."라는 말이 있다. 그만큼 경험을 많이 해보는 것이 목선반을 잘하는 길이라 할 수 있다. 목선반에서는 지극히 손의 감각만을 이용하여 그 정밀도를 완성한다. 예를 들면 테이블 다리 4개를 만든다면, 그 형태와 원의 치수는 온전히 손의 감각만을 이용해 맞춰야 한다. 따라서 일정한 두께와 형태로 4개의 다리를 만들려면 충분한 경험과 연습이 필요하다. 아무리 목선반을 잘 다루는 작업자라 하더라도 다리 4개를 똑같이 작업하기란 쉽지 않다. 하지만 비싼 목선반에는 카피 머신이라는 녀석이 장착되어 있어 먼저 만든 작업물의 형태를 똑같이 만들 수 있다. 다만 그만큼의 가치가 있을까를 고려해봤을 때 가성비가 떨어지기 때문에 많이 사용되지는 않는다.

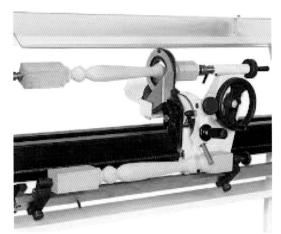

목선반의 매력은 한 번 시작한 작업은 같은 자리에서 마무리까지 할 수 있다는 점이다. 간단한 테이블을 만들더라도 최소 4일이 걸리는 가구와는 달리, 한 번 깎기 시작하면 마감까지 가능하다. 나무를 깎을 때 느껴지는 손의 감각은 마치 낚시를 하는 느낌과 같아 손맛의 매력을 흠뻑 느낄 수 있다.

목선반 카피 머신

목선반 칼과 칼받침

목선반으로 작업할 때 사용되는 도구는 '목선반 칼'이다. 끌과 같은 형태로 날의 길이가 매우 길다. 환칼, 평칼, 갈이칼 등 형태와 기능이 매우 복잡하고 다양하다. 이 칼을 지지해주는 '칼받침'이 지렛대 역할을 하며 나무가 가공된다. 칼받침은 높이와 위치를 자유롭게 세팅할 수 있다. 가공할 부재에 적절하게 세팅한 후 목선반 칼을 칼받침 범위 내에서 자유롭게 움직이며 부재를 가공한다.

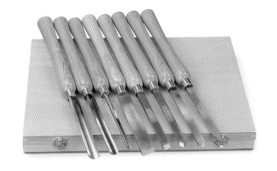

목선반 칼

드릴 프레스

말 그대로 드릴을 프레스 형태로 고정시켜 정확한 각도로 원형 구멍을 뚫는 기계이다. 특히 직각으로 구멍을 뚫을 때 적합하다. 핸드 드릴과 달리 회전축이 고정되어 있는 게 특징이다. 핸들 레버를 돌려 고정된 축을 위아래로 움직일 수 있다. 정확한 직각 상태에서 축이 내려가면서 드릴이 구멍을 뚫어준다. 사선 각도로 구멍을 뚫을 때도 이 녀석만 한 게 없다. 깊이 조절도 가능하여 원하는 깊이만큼 정확하게 뚫을 수 있다.

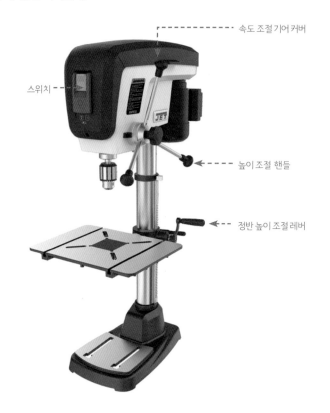

속도 조절 기어 커버

스위치

높이 조절 핸들

정반 높이 조절 레버

드릴 프레스 사용 방법

드릴 프레스는 날의 지름에 따라 회전수를 다르게 해야 한다. 드릴 날이 클수록 중심축에서 멀어지면서 회전 반경이 커지기 때문이다. 즉 날의 지름이 커질수록 날의 회전속도를 줄이는 게 좋다. 일반적으로 지름이 10mm 이하인 날은 고속회전, 그 이상의 날은 저속회전을 원칙으로 한다.

드릴 프레스 위에 있는 커버를 열면 자전거 기어와 비슷한 형태로 된 속도 조절 장치를 볼 수 있다. 이를 이용해 정확하게 회전수를 세팅하면 된다. 커버 안쪽에는 회전수를 조절하는 방법과 회전수에 대한 매뉴얼이 그래프 형식으로 표시되어 있다. 회전수를 변경하려면 벨트의 장력을 풀고 벨트 위치를 조정하면 된다. 자전거 기어를 변경하는 원리와 같다.

작업 시 유의사항

드릴 프레스는 킥백 확률이 매우 높은 작업이다. 다른 기계에 비해 위험의 심각성이 낮을 뿐 킥백은 빈번히 일어나므로 방심하면 안 된다. 드릴이 구멍을 뚫을 때 나무의 섬유질 부분이나 옹이 등에 드릴 날이 닿으면 부하가 느껴지는데, 이때 나무가 드릴 날에 박혀 부재와 드릴이 같이 회전하는 킥백 현상이 발생한다.

고속으로 회전하는 부재는 손에 타박상을 일으킬 수 있고 심할 경우 부재가 흔들리면서 잡고 있는 손이 드릴 날과 접촉하여 큰 상처를 입을 수도 있으니 안전에 유의하도록 하자.

드릴 프레스의 킥백을 예방하려면 부재에 날이 박혀 회전하지 못하도록 펜스를 설치하여 지지한 후 작업하거나 클램프로 고정한 상태에서 작업하면 된다.

참고로 드릴 프레스에 스핀들 샌더와 같은 형태의 드럼 샌더를 부착하여 사용하는 경우도 많다. 스핀들 샌더가 없을 때 많이 사용하는 방식인데, 가구 공방을 차릴 때 비용을 줄이기 위해 스핀들 샌더는 포기하고 드릴 프레스를 이용하여 그 역할을 대신하곤 한다.

각끌기

드릴 프레스가 원형 형태의 구멍을 뚫는 기계라면, 각끌기는 사각형 모양으로 장부 홈을 만들 때 사용한다. 장부 홈은 예전에는 끌로 만들었지만 지금은 각끌기가 이 작업을 대신하고 있다.

각끌기는 드릴링 작업과 끌 작업을 동시에 하는 작업의 특성상 위에서 내려오는 프레스의 힘과 부재를 잡아주는 견고함이 필요하다. 그래서 부재를 정반에 고정시키는 방식은 매우 튼튼해야 하며 전체적으로 그 몸집이 클 수밖에 없다. 정반이 상하좌우로 움직여 가공 영역을 정한다.

사용 방법

각끌기 날의 형태를 유심히 살펴보면 드릴 날 옆에 정사각형 모양의 끌이 붙어 있어 드릴 프레스처럼 위에서 아래로 수직운동을 하며 사각형으로 구멍을 뚫어준다. 각끌기 날의 사이즈는 다양하다. 장부 홈의 폭을 결정하고 가급적 한 번의 드릴링으로 홈이 나올 수 있도록 장부 홈을 가공한 후 촉을 그 홈에 맞추어 제

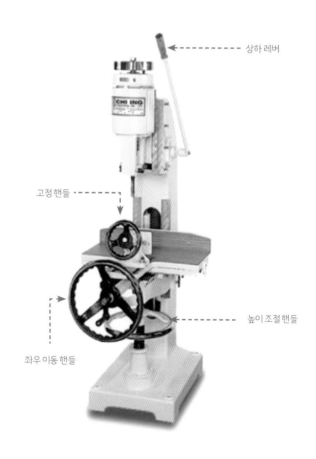

상하 레버

고정핸들

높이 조절핸들

좌우이동 핸들

작하는 게 가장 이상적이다.

　아래 사진에서 보는 것처럼 비용을 절감하려고 드릴 프레스에 각끌기 치구를 별도로 장착하여 작업하는 경우도 있는데, 이 방법은 권장하지 않는다. 드릴 프레스가 가지는 힘이 매우 약하고 부재를 잡아주는 고정 장치가 약하다 보니 단단한 하드우드를 작업할 때 어려움을 겪을 수 있다. 각끌기가 비대하고 무거운 주물 형태로 되어 있는 이유를 생각해보면 이런 방식이 얼마나 비효율적인지 짐작할 수 있을 것이다.

 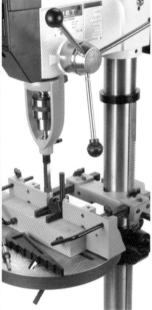 

❶ 각끌기 사용 자세 　　❷ 드릴 프레스에 각끌기 치구를 　　❸ 각끌기는 위 아래로 수직운동을 하며
　　　　　　　　　　　　　　　장착한 예 　　　　　　　　　　사각형으로 구멍을 뚫는다.

집진기

　목공기계에서 나오는 톱밥을 한곳으로 모아주는 역할을 한다. 공방의 집진 시스템은 작업 환경과 안전사고에 직접적인 영향을 미친다. 작업 시 배출되는 톱밥을 제때 제대로 제거하지 못하면 작업 진행이 어려워지고 이로 인해 안전사고가 발생할 수 있다. 집진 시스템은 기계의 수명에도 상당한 영향을 미친다. 집진 기능이 없는 기계들은 작업 중 발생하는 톱밥이 기계 내에 있는 수많은 장치에 간섭을 주어 기계의 수명이 짧아진다.

집진기의 종류

　집진기는 크게 사이클론 집진기와 일반 집진기로 나눌 수 있다. 사이클론 집진기는 꼬깔 모양의 콘을 이용한 형태로 그 크기가 매우 큰 편이다. 사이클론의 원리로 톱밥을 빨아들이는 효율이 좋아 한 대의 집진기로 여러 개의 목공기계를 커버할 수 있다. 다만 가격이 비싸다.

상대적으로 저렴한 일반 집진기는 예전에는 천으로 된 집진 봉투가 있고 공기 정화를 같이하는 형태였다. 하지만 지금은 비닐 봉투로 톱밥을 모으고 캐니스터 방식으로 공기를 정화한다. 일반 집진기는 가격이 저렴해 여러 대를 구비해 두고 기계 사이사이 배치하여 사용하면 좋다.

사이클론 집진기

일반 집진기

사이클론 집진기를 사느냐, 일반 집진기를 사느냐에 있어 비용은 가장 큰 고려 요소가 될 것이다. 집진기에 쌓이는 톱밥은 그 양이 어마어마하다. 4인용 테이블 상판 작업을 위한 대패만으로도 100L가 쉽게 쌓일 정도이다. 집진통이 아무리 크더라도 200L 안팎이니 이는 짧은 시간에도 집진기가 가득 찰 수도 있다는 이야기다. 따라서 상태를 수시로 확인하고 비워주어야 한다. 집진통에 톱밥이 가득 쌓이면 집진 효율이 떨어져 평소보다 톱밥이 빨리지 않음을 느낄 것이다. 이를 방치하면 결국 집진기 통이 터져버린다. 나는 집진통을 따로 제작하여 그 용량을 2~3배로 늘려 사용하는데, 이처럼 목공기계는 사용자에 의해 자르고 붙이는 등 작업 스타일에 맞게 고쳐 쓸 수 있다. 이 또한 작업자의 역량인 것이다.

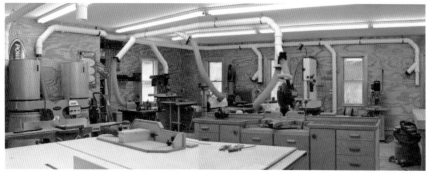

집진기에 연결된 라인들 배관

목공
철학
5

" 목공은

응용의 미학이다 "

class #5
템플릿과 지그

1강 템플릿

목공에서 말하는 템플릿template은 쉽게 말해 본뜨는 도구이다. 합판을 이용해 각 부재의 형태를 도면처럼 1:1로 제작할 수 있게 만든 가이드라 할 수 있다. 템플릿을 이용하여 작업하면 설계한 도면대로, 혹은 그와 매우 근접하게 부재를 만들어낼 수 있다.

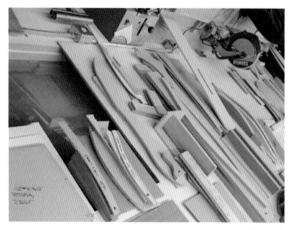

목공 템플릿

템플릿으로 부재를 가공하는 원리

템플릿을 활용하는 이유는 양쪽으로 대칭되는 부재를 만들어야 할 때, 그 값을 정확하게 일치시키기 위해서이다. 대표적인 예로 의자의 뒷다리 가공을 들 수 있다. 일반적으로 튼튼한 의자를 만들기 위해서는 의자의 뒷다리를 등받이와 연결해야 한다. 이때 등받이는 엉덩이가 닿는 좌판과 90° 이상의 각도를 가지고 있어야 하며 그 각도가 앉았을 때의 편안함을 결정짓는다.

이 작업에서의 핵심은 각도를 가진 두 개의 부재가 서로 완벽한 대칭을 이루어 내야 작업의 완성도가 높아진다는 것이다. 그리고 그 방법으로서 템플릿을 활용하면 가장 근접하게 대칭을 만들어낼 수 있다. 뿐만 아니라 템플릿을 만들어 두면 똑같은 모양의 부재를 필요할 때 얼마든지 만들어낼 수 있다는 장점도 있다.

작업 시간도 절약되며 정교한 작업도 가능해진다. 다음 사진은 하나의 템플릿으로 여러 개의 부재를 작업한 예를 보여준다.

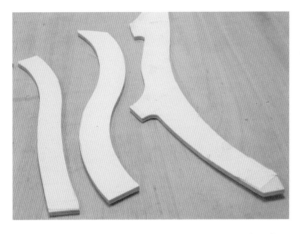

1 도면을 1:1로 출력하여 합판에 붙인 후 라우터로 정교하게 가공하여 템플릿을 만든다.

2 정재단된 부재 위에 템플릿을 올려 연필이나 펜으로 선을 그린다. 이후 밴드 쏘를 이용하여 선을 침범하지 않은 범위에서 최대한 가깝게 가공한다. 라우터 가공 시 깎이는 양을 최소화해야만 안전성과 완성도 높은 결과물을 만들어낼 수 있기 때문이다.

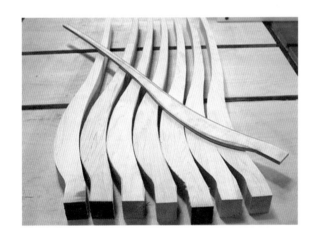

3 그런 다음 템플릿을 부재에 고정시킨 후 라우터 테이블에서 일자 베어링 비트 작업을 통해 템플릿 모양대로 동일한 여러 개의 부재를 완성한다.

지금 설명한 바와 같이 템플릿 작업은 주로 라우터를 통해 이루어지는데, 그림을 통해 작업 원리를 다시 한 번 살펴보자. 라우터 비트 베어링이 템플릿을 따라가면서 템플릿 밖으로 나온 부재를 정리해준다. 그러면서 템플릿과 거의 유사한 부재가 만들어지는 것이다. 이처럼 라우터와 템플릿은 밀접한 관계를 유지하고 있다.

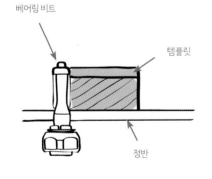

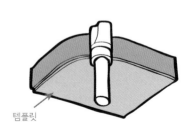

템플릿 제작 방법

템플릿은 주로 합판을 이용해서 제작한다. 합판이 견고함, 변형, 가공 측면에서 우수하기 때문이다. 직선으로 된 템플릿을 만들 때는 합판에 직접 그려 가공하는 방법이 빠르고 쉽다. 목공기계를 이용하여 부재를 가공하는 것과 동일한 방식으로 만들면 된다.

반면 곡선이 포함된 템플릿은 목공기계만으로는 작업이 어렵다. 때문에 1:1 크기로 도면을 출력한 후 합판에 붙여 그 선대로 최대한 정밀하게 가공한다. 그러나 이 경우 정밀도 측면에서는 한번 의심해볼 필요가 있다. 곡선이 포함되어 있기 때문에 대패나 테이블 쏘와 같은 직선형 기계는 사용할 수 없으니 결국은 밴드 쏘로 가공한 후 벨트 또는 스핀들 샌더로 마무리하는 것이 일반적인데, 이렇게 되면 작업 후 나오는 결과물이 그리 정밀하지 않을 수 있기 때문이다.

이것이 템플릿 작업의 정체성이다. 템플릿은 형태와 각도 등을 동일하게 만드는 역할을 할 뿐 면의 정밀도를 보장해주지는 않는다. 따라서 템플릿 작업 시에는 장부로 인한 접합면은 건드리지 않는 게 중요하다.

CNC 머신 또는 레이저 커팅기를 이용하면 템플릿의 정확성과 완성도를 높일 수 있다. 제작해야 할 템플릿 양이 많거나 템플릿의 정확성에 의해 작품의 완성도가 좌우되는 경우 전문 업체에 설계도를 주고 템플릿 제작을 맡기는 것을 추천한다.

CNC 머신, 레이저 커팅기
컴퓨터를 연결할 수 있어 설계 도면을 따라 자동으로 부재를 가공해주는 기계를 말한다. 라우터로 커팅하는 기계를 CNC 머신이라 하며, 레이저로 커팅하는 기계를 레이저 커팅기라 부른다. 사이즈가 작은 기계들은 '조각기'라고 부르기도 한다.

템플릿 사용 시 유의사항

템플릿으로 부재를 가공할 때 생기는 미세한 오차가 작업 결과물에 크게 영향을 미치지 않아야 한다. 즉 템플릿을 제작할 때 짜임이 이루어지는 부분은 가급적 건드리지 않아야 한다. 템플릿이 하는 일은 그 형태와 각도를 결정짓는 부재 가공일 뿐이다. 앞서 말한 것처럼 길이의 정재단은 수압대패 또는 테이블 쏘에서 가장 완벽한 면이 만들어지는데, 템플릿으로 가공할 때 이 면을 건드린다면 결국 작업의 완성도를 떨어뜨리는 결과를 초래한다.

템플릿으로 부재를 가공할 때 킥백을 방지하려면, 템플릿 제작 시 정재단 부재보다 길이 방향으로 20~30mm 정도는 더 크게 제작해야 한다(그림 참조). 이는 라우터 비트가 회전하면서 부재를 스스로 끌어당기는 특징 때문이다. 즉 템플릿이 길이 방향으로 확장되어 있어야 가공해야 할 부재보다 먼저 베어링에 닿을 수 있고, 그래야 비트가 더 이상 끌어당길 공간이 없으므로 킥백에서 벗어날 수 있다. 라우터 테이블의 스타트 핀이 하는 역할과 같다.

지그

목공용 지그jig는 작업의 정확성과 안전성을 높이는 제3의 손이다. 하나의 세팅 값으로 두 개 이상의 부재를 만든다는 점에서 템플릿과 같지만, 기계를 사용할 때 안전성을 확보하면서 작업할 수 있는 보조도구라는 점에서 템플릿과 다르다. 즉 안전에 좀 더 최적화된 보조도구라 할 수 있겠다.

지그는 매우 다양하게 활용되기 때문에 범용적인 지그는 시판되기도 하지만 보통은 작업자의 필요에 의해 자체 제작해 사용한다. 목수 중에는 어떻게 하면 효과적이고 안전하게 작업할 것인가를 고민하고 이를 각종 지그로 발명하여 판매를 하고 있는데, 이는 목공의 새로운 틈새시장이라고 볼 수 있다.

널리 쓰이는 대표적인 지그들

푸시스틱

푸시스틱은 손을 안전하게 보호해주는 지그이다. 테이블 쏘, 수압대패 등 손과 날의 거리가 가까울 때 손대신 부재를 컨트롤한다. 사진을 보자. 손으로 직접 부재를 만지지 않고 나무로 된 푸시스틱을 이용하여 부재를 컨트롤함으로써 손의 안전을 확보하고 있다. 손대신 푸시스틱이 날과 스치듯 또는 부재와 함께 잘려 손을 보호하는 것이다.

푸시스틱의 형태는 매우 다양하다. 그 목적이 손을 보호하는 것이니 형태야 어찌됐든 기본원리에만 충실하면 그 어떤 것도 푸시스틱이 될 수 있다. 안전한 목공을 위해 푸시스틱 사용을 습관화하자.

푸시스틱

썰매

테이블 쏘의 대표적인 지그는 '썰매'이다. 썰매는 테이블 쏘 정반 위의 T 트랙을 타고 전진 혹은 후진을 하면서 나무를 자르는 것을 도와준다. 판재 또는 각재를 자를 때 사용되며 작업자가 직접 제작하여 사용하는 게 일반적이다. 만드는 방식은 시중에 판매하는 제품과 유사하게 만들거나 인터넷에 올라온 수많은 형태의 썰매를 참고하여 제작하면 된다. 어쨌거나 핵심은 톱날과 펜스의 직각 여부에 달려 있으며 제작 시 가장 어려운 부분도 이 직각을 완벽하게 만들어내는 것이다. 슬라이딩 쏘가 없다면 반드시 제작하여 사용해야 할 필수 아이템이다.

썰매

테이퍼 지그

나무를 사선으로 자를 때 사용하는 지그이다. 테이블 다리 같은 위에서부터 아래로 좁게 떨어지는 부재를 만들 때 사선 가공을 목적으로 제작된다. 썰매와 비슷한 원리로 움직이지만 테이퍼 값이 작업마다 달라지기 때문에 나무를 잡아주는 클램프 위치를 자유롭게 바꿀 수 있도록 제작해야 한다.

판매되는 기성품을 사용해도 되지만 만들기 어려운 지그가 아니므로 비용도 아낄 겸 직접 제작하여 사용해보도록 하자. 한 번의 세팅 값으로 똑같은 사선을 가진 부재를 여러 개 만들 수 있어 효율적이다.

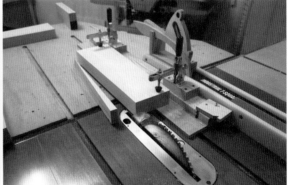

테이퍼 지그

테논 지그

테논 지그는 테이블 쏘의 T 트랙을 타고 이동하면서 나무를 원하는 각도로 정확하게 세워서 작업할 수 있게 해주는 보조도구이다. 나무를 안정적으로 세워 고정할 수 있는 이 지그는 장부의 촉 또는 홈을 만들 때 유용하게 사용된다. 이 또한 직접 제작하여 사용할 수 있지만 작업의 안전성 때문에 시중에 판매하는 튼튼한 주물로 제작된 것들을 많이 사용하는 편이다.

테논 지그

촉 지그

촉 지그

주로 액자나 박스 등 모서리에 촉이 들어갈 홈을 가공하는 지그다. 테논 지그와 같은 원리로 테이블 쏘 위를 수직으로 지나가며 촉이 들어갈 수 있는 자리를 만들어준다. 촉 지그는 사진에서 보는 것처럼 직각의 모서리를 정확하게 수직으로 고정하는 게 중요하다. 혹여 생김새가 다르더라도 직각을 수직으로 받쳐주는 틀의 형태라면 촉 지그라 할 수 있다.

임시 펜스를 이용한 라운드 가공

테이블 쏘의 원형 톱날을 이용하여 부재를 환가공, 즉 부재를 오목하게 가공을 할 수 있다. 그림과 같이 펜스를 제거한 다음 45° 대각선 방향으로 날의 중심과 가공할 부재의 중심이 위치하도록 임시 펜스를 테이블 쏘 정반에 고정한다. 이때 임시 펜스는 수직의 부재 또는 합판 등이 될 수 있으며 말 그대로 임시로 펜스를 만들어 사용하는 것이라 이해하면 된다. 이처럼 임시 펜스를 이용하면 가구 디자인을 다양하게 시도해볼 수 있다.

지그는 정답이 없다. 필요한 작업을 위해 설치 및 제작된 제 3의 손 역할을 하는 모든 보조도구를 지그라 할 수 있다. 임시 펜스와 같은 단순한 막대 하나도 어떻게 사용되느냐에 따라 분명 지그라 할 수 있을 것이다.

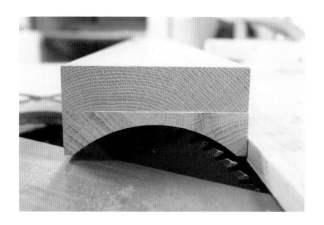
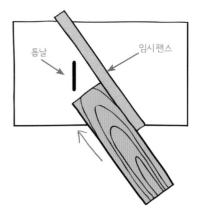

임시 펜스를 이용하여 라운드 가공을 하는 원리

이밖에 반턱 지그, 도브테일 지그 등 지그의 종류는 이 책에 모두 담을 수 없을 만큼 많으며 지금 이 순간에도 작업자의 목적에 따라 새롭고 놀라운 지그들이 만들어지고 있다. 인터넷 검색을 통해 지그의 종류와 작업 방식 등을 알아보고 공부하는 것도 가구 제작에 있어 많은 도움이 될 것이다.

라운드 가공 후 벤치의 등받이와 좌판의 선을 연결시켜주는 부재를 보여준다.

"현대 목공은
설계가
중심이다"

class #6

가구의 구조와 설계

짜맞춤은 두 개 이상의 나무를 결합하였을 때 가장 큰 강도를 만들어내는 방법론이다. 각종 철물, 나사못 등을 이용한 결합 강도보다 튼튼하기 때문에 짜맞춤으로 가구 제작에 임하는 것은 튼튼한 가구를 만들기 위한 작업자의 자연스러운 선택이다. 하지만 그 어떤 짜임이라 해도 나무 스스로가 지닌 강도 이상의 물리적 하중 관계가 생긴다면 그 가구는 당연히 기능적 하자가 발생할 것이다. 이를 극복하려면 무엇보다도 가구의 구조를 알아야 한다.

현대 목공의 특징은 작업의 심플함에 있다. 이는 '짜임의 심플함'이라 바꿔 말할 수도 있다. 이러한 특징을 불러일으킨 가장 큰 요인은 본드 강도의 발전에 있다.

오래 전 생선의 뼈를 갈아서 만든 본드인 '아교'를 사용할 때는 그 강성이 지금의 본드보다 매우 낮았다. 때문에 자연스럽게 발전한 것이 우리가 알고 있는 '전통 짜맞춤 가구'이다. 하지만 오늘날의 본드는 그 강도가 나무가 가지고 있는 강도를 넘어섰다. 이는 본드로 집성한 부재를 망치로 타격하여 부러뜨렸을 때 본드 부분이 아닌 나무가 먼저 부서짐을 통해서 확인할 수 있다. 그만큼 본드의 강도가 우수해진 것이다. 이에 따라 현대 목공의 짜맞춤 구조 또한 심플해지는 추세이며, 현대 목공에 있어 가구의 튼튼함을 결정하는 건 구조 설계에 의해서라고 강조하고 싶다.

가구의 구조

가구의 구조는 일견 비슷해 보이지만, 그 구조를 완성시키는 건 결국 작업자의 연륜이다. 작업자의 경험이 뒷받침되어야 비로소 튼튼한 가구가 완성된다는 뜻이다. 전시를 하다 보면 작품의 조형적 이해보다 구조적 이해에 더 관심을 보이는 사람이 있다. 작품을 보자마자 허리부터 숙여 작품의 구조를 세세히 관찰하는 사람들. 이런 사람들은 대부분 목공을 하는 사람이다. 이는 그만큼 가구 구조를 잡는 방식에는 정답이 없다는 것을 보여준다. 작업자마다 구조를 잡는 방법이 다르기 때문에 전시장만 가면 그 가구는 어떤 구조로 완성되었는지 궁금해 하는 직업병이 생긴 것일 테다. 초보 목수든, 숙련된 목수든 가구 구조만큼은 정답을 찾기보다 기본적인 원리를 알아두고 융통성을 발휘해 자기만의 스타일을 완성해나가는 것이 필요하다.

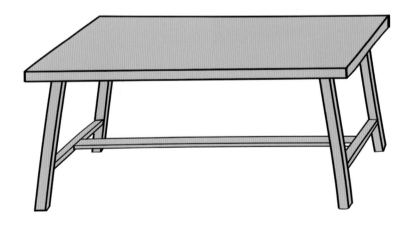

누군가가 디자인하고 제작한 테이블이다. 이 그림을 보면 테이블 아래쪽에 다리를 올릴 수 있는 구조의 프레임이 가로질러 존재한다. 이 프레임의 목적은 무엇일까?

이 프레임은 분명 다리를 올리기 위한 목적 이전에 테이블 다리를 견고하게 잡아줄 구조적 요소가 우선적으로 고려되었을 것이며, 거기에 다리까지 올릴 수 있도록 높이 등을 조절하여 설계했을 것이다. 다시 말해 테이블 다리 하부의 프레임은 조형적 이미지가 아니라 물리적 기능, 즉 가구의 튼튼함을 우선으로 판단하고 결정해야 하는 구조인 것이다. 멋지게 만들기 위해 완성한 구조가 아니라 가구의 튼튼함을 최우선으로 둔 구조라는 사실이다. 그리고 그 요소를 잘 어우러지게 표현하는 것, 이를 잘하는 대표적 가구 디자이너가 바로 핀율이다.

나무의 꺾임과 가구 구조의 이해

수년전 종로에 있는 한 전시관에서 핀율전을 관람한 적이 있다. 그때까지만 해도 나는 핀율을 가구의 스타일링을 잘하는 디자이너라고 생각했다. 하지만 그의 작품을 눈으로 확인하고 만져본 후 그 생각이 달라졌다. 핀율의 가구 디자인을 보면 최소의 나무 두께로 디자인하면서도 안정된 구조를 놓치지 않는다. 다만 핀율은 구조상 어쩔 수 없이 들어가야 할 보강 프레임을 누구보다 아름답게 풀어나갔다. 이것이 내가 핀율의 가구를 좋아하는 이유이며 그가 현대 가구 디자인 사조에 이름이 올라간 이유 중 하나일 거라 생각한다.

핀율

자, 그럼 본격적으로 가구 구조의 핵심에 대해 살펴보자. 가구 구조에 있어 가장 중요하게 생각해야 할 것은 '나무의 꺾임'이다. 나무는 당신이 생각하는 이상으로 튼튼하다. 따라서 가구 구조를 설계할 때 '나무가 얇아 하중(무게)을 이기지 못해 부러지진 않을까'를 고민할 것이 아니라 '짜맞춤된 곳 또는 사선이나 휘어진 곳이 혹여 나무의 결 방향으로 꺾여 부러지지 않을까'를 고려해야 한다. 가구의 결함은 대부분 나무의 꺾임으로 인해 생기는 문제들이기 때문이다. 즉 앞으로 가구 구조에 있어 항상 검증하고 생각해야 할 키워드는 바로 '꺾임'이다.

꺾임이라는 단어는 나무에만 국한된 것만은 아니다. 철재 또는 기타 다른 소재의 물성에도 꺾임은 존재한다. 여기서 분명히 이해해야 할 것은 소재가 지니고 있는 강성의 꺾임이 아닌 이것들이 만들어낸 구조에서 나오는 꺾임에 좀 더 집중할 필요가 있다는 점이다.

예를 들어 일반적인 테이블의 경우 구성 요소는 테이블 상판, 상판을 지지하는 프레임, 프레임에 붙어있는 다리로 나눌 수 있을 것이며, 이때 테이블 부재에서 꺾임이 일어날 가능성은 테이블 다리가 꺾이는 것 말고는 생각할 수 없다. 그렇다면 그 다리의 꺾임을 좌우하는 요소는 무엇일까? 바로 프레임이다. 즉 테이블 구조에서 프레임이 있어야 하는 이유는 테이블 상판이 휘거나 부러지지 않고 견고하게 잡아주기 위함이 아닌(물론 테이블 프레임은 이러한 역할도 한다.) 테이블 다리가 꺾이지 않게 잡아주기 위함이 우선인 것이다. 이밖에 테이블에서 나무가 부러지는 꺾임은 사선으로 뻗어 나오는 각이 넓은 다리나 곡선 작업으로서 힘의 방향이 길이 쪽이 아닌 폭 쪽으로 선회할 때도 발생한다.

가구 설계 목적과 설계 방법

나무를 휘게 하는 방법에는 밴딩을 하거나 덜어내서 휜 것처럼 보이게 하는 방법이 있다(p.218 참조). 이 두 개의 작업 방법 중 어떤 것을 선택할지는 '하중 관계에 따른 꺾임'이 가장 큰 영향을 미친다. 나무가 꺾여 부러지는 정도에 따라 작업 방법이 결정된다는 의미이다.

가구를 사전에 설계하는 목적에는 여러 가지가 있지만, 이러한 문제점을 사전에 검증하고 보완하기 위해서이기도 하다. 물론 가구를 많이 만들다 보면 경험치가 쌓여 설계 없이 가구를 만들 수도 있다. 하지만 경험만으로 익히는 방법은 시간도 오래 걸리고 실패도 많이 겪어야 해서 노력과 비용이 많이 든다. 설계 과정을 통해 가구의 견고함과 완성도를 일차적으로 검토하고 작업에 들어가는 것이 바람직한 이유다.

현대 목공의 특징 중 하나는 설계의 비중이 높아졌다는 사실이다. 도미노 같은 전동공구는 편리하긴 하지만 전통 짜맞춤 구조보다 강도가 약하다. 이는 설계를 통해 해결해야 할 필연적 요소이다. 설계된 도면에 따라 가구를 만들어달라는 주문을 받았더라도 작업자는 그 도면을 기반으로 새로 설계 작업을 해야 한다.

왜냐하면 직접 설계를 함으로써 가구의 구조적 문제, 작업 방식, 제작의 난이도 등을 가늠해볼 수 있고, 제작을 하다가 발생할 수 있는 문제의 해결 방안을 미리 찾아볼 수도 있기 때문이다. 후자의 경우는 설계 과정에서 머릿속으로 미리 작업의 흐름을 그려본다는 의미에서 이미지 트레이닝과 비슷하다. 이는 시행착오를 줄이는 효과가 있다. 이런 맥락에서 가구의 완성도는 설계에서 결정난다고 해도 과언이 아니다.

가구 설계 프로그램

드로잉 또는 실물과 같은 목업을 통해 디자인을 끝냈다면, 이를 토대로 제작을 위한 설계도를 그려야 한다. 전통가구를 만드는 옛 사람들이 현치도를 그렸다면 오늘날 가구를 만드는 사람들은 컴퓨터를 활용한 다양한 설계 프로그램을 사용한다. 대표적인 프로그램으로 스케치업, 라이노, 캐드, 벡터웍스 등이 있다. 모두 선을 그리고 정확한 길이와 각도를 산출하며 나아가 3D 작업이 가능하도록 해주는 프로그램들이다. 설계 프로그램의 가장 큰 장점은 정확한 길이와 각도를 계산해서 그릴 수 있다는 점이다. 또한 확률적으로 어떤 방법이 오차를 줄일 수 있는지, 구조적으로 안정적인지, 수축·팽창에서 자유로울 수 있는지 등을 가늠하게 해준다. 나아가 3D 모델링을 통해 만들어질 가구의 완성된 모습을 입체 이미지로 가늠해볼 수도 있다.

프로그램으로 가구의 설계가 끝났다면, 잘 세팅된 기계들을 이용하여 그 치수대로 안전하게 작업하기만 하면 완성도 높은 가구를 만들 수 있다. 작업 과정에서 실수가 있어 부재가 짧아졌다면 새로 만들고 길이가 길면 다시 맞춰 잘라 버리면 될 일이다. 작품의 완성도는 시간과의 싸움일 뿐 그 전에 결정되어야 할 것은 설계다. 하나의 가구를 만들 때 전체 작업 시간에서 절반 정도의 시간을 설계에 투자해야 하는 이유가 여기에 있다.

프레임 설계와 만들기

2강

프레임의 기초 - 테이블 프레임과 의자 프레임

테이블 프레임

프레임은 앞에서 간단히 언급했듯이, 상대적으로 약한 상판을 지지해주는 역할도 하지만 더 중요한 역할은 다리를 얼마만큼 튼튼하게 잡아주는가에 달려 있다. 그만큼 가구를 설계할 때는 '꺾임'을 생각해야 한다.

테이블에서 하중의 관계는 구성 요소를 생각하면 이해하기가 쉽다. ❶을 보자. 일반적인 테이블 형태이다. 이 테이블에서 하나의 다리를 몇 개의 프레임이 잡아주고 있는지를 살펴보자. ❷를 보면 알 수 있다. 양쪽에서 잡아주는 프레임 2개, 그 프레임을 서로 잡아주는 45° 보강 프레임 1개가 보인다. 즉 하나의 다리를 잡아주기 위해 3개의 부재가 있는 것이다.

 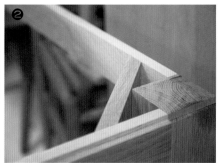

테이블을 제작하는 데 있어 위의 프레임 구조는 테이블 다리가 하중을 버티고 흔들리지 않게 하는 가장 이상적인 구조이다. 이를 '프레임의 기본 3요소'라 하자. 이 기본 3요소에서 중점적으로 이해해야 할 요소는 45° 보강 프레임이다. 45° 보강 프레임이 있는지 없는지의 여부에 따라 테이블 다리의 꺾임 강도는 2~3배 이상 차이가 난다. 45° 보강 프레임이 하는 역할은 매우 단순하다. 다리와 연결되어 있는 양쪽 프레임을 견고하게 잡아주는 역할이다. 이런 단순한 역할로 어떻게 꺾임의 강도가 높아지는 것일까?

　45° 보강 프레임 없이 두 개의 프레임만으로 이루어진 테이블 다리에 어떤 물리적 힘이 가해져 꺾임이 발생됐다고 가정해보자. 이 경우 다리는 둘 중 하나의 프레임과 먼저 이별을 고할 것이며(프레임에서 떨어져 나갈 것이며) 반대쪽 프레임과도 곧 이별해야 하는 상황에 처할 것이다.

　그런데 이때 만약 두 프레임과 이별하기 힘들게 서로를 끈끈하게 잡아주는 45° 보강 프레임이 있다면 어떻게 될까? 즉 보강 프레임은 두 개의 프레임을 견고하게 잡아주고, 두 개의 프레임은 테이블 다리를 잡아줌으로써 가구 구조 전체를 견고하게 해준다. 프레임의 기본 3요소에 더해지는 프레임 요소들이 많으면 많을수록 테이블은 더욱 더 견고해진다.

　테이블 다리를 잡고 있는 프레임은 두께보다 폭이 더 중요하다. 물론 두께 또한 좀 더 두꺼운 것이 튼튼하겠지만, 테이블 다리가 꺾이는 것을 상상해보면 왜 두께보다 폭이 더 중요하다고 하는지 가늠이 될 것이다.

　그러나 지금까지의 경험상 2000mm 넘는 긴 테이블도 프레임 폭은 최대 80mm를 넘기지 않았다. 그 이유는 프레임이 과하게 넓어지면 의자와 테이블 사이 간격이 좁아져 (앉을 때 허벅지가 끼는) 사용상 문제가 발생하기 때문이다. 따라서 나무의 수축·팽창 한계점을 100mm 이하의 값으로 보고 프레임을 설계할 때 프레임을 80mm로 설계했다면 보다 안정적인 구조를 만들기 위해 하중을 분산시킬 수 있는 다른 구조가 필요하다.

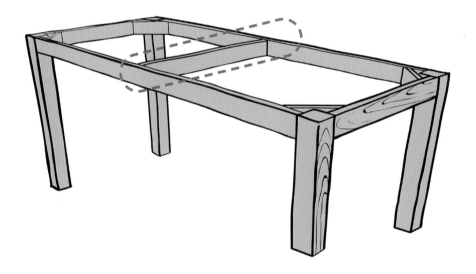

　위 그림을 보면 테이블 프레임 중간에 또다른 '보강 프레임'이 보인다. 테이블이 받는 하중을 분산시키기 위한 것이다. 이 보강 프레임은 보통 테이블 길이에 따라 결정하는데, 일반적으로는 1000mm당 하나씩 넣어주는 편이다. 보강 프레임은 여러 개 넣을수록 튼튼한 가구가 만들어질 테지만, 그만큼 무거워질 테고 필요 이상으로 넣을 필요는 없다고 생각한다.

의자 보강 프레임

의자 프레임

프레임 폭이 좁아야 하는 가구는 아마도 의자일 것이다. 지금까지의 경험에 의하면 의자 프레임의 폭은 최소 40mm 이상이 되어야 한다. 물리적 충격을 받지 않는 이상 40mm 프레임은 이상적이라고 할 수 있다. 이때 45° 보강 프레임은 필수이며, 만약 앞에서 말한 '프레임의 기본 3요소'가 충족되지 않았다면, 의자 아래쪽에 보강 프레임을 만들어주거나 프레임 폭이 더 넓어야 할 것이다. 이에 따른 결정은 경험에서 얻어진다. 작업 경험이 많을수록 자신이 체득한 다리의 두께, 프레임의 폭 등이 결정된다. 디자인적인 면도 고려해야겠지만 이 정도면 충분히 튼튼했다는 경험치가 목수라면 있어야 한다.

스툴 프레임

옆 그림은 스툴의 프레임을 보여준다. 상부 프레임 폭이 40mm 이하로 좁은 대신 하부 프레임이 존재한다. 작은 사이즈의 가구들은 비율상 프레임 폭이 좁아야 디자인적으로 예쁘다. 때문에 스툴의 프레임은 40mm 이하가 대부분이다. 하지만 그렇게 하면 가구의 견고함이 떨어지기 때문에 아래쪽에 보강 프레임을 넣는 것이다.

45° 보강 프레임 만들기

45° 보강 프레임은 대부분 외부로 노출되지 않는 위치에 만든다. 그래서 많으면 많을수록 좋다. 하지만 보강 프레임이 노출되는 구조의 가구는 외관상 많이 넣기가 쉽지 않다. 그래서 아래쪽에 보강 프레임을 넣어 다리의 꺾임이 일어나지 않도록 설계하는 것이 필요하다. 이 또한 프레임의 기본 3요소를 충족시키기 위한 방법이다. 사실 이런 보강 프레임을 만들면서 가구를 제작한다는 것은 꽤나 번거로운 일이다. 그래서 '안 만들어도 괜찮겠지'라고 생각할 수도 있다. 하지만 그러는 순간 당신은 '가구가 팔려도 걱정, 안 팔려도 걱정'인 정신적 스트레스를 경험하게 될 것이다.

외부에서 보이지 않는 곳에 작업하는 보강 프레임

1 먼저 각도 절단기를 원하는 각도로 세팅한다. 보강 프레임은 보통 45°가 대부분이므로 45°로 세팅한다.

2 각도 절단기를 이용하여 필요한 길이만큼 잘라 보강 프레임을 만든다. 이때 가급적이면 긴 부재를 필요한 길이만큼 잘라 사용하는 방식으로 작업한다. 프레임 길이만큼 대충 잘라놓고 각도만 맞추려 하다가는 톱날과 부재를 잡고 있는 손의 거리가 가까워져 안전사고에 일어날 수 있다.

3 각도 절단기로 필요한 보강 프레임을 잘라냈다면 드릴 프레스를 이용하여 홀 작업을 한다. 이는 피스 머리가 들어갈 자리를 만들어주는 작업이다. 이 작업을 하지 않으면 직각으로 들어가는 피스 길을 내기가 힘들뿐더러 작업의 효율성이 떨어져 작업면이 깔끔하지 못하다. 드릴 프레스의 직각성을 이용하면 45°로 정확하게 보링 작업을 할 수 있다..

4 부재가 준비되면 본드를 바른 후 보강 프레임과 부재가 붙도록 클램핑을 한다. 본드가 완전히 건조되면 3mm 드릴 비트를 이용하여 피스 길을 내준다. 하드우드는 워낙 단단하여 피스 길을 내지 않으면 피스 머리가 부러지거나 나무가 갈라질 수 있다.

5 피스 길을 따라 피스를 박는다.

프레임 없는 테이블

프레임 없이 상판에 직접 다리를 연결하여 결합한 가구 작품을 본 적이 있을 것이다. 이것이 가능하려면 하중을 견딜 수 있는 충분한 상판 두께가 필요하다. 그리고 상판 두께를 결정하기 위해서는 상판과 조립되는 다리가 얼마만큼 튼튼하게 고정되는지를 알아야 한다. 상판의 두께가 곧 다리가 조립되는 깊이가 된다.

두 번째로는 상판을 지지하는 프레임이 없기 때문에 상판 스스로 하중을 버틸 수 있는 힘이 존재해야 하는데 그게 바로 상판의 두꺼운 정도가 된다. 상판의 휨을 잡아주는 프레임이 없으면 상판이 휘는 건 당연하다. 디자인적 철학에 의해 그렇게 제작한 것이라면 휨은 원목이 주는 자연스러운 맛이 되어야 한다.

프레임 없이 상판에 고정된 스툴의 다리

의자와 테이블의 높이 관계

작가로서 의자와 테이블의 높이는 가구에 대한 자신의 철학적 사고를 가지고 결정해야 한다. 기성품을 그대로 따라가는 것은 스스로 작가임을 포기하고 공장 가구를 만들겠다는 것과 다를 바 없다. 의자와 테이블의 높이 또한 지금부터 설명하는 의자와 테이블의 높이 관계를 이해하고 이를 바탕으로 자신만의 가구를 설계해 보도록 하자.

의자의 높이

나는 허벅지 아래로 손바닥을 살짝 넣었을 때 뒤꿈치가 들리지 않는 정도의 높이를 가진 의자를 선호한다. 의자가 높아서 허벅지가 하중을 받게 되면 몸의 피로도가 올라가기 때문이다. 그리고 사실 높은 의자보다 낮은 의자가 안정적이다.

책상 또는 테이블의 높이

의자에 앉아 허리를 쭉 편 상태에서 팔을 90°로 접었을 때 팔꿈치 높이가 책상의 높이가 된다. 식탁 테이블은 그것보다 30mm 높게 제작한다. 책상이든 식탁이

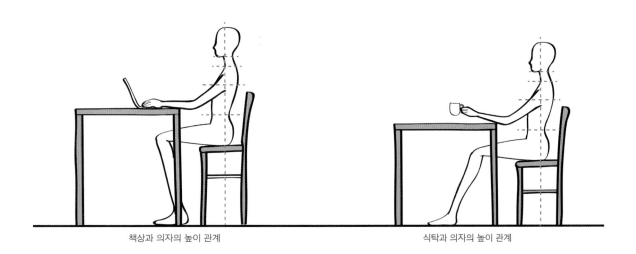

책상과 의자의 높이 관계   식탁과 의자의 높이 관계

든 가구는 본래 기능에 충실해야 한다. 식사를 할 때 허리와 목을 굽히면 불편할 것이다. 책이나 컴퓨터를 하기 위한 책상은 팔꿈치 높이가 가장 편안하다.

팔걸이 높이는 팔꿈치 높이보다
조금 높은 것이 좋다.

팔걸이의 높이

의자의 팔걸이를 만들 때 팔걸이는 팔꿈치보다 조금 높게 제작하는 것이 좋다. 그래야 의자에 팔을 올려놓는 목적이 제대로 수행될 수 있기 때문이다. 의자의 팔걸이가 낮으면 허리를 구부린 자세를 취해야 팔을 올려놓을 수 있으므로 사실상 팔걸이가 제기능을 하지 못하는 불편한 의자가 된다. 한 마디 덧붙이자면, 테이블과 같이 사용하는 의자는 팔걸이가 없는 게 좋다. 밥을 먹을 때, 책을 볼 때, 컴퓨터를 할 때는 팔걸이가 필요하지 않다. 오히려 팔걸이가 있으면 테이블 밑으로 의자를 밀어 넣을 때 불편함이 생긴다. 작업을 해나가면서 이런 기준들을 자신만의 리스트로 차근차근 쌓아나가야 한다.

의자 등받이 각도

테이블과 함께 사용하는 의자의 등받이 각도는 직각에서 7° 기운 정도, 소파의 등받이 각도는 직각에서 14° 기운 정도가 좋다. 7° 기울기는 등을 기대는 데 그리 편안하지 않은 각도일 수 있다. 하지만 식사를 하거나 일을 할 때 테이블을 앞에 두고 앉는 의자이므로 등을 편안히 기댈 만큼의 각도로 제작할 필요는 없다. 7°의 기울기를 넘어선, 예를 들어 약 10° 정도 기운 의자는 당연히 7° 기울기의 의자보다 편안할 테지만 밥을 먹거나 책을 보기 위해 앞으로 몸을 숙일 때 복근에 힘이 들어갈 수밖에 없을 것이다. 즉 테이블과 함께 사용하는 10° 기울기의 의자는 불편한 의자가 된다. 반면 암체어, 소파, 흔들의자는 목적 자체가 편안함이므로 이런 의자를 만들 때는 등받이 기울기 14°를 권한다. 어떤 각도가 되었든 본인만의 철학을

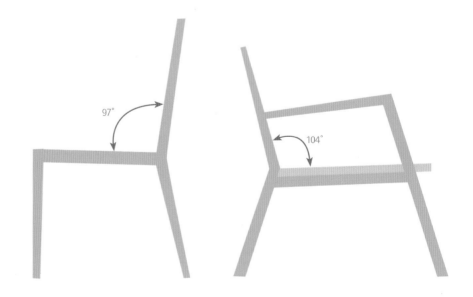

가지고 각도의 기준을 만들어가는 것이 중요하다.

테이블 또는 의자 다리의 각도

테이블 또는 의자의 다리가 사선으로 벌어지는 형태의 디자인을 할 때는 그 정도가 '과하지 않게' 하는 편이 바람직하다. 그 이유는 다리가 사선으로 떨어지는 테이블이나 의자는 위에서 누르는 하중을 사선으로 버텨야 하는데 다리가 과하게 벌어지면 '꺾임'에 취약해지기 때문이다. 벌어지는 각도가 과하지 않아도 작업자가 의도한 벌어짐의 효과는 충분히 전달된다.

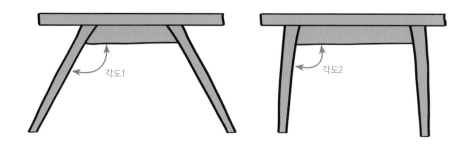

가구 제작에서 각도의 허용치는 테이블 쏘 톱날 기울기인 45° 이내에서 디지털 각도 게이지를 이용한 0.1° 까지 가능해졌다(오른쪽 사진 참조). 따라서 설계상 허용할 수 있는 각도를 적절하게 조절할 필요가 있다.

디지털 각도 게이지에서의
각도 조절

오른쪽 도면에서 검정 선은 자동대패, 수압대패, 테이블 쏘 등을 이용하여 준비할 직사각형의 부재의 크기를 나타낸다. 조립되는 부분을 보면 부재 위로 튀어나온 실선에 가공되어야 할 각도가 표시되어 있다. 이를 테이블 쏘 각도 세팅을 통해 가공하면 된다.

부재의 두께를 가늠하는 법

나무는 휘는 탄성이 있어 얇고 긴 다리의 가구는 삐그덕거릴 확률이 높다. 이 삐그덕임이 짜임한 곳에 지속적으로 스트레스를 주어 그로 인한 나무의 꺾임이 발생할 수 있다. 따라서 삐그덕임을 줄여야 하는데, 다리 또는 프레임에 사용되는 부재의 두께를 조금 더 굵게 하거나 보강 프레임을 설계하는 방법으로 해결할 수 있다. 이런 경우에 활용할 수 있는 부재 두께 가늠법 세 가지를 소개한다.

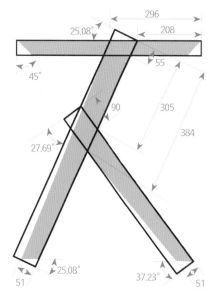

방법1 | 기존 가구의 부재 두께를 잡아보고 그 치수를 재본 후 '이것보다 더 두껍게 하겠다'거나 '얇게 하는 것이 좋겠다'는 등으로 결정하여 만들고자 하는 부재의 두께를 결정한다.

방법2 | 제재목 본연의 두께를 최대한 활용하는 것이다(p.40 손실률 참조). 몇 인치의 부재 몇 개를 집성했을 때 나오는 자연스러운 두께, 그 두께에 맞추어 비율을 조절하면 본인이 자주 사용하는 두께가 결정된다. 그리고 이것이 자신만의 스타일이 된다.

방법3 | 두껍고 묵직하게 보이길 원한다면 본인이 생각했던 두께보다 조금 적게, 얇고 가늘게 보이길 원한다면 그것보다 조금 더 두껍게 하는 절충이 필요하다. 그 이유는 초보자는 자신이 생각하는 두께가 실제로 가구를 제작했을 때 너무 두껍거나 힘을 지지할 수 없을 정도로 얇은 경우가 많기 때문이다.

숙련된 작업자는 '두께감'을 가지고 있다. 초보자는 경험을 통해 부재의 두께감을 근사치로 좁힐 수 있도록 훈련해야 한다. 그것이 두께감을 잡는 가장 빠른 방법이다.

가구의 곡선 처리법

4강

가구의 곡선을 만들어내는 방법은 부재 덩어리에서 곡선이 아닌 부분을 덜어내는 방법과 습식 또는 건식 밴딩 기법을 이용하여 실제로 나무를 휘게 하는 방법이 있다. 즉 휘어보이게 만들 것인가, 진짜로 휘게 할 것인가의 문제다. 어떤 방법이 좋은지는 가구의 구조 강도에 따라 달라진다.

나무를 휘어 보이게 만들기 - 부재를 덜어내기

목공기계는 기본적으로 부재를 직각 또는 수평으로 가공하는 데 최적화되어 있다. 라운드 모양의 가구를 제작할 때도 이 본질을 최대한 살려 설계하는 것이 필요하다. 아래 그림에서 ❶은 디자인 선이며, ❷는 디자인 선의 범위 내에 있는 부재의 크기다.

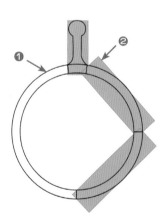 

❷의 형태대로 짜임이 될 수 있도록 설계 및 가공을 먼저 한 후, ❶의 실선대로 불필요한 부재의 덩어리를 걷어내면 원형 모양으로 가공이 이루어진다. 이런 방식으로 부재를 가공하는 가구의 곡선은 사실 눈속임이라 할 수 있다. 곡선으로 부재

를 깎아내기 전까지는 직선으로 된 판재와 판재의 결합이기 때문이다.

정리하자면 직각이 살아있는 직사각형 모양의 부재를 정확한 각도로 조립한 후, 라운드로 깎아내면 ❷ 영역이 버려지면서 원형의 틀을 완성할 수 있다. 가구의 곡선 설계도 결국은 수직, 수평으로 된 부재의 형태에서 시작되는 것이다. 라운드는 단지 눈속임일 뿐이다.

곡선 가구(흔들의자)

뒷다리를 덜어내는 방식으로 곡선 표현

바닥 로커 나무를 밴딩 방법으로
휘어서 곡선 표현

부재 덩어리에서 곡선 부분이 아닌 부분을 덜어내어 휘어 보이게 만드는 방법은 결합의 오차 범위를 정확하게 정리할 수 있다는 장점이 있다. 반면 힘의 방향인 길이 방향이 폭 방향으로 선회하면서 강도가 약해진다는 단점이 있다.

직각 상태의 부재에서 결합에 대한 각도를 구한 후 결구의 문제를 해결한 다음 필요한 라인을 제외한 부재 덩어리를 덜어내면 휘어지는 효과도 볼 수 있고 설계상 결구도 완벽히 해결된다.

나무를 실제로 휘게 하기

습식 밴딩

밴딩은 습식과 건식 밴딩으로 나뉜다. 이중 습식 밴딩은 섬유소로 되어 있는 나무에 스팀을 강하게 장시간 보내어 흐늘흐늘해지게 한 다음 나무를 휘게 하는 것을 말한다. ❶의 사진은 찜통이다. 찜통 안에 나무를 넣고 스팀을 먹인 후 ❷처럼 나무를 휜 상태에서 밴딩 틀에 고정시키고 건조시키면 휘어진 상태를 유지한다. 물론 처음에는 곧은 상태로 돌아가려는 스프링백 성질을 보일 것이기 때문에 원하는 곡선 값보다 조금 더 휘게 밴딩해야 원하는 라운드를 얻을 수 있다.

그런데 이 곡선 값은 수년간의 경험을 통해 예측하고 실습해보는 수밖에 없다. 어떤 하나의 공식으로 설명할 수 없기 때문이다. 이밖에 습식 밴딩은 나무를 찌는 찜통과 스팀이 있어야 한다는 것도 단점으로 꼽힌다. 평균 1인치당 한 시간의 찜이 필요하며 인공 건조를 한 나무라면 나무가 푸석하여 밴딩 시 터짐이 심할 수 있다. 습식 밴딩은 자연 건조된 나무가 가장 좋다.

앞서 말한 것처럼 우리나라에서 구할 수 있는 하드우드는 인공 건조된 수입목이 대부분이다. 습식 밴딩을 하는 데 매우 불리한 조건인 셈이다. 하지만 조건이 맞아 습식 밴딩을 할 수 있다면 나무 한 그루를 휘게 하는 조형적 맛을 느낄 수 있다.

찜통에 나무를 넣어 스팀을 먹인 후
나무가 휜 상태에서 밴딩 틀에 고정한 모습

건식 밴딩

건식 밴딩은 나무가 스스로 휘는 성질을 이용한 방법이다. 나무가 부러지지 않고 휘는 최대의 두께를 찾아 나무를 켠 다음, 이를 3장 이상 본드로 집성하면서 밴딩 틀에 고정시키면 본드가 굳으면서 곡선으로 휜 부재를 얻을 수 있다.

건식 밴딩은 설계상 원하는 곡선 값과 가장 근사치인 부재를 얻을 수 있다는 장

얇게 켠 판재를 본드로 집성하여 밴딩 틀에 고정한다.

점이 있다. 또한 나무와 나무 사이를 본드가 잡아주고 있으므로 강도도 매우 세다. 합판의 원리와 비슷하다. 나무를 얇게 켜는 순서대로 밴딩하면 나무의 결이 연결되어 하나의 나무처럼 보인다.

밴딩한 부재와 다른 부재의 결합

밴딩한 부재는 휘어진 상태라서 기준면이 불확실하다. 따라서 밴딩한 부재와 다른 부재를 결합할 때는 손의 감각만을 이용하여 잡아야 한다. 이는 다년간의 목공 노하우가 필요하며 이 때문에 밴딩보다는 부재에서 덩어리를 덜어내어 라운드를 만드는 방식으로 눈속임을 하는 것이다. 그러나 강한 하중을 견뎌야 하는 흔들의자 로커(흔들의자 바닥) 같은 경우는 반드시 밴딩 방식으로 만들어야 한다. 덜어서 작업한 로커는 하중을 이기지 못해 부러지는 경우가 태반이다. 즉 밴딩을 할 것인지 휘어 보이게 할 것인지의 기준은 하중에 따른 꺾임이 기준이 된다.

사진의 흔들의자는 모든 면이 곡선이지만 의자 바닥의 로커를 제외한 다른 부재는 덜어내는 방식으로 만들었다. 흔들의자 로커는 의자 및 사람의 하중을 모두 받는 부분이기에 꼭 밴딩을 해야 한다.

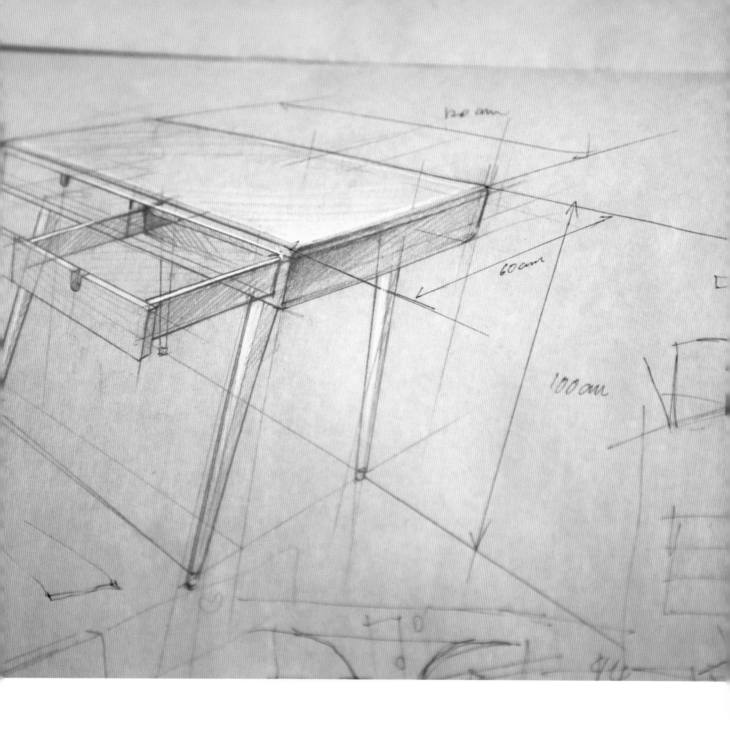

120 cm

60 cm

100 cm

"여유를 가지고
천천히
작업하라"

Class #1
가구 제작의 기초

하나의 가구를 만들 때 전체적인 제작 흐름은 좁은 면적에서 시작하여 넓은 면적 순으로 진행하는 것이 효과적이다. 예를 들면 테이블을 제작할 경우 면적이 좁은 다리를 먼저 제작한 후 상판을 제작하고 조립하는 것이다. 나무는 시간이 지나면 변형이 생기기 마련이라 상판처럼 넓은 판재를 먼저 만들게 되면, 하부 구조를 제작하는 시간 동안 미세하게 변형이 진행될 수 있기 때문이다.

테이블 다리와 상판을 만들고 조립하여 가구 구조가 완성되면 서로가 서로를 잡아주게 되므로 더 이상의 변형이 생기지 않는다. 하지만 완벽하게 조립되는 과정이 끝날 때까지는 언제나 조심히 부재를 다루어야 한다. 즉 가구 구조가 완성되기 전까지 부재는 단일 개체로서 충격에 불안한 구조이기 때문에 가공뿐만 아니라 이동할 때 부딪치지 않도록 조심해야 한다. 짜임 구조에서 가장 취약한 부분은 충격에 의한 '겪임'이다.

원목 보관대에서 신중하게 나무를 고르는 모습

올바른 재료의 선택

재료는 설계를 기반으로 철저히 계획하여 선택되어야 한다. 제작할 가구의 전체적인 모습을 생각하고 나무의 손실을 최소화하는 방향으로 나무를 선택한다. 폭의 분할, 두께의 분배, 길이의 효율 등을 고려하여 가장 이상적인 나무를 고르고 작업의 흐름을 결정하는 것이다.

특히 신경 써야 할 부분은 부재의 두께이다. 부재의 두께는 나무가 휜 상태에 따라 선택이 달라진다. 긴 부재일수록 휨이 적은 나무를 사용해야 설계된 두께대로 가구를 만들 수 있다. 왜냐하면 길이가 긴 부재가 휘어 있으면 대패 작업 후 두께가 얇아질 수밖에 없기 때문이다. 게다가 작업 시간도 오래 걸린다.

따라서 같은 두께의 부재에서 최대 두께의 판재를 만들어내려면 적당한 길이로 끊어서 작업하는 게 좋은데, 이때 200mm 이하의 길이는 가급적 피하는 게 좋다. 200mm 이하의 부재는 무게가 가벼워 목공기계의 회전에 의해 튕겨나가는 킥백 현상이 생길 수 있기 때문이다(킥백 현상은 부재가 가벼울수록 많이 생긴다.). 또한 너무 짧은 부재는 자동대패 작업 시 두 개의 송재 장치가 동시에 눌러주지 못하여 부재가 튀는 현상이 발생하며, 그렇게 되면 부재뿐만 아니라 기계에도 무리가 갈 수 있다.

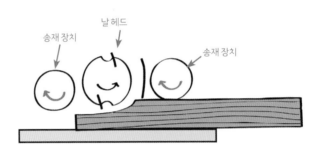

가재단하기

가구 제작에 필요한 부재를 준비했다면 각도 절단기를 이용하여 가재단한다. 가재단은 일반적으로 컷당 10mm 정도의 여유를 준다. 예를 들어 정재단 길이 900mm의 각재가 필요하다면, 부재를 대패 작업한 후 양쪽 두 개의 면을 커팅해야 하므로 원하는 길이대로 정재단을 하려면 920mm으로 가재단해야 한다.

또 다른 예로 총길이 900mm 부재를 정확하게 반으로 갈라 450mm씩 두 개의 부재를 사용할 것이라면 첫 번째의 기준면 컷 하나, 450mm 컷 두 개, 총 3번의 커

팅이 이루어지므로 여유 치수 30mm 더한 930mm으로 가재단한다.

부재의 정재단 사이즈가 200mm 이하일 땐 다른 부재의 길이와 합하여 대패 가공을 한 후, 잘라서 사용해야 작업의 효율성과 안전성을 담보할 수 있다.

수압대패로 기준면(1면) 잡기

부재의 최초 기준면을 잡아주는 작업은 수압대패로 한다. 부재의 4면 중 1면을 기준면으로 삼아 수평으로 만드는 작업이다. 수압대패로 수평을 잡은 면을 기준으로 하여 4면까지 잡는 것을 기초 작업이라 생각하면 된다.

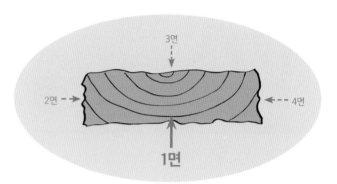

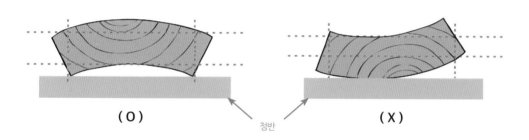

위 그림과 같이 나무의 휨 부분을 오목하게 두고 길이 방향으로 수압대패에 밀어 넣어야 나무의 양 끝 부분부터 깎이기 시작해 전체적으로 균일한 두께의 면을 만들 수 있다. 볼록한 면부터 깎기 시작하면 일정한 두께의 부재를 얻기도 힘들고, 최종적으로 얻을 수 있는 부재의 두께도 얇아진다.

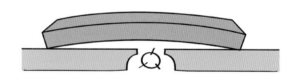

오른쪽 그림처럼 폭의 휨보다는 길이의 휨을 우선시해야 하는데, 평균적으로 폭과 길이는 휘는 방향이 같기 마련이다. 가끔 이와 반대로 휘는 나무도 존재한다. 이렇게 트위스트로 휜 부재를 가공할 때는 길이의 휨을 우선으로 하며 폭의 휨은 길이의 휨을 보면서 최대한 폭의 중심부터 가공되도록 손으로 컨트롤한다. 휨의 방향은 이론에 근거하여 작업하지만 중요한 것은 이러한 이론을 바탕으로 눈으로 직접 휨의 방향을 확인한 후 최초의 작업면을 결정하는 것이다.

대패 가공은 1회에 1mm를 넘기지 않는 것이 좋다. 조금씩 여러 번 반복 작업하여 부재를 가공한다. 한 번에 많은 양을 깎아내면 기계에 부하가 많이 걸려 작업면이 깔끔하지 못하다. 또한 가공열로 인해 부재가 휠 수도 있다.

대패 작업 시 안전을 위해 사진처럼 푸시스틱(p.196 참조)을 반드시 사용해야 한다. 기준면을 가공하는 경우 날과 손의 거리가 매우 가깝기 때문에 푸시스틱은 필수이다. 오래된 주물기계는 안전 커버가 없는 기계도 많다. 안전 커버가 없다면 만들어서라도 설치해야 하며 안전 커버의 작동 유무 또한 수시로 관리해야 한다.

나무가 안전 커버를 밀면서 날 위를 지나가야 대패 작업이 된다. 나무가 끝까지 가공되더라도 커버가 닫힐 때까지 나무를 밀어주는 게 좋다. 이때 스프링의 힘으로 원위치로 돌아와야 할 커버가 그대로 벌어져 있다면, 그냥 지나쳐서는 안 된다. 당장 작업을 멈추고 안전 커버부터 수리해야 함이 옳다.

수압대패 작업은 위험도가 현저하게 낮은 편이다. 하지만 안전수칙을 지키지 않아 다친다면 그 어떤 사고보다 치명적일 수 있다. 안전 커버가 없는 기계 앞에서 작업하다 발이 미끄러져 손을 짚어 사고가 날 수도 있고, 회전하는 날의 영롱함에 빠져 본인도 모르게 손가락으로 만지는 사고도 목격한 적이 있다. 지금은 웃지만 그게 당신이 될 수도 있으니 지킬 건 지키자. "푸시스틱의 생활화!"

자동대패로 3면 잡기

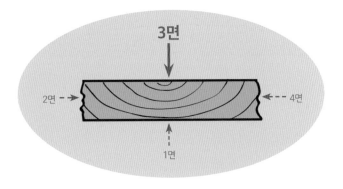

가재단된 부재의 1면을 모두 잡았다면, 자동대패를 이용하여 그와 반대편인 3면을 잡는다. 가공해야 할 부재가 여러 개라면 그중 가장 두꺼운 부재부터 시작한다. 1회에 1mm 이하로 세팅한 후 하나씩 자동대패에 넣어 순차적으로 가공한다. 이를 반복 작업하여 모든 부재를 동일한 두께로 정재단하는 것이 목적이다.

제일 얇은 두께가 완벽하게 가공되기까지 나머지 두꺼운 부재들은 어쩔 수 없이 얇은 두께와 동일하게 가공되어야 한다. 예를 들어 10개의 부재 중 1개가 다른 부재보다 얇다고 해보자. 10개 부재의 두께를 같게 하려면 어떻게 해야 할까? 어느 것을 희생할지 결정해야 한다. 9개의 두꺼운 부재를 얇은 1개의 부재와 동일한 두께가 되도록 깎아낼지, 아니면 1개의 얇은 부재를 버리고 새 것을 준비하여 기준면부터 작업할지 판단은 작업자 몫이다.

전자의 경우 10개의 부재 모두가 얇은 두께를 가지게 될 것이고, 후자의 경우 얇은 부재 한 개는 버려지겠지만 좀 더 두꺼운 부재를 얻을 수 있을 것이다. 결정은 작업 시간 또는 최소 두께 값을 감안하여 내리면 된다.

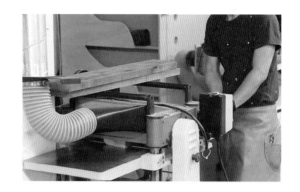

수압대패로 2면 잡기

수압대패의 펜스를 90°로 세팅한 후 나무를 세워서 1면 작업과 동일한 방법으로 2면의 평을 잡는다. 펜스를 90°로 세팅할 때는 디지털 각도 게이지보다 직각자를 사용하는 게 바람직하다. 디지털 각도 게이지 (p.157 참조)는 상대성 원리로 각도를 잡기 때문이다. 즉 최초 90°는 절대성의 성질을 가진 직각자를 사용하는 게 더 정확하다.

2면을 수압대패로 칠 때는 나무의 결 방향을 잘 이해하고 가공 방향을 잡아야 뜯기는 걸 최소화할 수 있다. 수압대패로 최초 1면 가공 후 바로 세워서 2면의 대패 작업을 할 수도 있지만, 이때 엇결이 걸리면 결의 방향을 뒤집어야 하는데 3면이 수평으로 잡혀 있지 않으면 뒤집어 작업할 수 없기 때문에 자동대패로 3면을 먼저 작업하는 것이다.

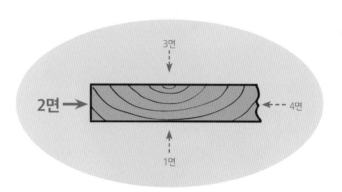

부재를 세워서 작업할 때는 날과 손의 거리가 비교적 멀기 때문에 푸시스틱을 사용하는 것이 오히려 방해가 될 수 있다. 따라서 2면을 작업할 때는 푸시스틱을 사용하지 않고 부재를 가볍게 쥔 상태에서 엄지와 검지로 나무를 민다. 손가락을 편 상태에서 작업하면 또 다시 날과의 거리가 가까워지므로 위험하다. 왼손은 부재가 펜스에 완벽하게 밀착될 수 있도록 가볍게 밀어주고 오른손은 누르는 힘이 아닌 그냥 민다는 느낌으로 작업한다. 물론 많이 깎아야 하는 부분에서는 누르는 힘을 이용하기도 한다. 손의 컨트롤을 이용하는 대패인 만큼 상황에 맞게 손의 힘(수압)을 분배하는 것도 나쁘진 않다.

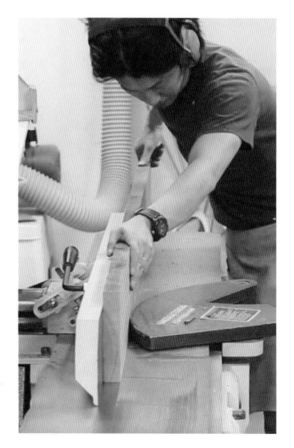

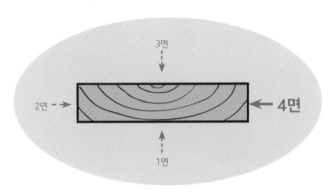

테이블 쏘로 4면 잡기

1면, 2면, 3면까지 가공이 끝났다면 마지막 4면을 잡기 위한 가공은 테이블 쏘를 이용한다. 수압대패로 4면을 가공하는 것은 옳은 방법이 아니다. 2면을 수압 대패로 가공한 후 뒤집어서 4면을 잡는다면 4면의 거친 면은 잡을 수 있겠지만 2면과 수평의 면, 즉 부재의 앞쪽 폭과 뒤쪽 폭이 달라질 수 있다. 그러므로 테이블 쏘의 펜스를 이용해서 정재단 치수로 세팅한 후 2면을 기준면으로 하여 4면을 가공한다. 작업 중에 테이블 쏘의 펜스를 이동하게 되면 이전과 세팅 값이 바뀔 수 있으므로 테이블 쏘를 세팅한 후에는 같은 값을 가져야 하는 모든 부재를 한 번에 작업하도록 한다.

테이블 쏘의 톱날 직각은 사용할 때마다 체크하는 게 좋다. 이때도 직각자를 이용하여 90°를 만드는 게 가장 이상적이다.

테이블 쏘 작업은 완벽한 직각 평면을 만들기에는 다소 아쉬움이 남는다. 특히 테이블 쏘로 커팅한 후에는 나무가 휘는 현상이 생기곤 하는데, 그 요인은 여러 가지가 있을 수 있으니 따져봐야 한다. 톱날과 펜스는 수평 관계를 이루고 있는지, 자르고자 하는 부재의 기준면과 펜스는 밀착되어 있는지, 바닥면과 펜스의 닿는 면은 직각인지, 테이블 쏘 톱날의 마모로 인하여 마찰열이 발생하지는 않았는지 등. 이런 복합적인 요인들이 겹치면 완벽한 직각 평면이 사실상 어렵다고 봐야 한다. 이 오차를 명확하게 이해하고 작업한다면, 절대 평면을 요하는 작업은 아마도 테이블 쏘로 작업한 후 다시 수압대패를 통해 면을 잡아줄 것이다.

지금까지 설명한 가구 제작 실습 작업은 직선 가구든, 곡선 가구든 가구를 만들 때 공통으로 필요한 작업, 즉 부재 준비라 할 수 있다. 가구의 곡선 작업은 지금까지 설명한 작업 이후부터 진행하게 된다. 기초 작업이 탄탄해야 나머지 작업 또한 수월하다.

2강

집성하기

가구를 만드는 작업의 전반적인 흐름은 크게 '재료 선택 → 부재 준비 → 가공 → 샌딩 → 조립 → 마감'으로 구분할 수 있다. 이중 재료 선택은 어떤 나무를 이용하여 작업할 것인지 나무의 수종을 고르는 일이고, 부재 준비는 건축으로 말하자면 기초를 다듬는 일로 가구에 필요한 부재를 준비하는 일이다. 아무리 큰 공방이라도 다양한 수종으로 원하는 폭과 두께의 부재를 모두 확보할 수는 없다. 따라서 작업을 통해 필요한 폭과 두께를 가진 부재를 준비해야 한다. 부재 준비는 일반적으로 나무의 사면을 직각으로 잘 다듬은 상태까지를 가리킨다. 기초가 흔들리면 건물이 쉽게 무너지듯 부재 준비 또한 가구 제작의 기초를 다지는 일이므로 꼼꼼하게 준비해야 할 것이다.

집성은 부재를 필요한 두께나 폭으로 가공하는 작업 방식을 말한다. 마구리면이 포함된 두개 이상의 부재를 하나로 만드는 걸 '조립'이라 하며, 마구리면이 포함되지 않는 면과 면끼리의 접합을 '집성'이라 한다. 따라서 집성은 도미노 또는 비스킷 같은 장부의 요소를 배제하고 작업을 하는데, 이는 장부의 요소로 인해 나무가 수축하는 과정에서 집성 부분이 벌어질 가능성이 높기 때문이다. 즉 나무가 줄어들려고 하는데 길이 방향 또는 딱딱한 본드 덩어리가 버티고 있는 터라 오히려 집성 부위가 벌어지는 결과를 초래하게 된다.

필요한 사이즈의 부재를 집성할 때는 여유 치수로 가재단해야 한다. 집성을 하다 보면 불가항력적으로 턱이 생기기 마련이고, 집성 이후 그 턱을 잡으려면 또 한 번의 가공을 해야 하는데, 이 작업으로 인해 사이즈가 줄어들 수밖에 없기 때문이다. 즉 여유 치수로 가재단한 후 집성해야 집성 이후 정재단된 부재를 얻을 수 있다. 집성은 원하는 폭이나 두께의 부재를 확보하기 위한 작업임을 명심하자.

각재 집성하기

가로×세로 60mm 정사각형의 테이블 다리를 얻기 위한 집성을 한다고 생각해보자. 4/4인치 대패 후 얻을 수 있는 부재의 평균 두께는 22mm이다. 이를 3장 집성하면 60mm 각재를 얻을 수 있다. 또 6/4인치 대패 후 얻을 수 있는 부재의 평균 두께는 28mm이지만 이는 평균 두께이기 때문에 2장을 집성하여 60mm 충분히 만들어낼 수도 있다. 지금부터 그 과정을 따라가 보자.

1 6/4인치 부재 두 개를 본드를 이용하여 붙인 후 클램프로 고정한다. 이렇게 겹쳐 쌓아서 클램핑하면 여러 번 반복해서 클램핑 작업을 할 필요가 없어 시간을 절약할 수 있고, 혹시라도 틀어질 수 있는 부분을 서로 잡아주어 최대한 반듯한 각재를 만들 수 있다.

2 본드가 완전히 건조되면 수압대패로 어긋난 턱을 제거하여 기준면을 잡는다. 클램핑하는 과정에서 접합면은 대개 2mm 미만으로 틀어진다. 이를 수압대패를 이용하여 기준면을 잡는 것이다. 이때 주의할 점은 집성면으로 삐져나온 본드는 끌 또는 대패를 이용하여 미리 제거해야 한다는 것이다. 단단하게 굳은 본드가 자칫 수압대패 날을 손상시킬 수 있다.

3 자동대패를 60mm 두께로 세팅하여 정사각형 부재를 만든다. 자동대패 60mm 세팅 후 수압대패로 잡은 1면을 기준으로 3면, 4면을 번갈아 가공하면, 세팅 값을 변경할 필요 없이 효과적으로 반듯한 정사각형 다리를 만들 수 있다.

60mm 각재를 만들기 위한 또 다른 방법도 생각해볼 수 있다. 130mm 정도의 폭을 가진 부재 여러 개를 두께 60mm 만큼 겹쳐 집성한 다음 테이블 쏘를 이용하여 60mm씩 커팅한다면 하나의 집성된 부재에서 두 개의 다리를 만들어낼 수 있다.

하지만 이 방법은 그리 추천하고 싶지 않으며, 심지어 잘못된 방법이라고 생각한다. 대부분 초보자들이 실수하는 부분이기에 짚고 넘어가도록 하자.

첫째, 완벽한 접합 상태를 확인할 수 없다. 130mm 폭의 부재가 완벽하게 붙었다는 걸 판단하는 방법은 갈라보지 않고서는 확인할 수 없다.

둘째, 테이블 쏘는 완벽한 평면을 만들 수 없다. 때문에 테이블 쏘로 작업한 후에는 또 한 번의 대패 작업이 필요하다. 작업 공정이 늘어나는 것이다.

셋째, 가장 중요한 문제는 안전성에 있다. 자르는 부재가 두꺼울수록 가공열이 많이 발생한다. 이 열로 인해 톱날의 팁(p.164 초경날 참조)이 떨어지면서 큰 사고로 이어질 수 있다. 실제로 회전하는 톱날의 팁이 떨어져 나와 작업자의 이마에 박힌 사건을 본 적이 있는데 생각만 해도 아찔하다.

그러므로 테이블 다리처럼 두께감이 있는 부재로 집성을 해야 할 때는 약 2mm 정도 여유를 두고 가재단한 후 집성하도록 하자. 가급적 테이블 쏘를 거치지 않고 수압대패와 자동대패만을 이용하여 부재를 만드는 방법을 권한다.

판재 집성하기

판재 집성이란 부재를 원하는 폭으로 만드는 작업이다. 길이가 긴 부재의 측면을 수압대패를 이용하여 완벽한 평면으로 만들어야 접합면이 완성된다는 점에서 기본적인 작업에 속하긴 하지만 목공에서 가장 난이도가 높고 스트레스를 많이 받는 작업이라 할 수 있다. 그런 의미에서 판재로 집성할 때 생길 수 있는 문제점을 알아보고 이를 예방할 수 있는 효과적인 방법 또한 찾아보도록 하자.

집성면 결정하기

판재로 집성을 하려면 먼저 부재의 1, 2, 3, 4면을 가공한 후 집성을 위한 부재의 순서를 결정해야 한다. 가령 테이블의 상판을 집성한다고 가정하자. 마구리면의 나이테 방향을 [그림1]처럼 통일하는 방법과 [그림2]처럼 지그재그로 배치하는 방법에 대해 이야기해보고자 한다.

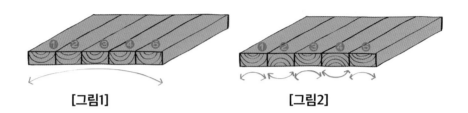

[그림1]   [그림2]

부재를 대패한 후 첫 번째로 확인해야 할 것은 나무의 상태이다. 대패한 후 상태가 좋은 면을 위로 두어 부재를 배열하면 대부분 [그림1]의 형태가 된다. 왜냐하면 나무는 나이테 중심 부분이 밀도가 높아 상대적으로 상태가 좋기 때문이다. 그런데 부재를 이렇게 배열하면 전체적인 휨의 방향이 [그림1]의 화살표 방향으로 진행되어 시간이 흐를수록 상판이 휘어진다. 물론 가구 조립 시 8자 철물을 사용하면 프레임과 테이블 상판을 견고하게 잡아줄 수 있으므로 나무의 휨보다는 나무의 상태에 따라 방향을 결정하는 게 좋다.

부재의 상태가 제각각이라 마구리면의 나이테 방향을 섞어야 한다면, [그림2]처럼 지그재그로 엇갈리게 배열하는 게 좋다. 특히 ❶과 ❺의 방향은 무조건 아래쪽으로 휘는 방향으로 잡아야 한다. 이는 작품의 완성도 때문인데, 잘 만들어진 테이블도 시간이 흐르면 변형으로 인한 휨이 발생하기 때문이다. ❶과 ❺를 반대로 배열한다면 상판이 위쪽으로 휠 것이므로 아래 프레임 모서리에서 벌어지는 상황이 발생한다. 아무리 잘 결합한 테이블이라도 시간이 흐름에 따라 완성도가 떨어진다는 이야기다.

상판의 두께가 프레임의 힘을 넘어설 수 있는 두께, 즉 5/4인치 이상의 판재는 [그림2]의 집성 방식을 최대한 따라가는 편이다. 그 이유는 나무가 휘어 변형되더라도 최대한 수평을 유지시킬 수 있기 때문이다. 그러나 나는 이런 경우에도 나무의 상태를 우선시하여 배열한다. 정답은 없다. 단지 효과적인 방법을 찾아가는 것일 뿐이다.

집성면 잡기

부재의 표면 상태와 휨을 고려하여 집성 순서와 면을 정했다면, 이제 그 순서대로 잘 붙을 수 있게 집성면을 잡아야 한다.

집성면을 잡는다는 건 빛이 통과하지 않을 정도의 정밀함이 필요하다. 빛이 통과하는 집성면으로 판재를 만들었다는 이야기는 물리적 힘을 이용하여 강압적으로 면을 붙여놓았다는 이야기와 같다. 이렇게 집성을 하면 원상태로 복원되려고 하는 스프링백 현상으로 인해 작은 충격에도 본드가 떨어지고 나무 사이가 벌어질 가능성이 매우 높다. 이는 내가 공장에 집성을 맡기지 않는 이유이기도 하다. 공장에서 집성한 판재는 품질을 믿을 수가 없다. 공장은 자연스럽게 면을 붙이는 집성이 아닌 프레스의 힘을 이용하여 강압적으로 부재를 이어 붙이곤 하기 때문이다.

틈이 벌어지지 않게 집성을 하려면 부재가 완전한 직각이자 평면 상태여야 하므로 수압대패의 펜스를 직각으로 세팅해두고 대패를 쳐야 할 것이다. 그러나 사람이 하는 일인지라 직각자를 이용하여 제아무리 정확하게 설정한다 하더라도 그것이 진정한 직각인지는 확신할 수 없다. 정확한 직각이 아니라면 대패 시 부재마다 오차가 생길 텐데, 오차가 있는 부재를 집성한다면 그 오차로 인해 집성한 판재가 휘어버릴 수 있다.

그렇다면 오차 없이 직각을 만들 수 있는 방법은 없을까? 혹은 오차가 생기더라도 이 오차를 극복하고 집성할 방법은 없을까?

나는 수압대패 시 완벽한 직각이 아니어서 오차가 생기더라도 이 오차가 집성에 방해되지 않도록, 오차를 잡는 방법으로 작업을 진행하고 있다. 그것은 집성할 순서대로 부재를 대패 작업한다는 것과, 시작하는 방향을 동일하게 맞춰서 작업하는 것이다. 즉 집성할 순서와 마구리면의 방향을 정했으면 그 순서와 방향을 그대로 지키면서 대패를 하는 것이다(나무를 이동할 때 돌리거나 방향을 바꾸는 일이 없어야 한다는 말이다.). 이 규칙만 지킨다면 어떤 오차든 걱정 없이 자연스럽게 집성할 수 있다. 그림으로 이해해보자.

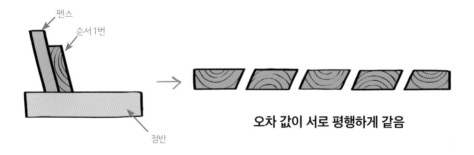

오차 값이 서로 평행하게 같음

위 그림은 집성 시 발생할 수 있는 오차를 잡는 방식을 표현한 것이다. 그림에서 펜스의 각도가 비스듬한 이유는 오차를 극대화해서 보여주기 위함이다. 이 펜스가 직각이라 생각하고 보자.

집성면을 나타낸 그림을 보면 오차 값이 서로 평행하다. 집성할 부재의 순서와 방향을 지키며 대패를 치면 이처럼 오차를 보완해주는 패턴이 만들어지면서 집성면이 완벽한 평에 가까워진다. 한 번 더 강조하지만 아무리 직각자를 이용하여 직각을 맞추더라도 오차가 생길 수 있다. 그리고 부재를 순서대로 면 잡기하면 이 오차를 보완하면서 집성할 수 있다.

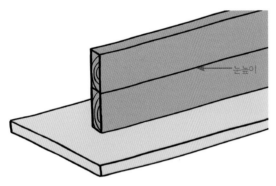

집성면이 빛이 통과되지 않는지 확인할 때는 왼쪽 그림처럼 나무를 세워서 확인하는 것이 좋다. 작업대에 눕히면 작업대의 이물질 등으로 부재가 휘었는지 틈이 벌어졌는지 정확하게 확인하기 힘들기 때문이다. 힘으로 누르지 않고 중력의 힘만으로 서로 맞닿는 부분이 잘 밀착되었는지 확인한다. 이때 빛이 통과되지 않는다면 집성면이 잘 잡힌 것이다.

집성면을 잡을 때는 한 번에 깎을 수 있는 수압대패의 세팅 값을 최소화해야 한다. 수압대패의 세팅 값을 0.7~0.8mm 정도로 하여 작업한다고 해보자. 처음부터 끝까지 일정하게 대패질이 되었다고 했을 때 시작점과 끝점 사이에 발생할 수 있는 오차 범위는 0.7~0.8mm가 될 것이다. 이런 오차를 가지고 있는 두 개의 면을 붙이는 것이니 발생할 수 있는 오차의 최대치는 두 오차의 합인 약 1.6mm 정도일 것이다. 그렇다면 최소 단위인 0.1~0.2mm로 세팅하여 집성면을 잡는다면 어떨까? 작업 시간은 오래 걸리겠지만 오차가 발생해도 최대 0.4mm일 것이다.

수압(手壓) 대패이다. 손의 압력을 이용해 작업하는 기계인 만큼, 대패 작업을 했다고 해서 무조건 '면이 잘 잡힐 것이다'라는 생각은 버리자. 특히 펜스로 밀착하는 왼손과 나무를 미는 오른손의 압력은 최소로 하는 게 좋다. 단지 정반에 잘 밀착될 정도의 컨트롤이면 충분하다.

집성면 클램핑하기

집성면을 완벽하게 잡았다면 이제 본드로 접합할 차례이다. 이때 도미노나 비스켓은 사용하지 않고 본드만을 이용한다. 집성면 사이에 도미노나 비스켓 같은 촉을 넣어 판재의 강도를 높이겠다거나 단차를 맞추겠다고 생각할 수도 있지만, 이는 좋은 방법이 아니다. 그 이유를 4가지로 정리해보자.

첫째, 강도를 보강하기 위한 의미로는 전혀 효과가 없다. 본드가 가지고 있는 강도는 나무가 가지고 있는 강도를 넘어선 지 이미 오래다. 판재가 폭 방향으로 부러진다고 하더라도 집성면이 아닌 다른 곳의 폭이 갈라질 가능성이 매우 높으므로 촉의 유무는 의미가 없다.

둘째, 집성면에 도미노와 같은 길이 방향이 폭의 직각 방향, 즉 수축·팽창 방향으로 버티고 있으면 나무가 수축할 때 도미노 촉이 수축을 가로막는 것이 되므로 오히려 틈이 벌어지는 결과를 초래할 수 있다.

셋째, 턱을 맞추기 위해 도미노나 비스켓을 쓸 경우 오히려 그 오차를 벌릴 가능성이 높다. 도미노 작업이 아무리 잘 되더라도 실수가 있기 마련이며 그 실수로 인한 턱의 오차는 수정하기 어려운 게 사실이다.

마지막으로, 긴 나무는 대패 과정에서 가공열로 인해 휠 가능성이 있는데, 촉을 사용하지 않고 면과 면을 맞대어 집성할 때는 그 휨을 클램핑하면서 잡아갈 수 있는 반면, 촉을 사용하면 이미 가공된 자리가 정해져 있기 때문에 휨을 잡아가면서 집성하는 게 불가능하다.

집성면에 본드를 바를 때는 롤러를 이용하여 빈틈없이 얇게 바른다. 본드의 양은 클램프로 조였을 때 흘러내리지 않을 정도면 된다. 본드가 전혀 삐져나오지 않는다면 본드의 양이 적은 것이므로 접합이 제대로 안 될 수도 있다. 본드의 양이 너무 많으면 집성 후 흘러내린 본드를 제거하기 위해 많은 노력과 시간을 소요해야 한다. 가장 이상적인 본드의 양은 본드가 흘러내리지 않고 작은 물방울 모양으로 골고루 삐져나온 상태이다. 처음 작업할 때는 불안하고 급한 마음에 본드의 양을 많이 잡을 수도 있다. 경험을 통해 자연스럽게 적정량을 잡을 수 있도록 하자.

집성을 위한 본드를 바를 때는 빈틈 없이 얇게 바른다.

작은 물방울 모양으로 고루 삐져나온 본드

집성을 위한 클램핑을 할 때는 왼쪽 또는 오른쪽 끝 면을 시작으로 부재와 부재의 높이를 맞추면서 집성해나가도록 한다. 클램프로 완벽하게 조이기 전에 고무망치 또는 반대쪽 끝의 판재를 들어 올리거나 내리는 방법으로 클램프가 고정되는 범위의 높이를 맞춘다. 다소 훈련이 필요한 방법이긴 하지만 그 완성도는 매우 높다. 이런 방식으로 클램프가 잡고 있는 판재의 높이가 맞았다면 클램프를 고정시

부재와 부재의 높이를 맞추면서 집성해나간다.

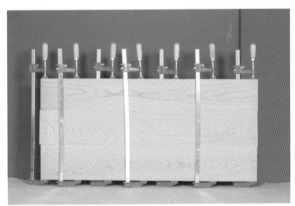

클램프는 집성될 판재를 중심으로 지그재그로 물린다.

집성이 끝나면 판재의 수평이 맞는지 확인한다.

킨 후 반대쪽 방향도 같은 방법으로 높이를 맞춰가며 클램핑 작업을 한다.

집성면의 부재와 부재의 높이를 맞추는 과정에서 대부분 시작 부분과 끝 부분이 단차를 맞추기가 다소 힘이 드는데, C 클램프를 이용하여 시작점의 높이와 끝나는 부분의 높이를 맞추는 것도 좋은 방법이 될 수 있다.

클램프는 집성될 판재를 중심으로 지그재그로 물리는 게 좋다. 클램프의 당기는 힘은 몸통 쪽으로 향하기 때문에 클램프가 부재를 잡아주는 힘을 고르게 하려면 클램프 물리는 방향을 분산시킬 필요가 있는 것이다. 모든 클램핑이 한쪽 방향으로만 되어 있다면 조이는 힘이 몸통 쪽으로 쏠려 본드가 건조되어 클램프를 해제했을 때 판재가 휜 상태로 집성되어 있을 가능성이 높다.

클램프는 최소한의 힘으로 조이는 게 좋다. 집성면이 밀착되어 본드가 삐져나올 정도면 적당하다. 클램프로 강하게 조여야 집성면이 붙는다는 것은 수압대패로 집성면을 잘못 잡았다는 것을 뜻한다. 힘을 빼고 하는 목공이 잘하는 목공이다.

집성이 끝나면 마지막으로 판재의 수평이 맞는지 확인한다. 철자나 수평자를 이용하여 클램프 사이사이 공간마다 수평이 잘 맞는지 확인한다. 이때 수평이 맞지 않는 부분이 있다면 클램프의 위아래 방향을 바꿔준다. 당기는 힘의 방향을 바꾸어 수평을 강제로 잡아주는 것인데, 이는 수압대패로 잡은 집성면이 잘못되었음을 인지하고 보완하는 과정이다.

조립하기

마구리면이 포함되어 있는 두 개 이상의 부재를 하나로 만드는 것을 '조립'이라고 한다. 집성과 조립은 모두 본드 결합을 원칙으로 한다. 본드가 완전히 건조될 때까지 클램프로 밀착하고 고정시키는 것이다.

많은 부재를 조립해야 할 때, 본드가 굳기 시작하는 약 5분 이내에 클램핑을 끝내야 한다는 것은 결코 쉬운 일이 아니다. 따라서 조립 전에 부재들을 잘 나열하고 좀 더 빠르고 효과적으로 조립할 수 있도록 이미지 트레이닝을 통해 시뮬레이션한 후 신속하게 조립한다.

조립을 할 때는 조립되는 요소마다 직각을 체크하면서 클램핑해야 한다. 조립은 가급적 모든 부재를 동시에 조립하는 것이 이상적이다. 각 부재가 가지는 미세한 오차를 어느 한곳에 집중하는 것이 아닌 서로가 나누어 가짐으로써 완성도를 높이는 것이다. 하지만 조립해야 할 부재가 많을 경우 2~3단계로 나누어 조립을 진행할 수밖에 없다. 이런 상황에서는 직각 체크가 필수임을 명심하자.

클램핑을 한 후 직각을 체크한다.

조립을 위한 클램핑이 끝나면 이제는 가구 전체의 직각을 체크해야 한다. 가장 쉽고 확실한 방법은 오른쪽 사진처럼 클램핑한 후 가구의 대각선 길이를 체크하여 맞추는 것이다. 두 대각선의 길이가 같은 값이라면 가구 전체의 직각이 자연스럽게 맞춰졌다고 말할 수 있다. 본드가 굳기 시작하는 5분 이내에 고정된 클램프 이외의 다른 클램프를 이용하여 직각이 맞지 않는 방향으로 벌리거나 조이는 방식으로 최종 직각을 맞추도록 한다. 본드가 완전 건조가 된 후에는 틀어진 직각을 다시 잡을 수 없다. 때문에 조립할 때 반드시 직각 여부를 체크해야 한다. 이는 초보 목수들이 놓치는 가장 많은 실수 중 하나이기도 하다.

클램핑이 끝나면 가구 전체의 직각을 체크한다 .

"목공은
장난과 같다"

class #8
가구 제작의 응용

목공을 배우고 나만의 가구를 만들고자 하는 사람이라면 필히 공부하고 익혀야 할 것이 바로 '설계'다. 설계는 아이디어 스케치가 끝나고 설계 프로그램을 활용하여 도면화하는 작업을 말한다.

설계를 한다는 것은 단순히 사이즈를 정하고 각도를 구하는 것만이 아니다. 도면 과정에서 발생하는 구조의 문제점이나 본격적으로 나무를 자르고 깎는 과정 이전에 경험할 수 있는 이미지 트레이닝과도 같다.

목공은 장기와 같다. 몇 수 앞을 내다볼 수 있는지에 따라 장기 실력이 결정되듯 가구도 어떤 과정부터 진행할지를 예측하고 작업에 임해야 한다. 그런 의미에서 설계는 가구의 완성도를 결정하는 가장 중요한 행위인 것이다.

설계 프로그램은 자신에게 익숙한 툴을 선택하면 된다. 나는 라이노, 백터웍스와 같은 프로그램을 사용하지만 이밖에 캐드, 스케치업 등 다양한 설계 프로그램이 있다. 목공 기술에만 전념할 것이 아니라 설계에도 충분한 시간을 투자해야 한다. 설계가 잘 되면 가구 제작에 들어갔을 때 실수를 최소화할 수 있다.

직선 가구 만들기 1

— 화이트 오크로 소파테이블 만들기

처음에 만들어볼 가구는 난이도가 비교적 낮은 소파테이블이다. 크기가 작은 편이고 조립되는 모든 부분이 직각 형태이기 때문이다. 목공기계 작업은 수직, 수평, 직각에 최적화되어 있기 때문에 소파테이블은 초보자도 쉽게 작업할 수 있을 것이다.

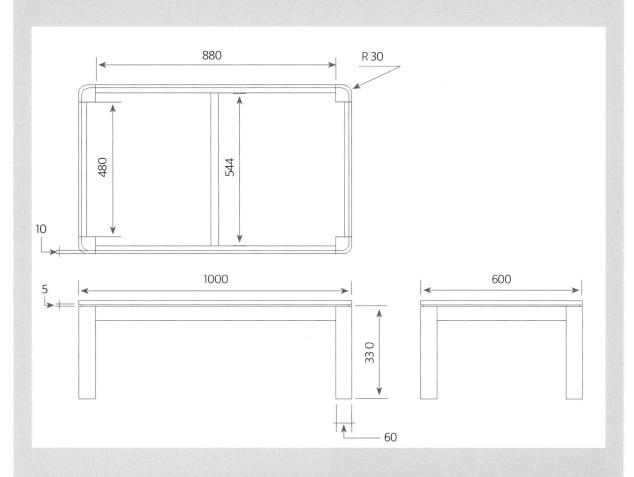

작업은 언제나 좁은 면적에서 넓은 면적 순으로 진행하는 것이 좋다. 테이블에서 가장 면적이 작은 요소는 다리이다. 물론 가구마다 작업 순서가 다를 수도 있지만 테이블은 다리부터 가공하고 위로 올라가면서 부재를 가공하는 게 바람직하다. 왜냐하면 테이블 상판을 먼저 작업했을 경우 다리와 프레임이 가공되고 조립되어 최종적으로 프레임과 상판이 조립되기까지 시간이 많이 지체될 텐데, 그 사이에 분명 상판은 조금씩 휘는 변형이 생길 것이기 때문이다. 반대로 다리와 프레임을 가공하여 조립해두면, 조립된 하부 구조가 이미 서로를 잡아주고 있기 때문에 변형이 일어나지 않으므로, 상판이 만들어지는 시간이 다소 오래 걸려도 아무런 문제가 생기지 않는다. 따라서 테이블을 만들 때는 하부 구조인 다리와 프레임의 부재를 먼저 가공하도록 한다. 작업이 몸에 익고 작업 속도가 빨라지면 상판과 하부 구조를 동시에 작업할 수 있을 것이다.

가재단된 부재들

STEP #1. 재료 준비하고 가재단하기

다리를 예로 들어 가재단하는 방법을 이야기해보자. 사용된 목재 사이즈는 5/4인치 두께에, 폭은 140mm, 가재단 길이는 690mm이다. 이 수치가 어떻게 나왔을까?

5/4인치 대패 후 평균 두께는 28mm이지만 나무의 상태에 따라 30mm의 두께를 얻을 수 있어 두 장의 집성으로 60mm 두께의 부재를 만들 수 있다. 테이블 다리의 정재단 길이는 330mm, 부재 한 덩이에서 두 개의 다리를 만들기 위해 2를 곱하면 660mm이다. 부재의 시작 부분에서 한 컷, 시작 기점에서 330mm 거리에서 한 컷, 남아있는 부재에서 330mm 한 컷 총 3번의 커팅을 할 것이기 때문에 여유 치수 30mm을 두어 690mm 길이로 가재단하면 된다. 그러면 한 개의 부재에서 테이블 다리 두 개를 얻을 수 있다. 사진은 이렇게 계산되어 가재단한 부재이다. 왼쪽에 있는 5/4인치 두께의 부재는 다리와 프레임을 만들 때 사용할 것이며, 오른쪽에 있는 4/4인치 부재는 상판 작업에 사용될 것이다.

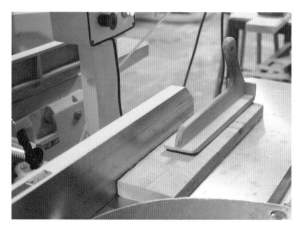

STEP #2. 수압대패로 기준면(1면) 잡기

수압대패로 작업할 때 푸시스틱은 필수이다. 수압대패는 사고 노출이 비교적 적은 기계이지만 자칫 사고가 났을 때는 대형 사고로 이어질 수 있기 때문에 푸시스틱으로 손을 보호해야 한다. 앞서 설명했듯 휘어진 방향을 육안으로 확인하고 나무의 앞뒤 좌우가 정반에 붙는 방향으로 부재를 가공한다. 초보자들은 간혹 수압대패에서의 작업을 가볍게 여기곤 하는데 최초 기준면이 될 작업에 소홀하면, 이후 오차 범위가 점점 더 커져 버리니 여유를 가지고 천천히 작업하는 습관을 들이도록 한다.

STEP #3. 자동대패로 반대면(3면) 평 잡기

수압대패로 기준면을 잡았다면 자동대패를 이용하여 기준면과 평행한 두 번째 면을 잡는다. 사진의 왼쪽 부재는 자동대패로 평면을 잡은 부재이다. 오른쪽 부재 또한 같은 값으로 세팅하여 자동대패로 가공하면 동일한 두께를 가진 매끈한 부재를 얻을 수 있다.

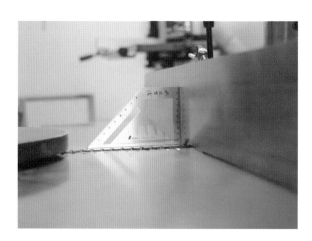

STEP #4. 수압대패로 직각면(2면) 잡기

다음은 수압대패의 펜스를 이용하여 부재 직각면을 잡는 과정이다. 작업에 앞서 펜스의 직각 여부를 체크해야 한다. 최초 기준면을 대패의 정반에 의지하여 잡았다면 직각면은 정반과 펜스의 직각을 이용하여 면을 잡기 때문에 펜스의 직각 여부를 가장 먼저 체크해야 한다(이런 부분을 초보자들이 자주 놓치곤 해서 반복해서 설명한다.).

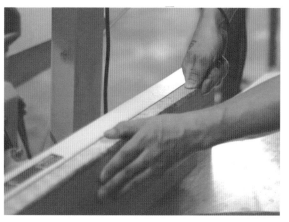

직각 세팅이 끝나면 부재의 오목한 쪽이 정반을 타고 가게 하여 직각면을 잡는다. 이때는 날과 손의 거리가 비교적 안전한 거리이기 때문에 푸시스틱은 사용하지 않는다. 푸시스틱을 사용한다면 오히려 정밀도가 떨어지며 작업에 방해만 될 뿐이다. 오른손은 가볍게 주먹을 쥐고 엄지와 검지로 부재를 밀도록 하고 왼손은 손바닥을 편 상태에서 부재가 펜스로 확실하게 밀착하도록 컨트롤한다. 정반 쪽으로 누르는 힘을 최소화하면서 전진하는 힘만으로 작업하는 것이 이상적이다. 이때 왼손 손가락은 벌어지지 않게 붙여야 사고 예방에 도움이 된다.

STEP #5. 테이블 쏘로 폭 정재단(4면)하기

테이블 쏘 작업 전에 반드시 체크해야 할 부분이 톱날과 정반의 직각 여부이다. 이러한 소소한 세팅이 정밀도를 높여주는 행위임을 명심하자.

직각 여부를 확인했으면 톱날의 높이를 조절한다. 가공해야 할 두께보다 톱날의 팁 사이즈 하나만큼 더 높게 세팅하는 것이 좋다. 톱날이 낮을 경우 톱날을 타고 넘어오는 킥백의 위험성이 높다. 반대로 톱날의 높이가 너무 높으면 노출되는 날이 손과 가까워지면서 사고에 노출될 확률이 높다.

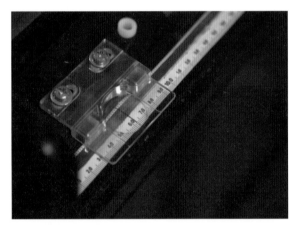

테이블 쏘 작업은 대개 부재의 폭을 정재단하는 작업이다. 사진은 62mm로 세팅한 모습이다. 하지만 보는 각도에 따라 빨간 치수선과 검은 자의 눈금 사이에서 오차가 발생할 수 있다. 따라서 본인의 시선과 각도에 맞는 0점을 찾아 정밀도를 높여야 한다. 나는 일직선 방향으로 똑바로 서서 오른쪽 눈으로 치수선 왼쪽 끝과 자 눈금의 왼쪽을 맞추려고 노력한다. 이렇듯 본인만의 기준이 필요하다. 이후 가재단으로 세팅의 정도를 파악하고 그 오차 값을 적용하면 정재단할 수 있다. 사진의 62mm 세팅은 다리 두께 집성 이후 단차가 생길 수 있어 2mm의 여유 값을 준 것이다. 최종 정재단은 수압대패와 자동대패로 60mm 다리를 만들면 된다.

푸시스틱을 이용하여 안전하게 테이블 쏘 작업을 진행한다.

푸시스틱

푸시스틱은 소모품에 해당하는 지그이다.
푸시스틱은 손대신 자신을 희생하면서 손을 보호해준다. 푸시스틱 사용을 생활화하자.

다음은 상판 부재의 정재단이다. 특이한 점은 상판 부재와 같은 넓은 판재는 푸시스틱을 사용하지 않는다는 것이다. 그 기준을 나는 톱날 옆 빨강 부분인 제로 인서트를 기준으로 한다. 펜스가 제로 인서트 내에 세팅됐다면 푸시스틱을 사용하고, 제로 인서트 밖에 세팅되어 비교적 넓은 면적이라면 손의 컨트롤만을 이용하여 작업하는 것이다. 경험상 그것이 안전하고 정밀도도 높았다. 손 모양을 보자. 엄지손가락으로 부재를 밀고, 나머지 4개의 손가락은 부재가 들뜨지 않게 눌러주는 역할을 한다. 손 전체는 부재가 펜스에 밀착될 정도의 힘을 주어 부재가 펜스에 완벽하게 붙은 상태로 진행되게 한다.

이런 방법으로 '수압대패 → 자동대패 → 수압대패 → 테이블 쏘'라는 4단계를 거쳐 길이를 제외한 부재의 4면을 가공하여 테이블 다리와 상판이 될 모든 부재의 면을 잡는다.

STEP #6. 상판 순서 정하기

이제 상판을 집성할 차례이다. 그 전에 나뭇결의 상태에 따라 상판의 배열 작업을 해야 한다. 3개의 상판 부재가 하나로 집성됐을 때 가장 멋진 결이 되도록 본인의 취향껏 배열한다.

배열을 한 후에 뒤섞이지 않도록 번호나 기호 등을 이용하여 순서를 표시해둔다. 앞에서도 말했지만 이는 집성면의 완성도를 높이기 위해 수압대패 작업 전 반드시 해야 할 수칙이다.

STEP #7. 집성면 잡기(상판)

전 단계에서 배열한 순서대로 수압대패에서 집성면 잡기를 한다. 집성면을 잡기 위해 첫 번째 세팅해야 하는 것은 가공 높이이다. 이때 펜스의 직각 또한 완벽하게 세팅되어 있어야 한다. 참고로 거친 면을 잡을 때의 가공 높이가 약 0.7~0.8mm 정도였다면, 집성면을 잡기 위한 세팅은 약 0.2 mm 정도가 적당하다. 이후 펜스에 부재를 완벽히 밀착한 상태에서 처음부터 끝까지 일정한 속도로 가공한다. 이때 누르는 힘을 최대한 빼고 앞으로 전진하는 힘만을 이용하여 작업한다.

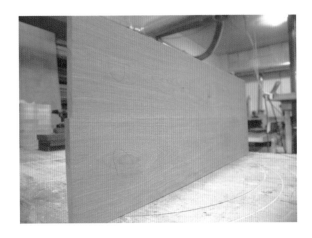

집성면이 제대로 잡혔는지 확인해보자. 부재를 세워 집성면을 맞대어 보는 것이다. 작업대 위에 놓고 확인하는 이유는 작업대의 수평, 이물질 등의 방해로 정확한 측정이 불가능할 수 있기 때문이다. 이렇게 측정했을 때 두개의 집성면 사이로 빛이 들어오지 않을 정도로 밀착될 때까지 집성면을 잡아야 한다.

STEP #8. 집성을 위한 클램핑하기(상판)
이후 롤러를 이용하여 집성면에 본드를 바른 후 집성면의 턱을 맞춰가면서 클램핑해주면 집성이 완료된다. 클램프는 집성에 적합한 F형 클램프를 사용하며 클램핑 힘을 고르게 분산시키기 위해 윗면, 아래면 지그재그로 클램핑하는 것이 포인트다.

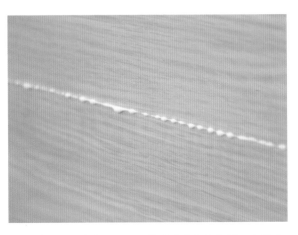

집성면으로 삐져나온 본드는 흘러내리지 않을 정도가 좋다. 삐져나온 본드가 전혀 없을 땐 집성 상태가 불안해질 수 있고, 흘러내릴 정도의 많은 양이라면 지저분해진 본드를 제거하기 어려울 수 있다. 본드의 양을 조절하는 방법은 경험밖에 없다. 여러 개의 작품을 만들어보면서 목공 실력이 늘다 보면 자연스럽게 익히게 된다..

STEP #9. 각재 집성하기 : 테이블 다리 만들기
다음은 테이블 다리가 될 각재를 집성한다. 상판 부재를 집성하는 방법과 마찬가지로 롤러로 서로 붙는 면에 본드를 바른다. 본드의 양은 최대한 얇고 빈틈없이 발라주도록 한다.

두께 집성에 사용하는 클램프는 패러럴 클램프가 좋다. F형 클램프보다 잡아주는 면적이 넓어 효과적이며 압착 능력도 다른 클램프보다 커서 각재 집성에 적합하다.

두 개의 부재를 한 쌍으로 하여 본드를 발라 붙인 후, 두 쌍이 부재를 겹쳐 클램핑해주면 된다. 즉 두 쌍이 부재 중간에는 본드가 없는 상태다. 집성된 부재를 보면 미세한 단차가 보이는데, 이는 여유치수 2mm보다 적은 단차이기 때문에 신경 쓰지 않아도 된다. 집성이 끝난 후 수압대패와 자동대패로 면을 다듬으면 되기 때문이다. 이렇게 해서 테이블 다리가 될 각재 집성이 끝났다.

판재 및 부재의 집성은 온도와 습도에 따라 차이가 있지만 대략 40분 정도면 건조가 끝난다. 하지만 아직 나무 속 깊이 본드가 완전 건조된 상태가 아니기 때문에 무리하게 충격을 주는 작업은 피하도록 한다. 이때쯤 밖으로 삐져나온 본드를 제거하기 좋은 상태가 만들어진다. 끌로 살짝 긁어내면 기분 좋게 본드가 제거된다. 이때를 넘기면 본드가 딱딱하게 굳어져 제거하기가 제법 까다롭다.

본드 제거 후 집성할 때 생긴 미세한 단차는 대패를 이용하여 평을 잡는다. 잘된 집성면은 대패 작업이 수월하다. 여기까지 작업한 후, 상판으로 집성한 것은 테이블 프레임이 조립될 때까지 대기 상태로 들어간다. 그 이유는 프레임 조립 여부에 따른 오차로 인해 상판 사이즈가 미세하게 달라질 수 있기 때문이다. 작업의 완성도를 위해 어떤 작업이 우선시되어야 하는지를 잘 파악하고 작업할 필요가 있다.

STEP #10. 다리 정재단하기 : 정사각형 각재 만들기

테이블 다리를 집성했다면 앞선 작업과 동일하게 대패나 끌을 이용하여 본드를 완벽하게 제거한 후 수압대패를 이용하여 면 잡기(1면)를 시작한다. 이때 본드를 완벽하게 제거하지 않은 상태에서 대패 작업을 한다면 대팻날이 손상될 가능성이 높다. 완전 건조된 딱딱한 본드는 고속으로 회전하는 대팻날을 손상시킬 만큼 단단하기 때문이다.

사람들이 오해하는 것 중에 하나가 집성할 때의 부재 상태를 잘못 이해하는 것이다. 우리가 테이블 다리를 만들 목적으로 판재 두 개를 붙여 집성하는 이유는 그만큼 두꺼운 나무를 확보하기 힘들기 때문이다. 즉 테이블 다리를 만들 만큼 두꺼운 부재를 만들기 위한 작업이므로 모든 사이즈에 여유를 두어 가재단해야 한다. 이를 이해하지 못하고 처음부터 정재단한 상태에서 집성해버리면 결국 사이즈가 작아질 수밖에 없다.

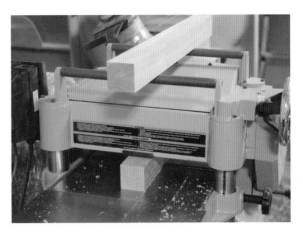

집성된 테이블 다리의 본드 제거 작업이 끝나면, 수압대패를 이용하여 면 잡기(1면)를 시작한다.

기준면을 잡는 작업과 동일한 과정으로 집성된 각재의 면을 잡은 후 자동대패로 기준면과 마주하는 면(3면)을 잡는다. 그런 다음 같은 값으로 기준면과 직각이 되는 면을 가공한다. 이런 정재단 과정을 거치면 60mm 정사각형 다리가 완성된다.

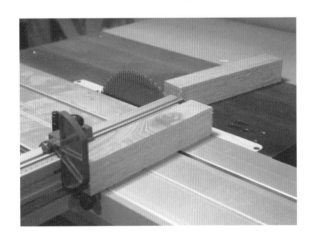

STEP #11. 길이 정재단하기

완벽한 직각으로 이루어진 테이블의 다리는 슬라이딩 테이블 쏘을 이용하여 길이 정재단 작업에 들어간다.

이어서 프레임 정재단까지 테이블 쏘로 같이 진행한다. 지금 작업했던 작업 방식을 복기해보면, 가재단이면 가재단, 대패 작업이면 대패만, 집성이면 집성만, 필요한 모든 부재를 같이 가공한다는 것을 알 수 있다. 지금하고 있는 길이 정재단 역시 길이 정재단이 필요한 모든 부재를 같이 가공한다. 이렇게 작업하는 이유는 작업 중 생길 수 있는 오차를 줄이고 집중도를 높이기 위한 하나의 방법론 또는 작업 스타일이다.

다리와 프레임을 정재단한 모습이다. 자세히 보면 잘려나간 끝부분에 나무 보푸라기가 일어난 것을 확인할 수 있는데, 이는 날의 상태가 좋지 않다는 신호이므로 교체해주도록 한다. 정재단된 부재의 보푸라기는 샌딩으로 가볍게 제거한다. 톱날의 관리는 송진 제거제를 이용한 톱날 청소, 날 연마, 교체 등의 방법이 있다.

STEP #12. 도미노를 이용하여 장부 촉 가공하기
모든 부재가 준비되었다면 이제 조립을 할 차례다. 우리는 조립을 위해 장부 역할을 하는 도미노를 이용할 것이다. 도미노 사용을 위한 세팅에 대해 알아보자.

먼저 높이 세팅을 해야 한다. 장부 촉 역할을 하는 도미노 칩이 어느 부분에 들어가야 조립이 될지를 파악해야 하는데 이때 기준이 되는 곳은 두 부재 중 얇은 부재의 중심이 기준이다. 지금 만드는 테이블을 예로 들자면 프레임과 다리의 결합에서, 다리 두께는 60mm이고, 프레임 두께는 30mm이므로 얇은 쪽인 프레임 두께 30mm가 기준이 된다. 사진을 보면 28에 세팅되어 있다. 원하는 30mm에 가장 근사치이다. 도미노 파트에서 언급했듯 근사치로 세팅해도 다리와 프레임 모두 같은 높이로 작업되기 때문에 조립에 있어서는 아무런 문제가 없다. 단지 기준이 되는 프레임 두께의 센터보다 1mm 오차를 두고 작업되는 것일 뿐이다.

다음으로 세팅할 것은 장부 홈의 깊이를 설정하는 것이다. 이번 작업에 사용될 도미노 칩의 길이는 50mm. 프레임과 다리 양쪽으로 반반씩 삽입될 것이므로 깊이 세팅 값은 절반인 25가 된다.

도미노 칩의 폭을 세팅하는 장치다. 3가지 종류의 폭 중 가장 넓은 폭인 33mm로 세팅한다. 도미노 칩의 폭은 프레임과 다리가 연결될 폭의 크기를 계산하면 된다. 지금 만드는 테이블은 60mm 프레임 폭에 33mm 폭의 도미노 칩이 중심에 들어가면, 프레임 양쪽으로 13mm씩 남는다. 장부 폭은 넓을수록 좋지만 장부 둘레의 남아있는 여백도 생각해야 한다. 촉이 아무리 크고 튼튼해도 장부 홈의 버티는 능력, 즉 남아있는 둘레가 얇아 촉을 받아주지 못한다면 큰 촉은 의미가 없다. 때문에 촉의 비율을 결정할 때는 장부 홈과 둘레의 크기 여부도 충분히 검토해야 한다. 장부 홈 둘레에 13mm 정도의 여백이라면 충분하다고 판단된다. 5mm 이하로 내려가면 장부의 힘이 약해지는 문제가 발생될 수 있다.

마지막으로 치수선과 직각, 손잡이를 담당하는 펜스를 세팅한다. 우리가 지금 작업해야 할 곳은 직각으로 된 부재이기 때문에 90°로 세팅하면 된다. 참고로 날은 10mm가 장착되어 있다. 여기까지가 작업을 위한 도미노 세팅이다.

다음은 가공해야 할 부재를 세팅할 차례다. 이 작업은 작업자마다 기준을 표시하는 스타일이 다르다. 가공해야 할 위치를 표시한 다음 그 표시선을 센터에 두고 가공하는 방법이 대부분이지만, 나는 도미노에 달려있는 치수선을 최대한 활용하는 편이다. 이 방법으로 작업하려면 사진처럼 부재에 방향을 표시하는 것이 중요하다. 사진의 표시를 자세히 보자. 삼각형의 뾰족한 부분은 부재의 바깥쪽을 의미하며, 표시된 면이 위로 올라가는 것이다.

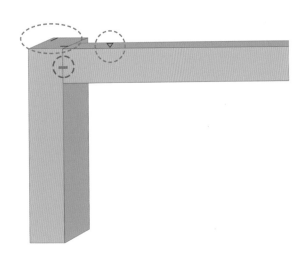

왜냐하면 도미노의 기준면은 외각면을 중심으로 하기 때문에 지금 필요한 것은 어느 면이 외각이며 위로 올라가는 방향이 어디인지를 알 수 있으면 되기 때문이다. 오른쪽 그림을 보면 빨간색 표식이 도미노가 들어갈 위치이며 파란색의 표식이 부재의 외각 윗면을 나타낸다.

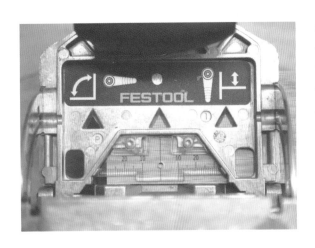

다음은 치수선을 활용한다. 도미노 치수선을 보면 센터를 중심으로 좌우 방향으로 35mm까지 치수선이 표시되어 있다. 우리가 가공해야 부재는 폭이 60mm이기 때문에 그 중심은 30mm가 된다. 자, 그럼 사진을 자세히 보자. 왼쪽 모서리 부분에 도미노 치수선의 30mm가 위치해 있는 것을 확인할 수 있다. 즉 외각에서부터 30mm 위치에 센터가 잡혀 있는 것이다(적어도 35mm까지의 치수라면 부재에 별도의 표시를 하지 않더라도 치수선을 사용하여 쉽게 위치를 잡을 수 있다.). 또 사진처럼 왼쪽 모서리가 기준이 되는 이유는 앞서 말했지만 부재에 표시해둔 삼각형 모양이 지금의 왼쪽을 기준선이라 표시해주기 때문이다.

도미노 세팅이 끝나고 위치 또한 잘 잡았다면 이제 가공을 하면 된다. 도미노는 전동공구로 회전 진동이 발생하기 때문에 정밀한 가공을 위해서는 부재를 튼튼하게 고정시켜야 한다.

다리와 조립되는 프레임 도미노 작업이 끝난 모습이다. 여기까지는 다소 난이도가 낮은 작업에 속하므로 큰 어려움 없이 진행할 수 있을 것이다.

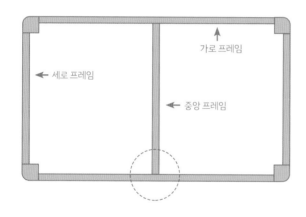

이제부터 해야 할 작업은 도미노 작업 중 다소 까다로운 작업이다. 중앙 보강 프레임을 조립하기 위한 작업으로 세로 프레임은 앞의 과정과 동일한 방법으로 진행하면 되지만 중앙 보강 프레임은 부재의 끝 부분이 아닌 부재의 중간에서 가공해야 하기 때문에 작업이 까다로울 수밖에 없다.

이 작업을 하려면 기준이 되는 가상선이 필요하다. 사진의 직선은 도미노가 수평으로 세팅되어야 하는 기준선이다. 수직선 중앙 센터 표시를 기준으로 작업이 진행될 것이다.

먼저 도미노 펜스를 0°로 맞추고 도미노를 세워서 작업한다. 이때 도미노의 센터 표시선은 바닥면에 있는 표시선을 활용해야 한다.

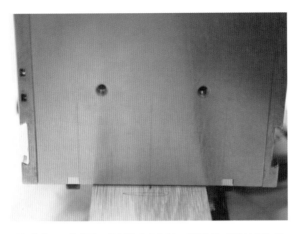

부재에 표시해둔 기준선과 도미노 바닥을 일치시킨 후 위에서 아래로 누르면서 도미노 작업을 진행하면 되는데, 이때 도미노가 흔들리지 않게 하는 것이 중요하다. 부재의 기준선에 자를 고정시키거나 지그 등을 이용하여 턱을 만들어 작업한다면 좀 더 흔들림 없이 작업할 수 있을 것이다.

작업의 결과물이다. 참고로 부재에 표시한 기준선과 도미노 작업이 완료된 장부의 센터와의 거리는 10mm다. 이 말은 장부가 가공되어야 할 위치에서 10mm 간격을 띄운 곳에 표시선이 위치해야 정확히 중앙에 프레임을 고정시킬 수 있다는 의미이다. 다른 말로 하자면 도미노 바닥면의 경계에서 도미노 날 센터까지의 거리가 10mm라는 것이다. 이 값은 절대 변하지 않는 고정 값이므로 감안하여 계산하자. 도미노의 펜스는 높이 조절은 되지만 몸통이 되는 바닥면은 이동되지 않는다.

STEP #13. 모든 부재 샌딩하기

다리와 프레임이 될 부재가 준비되었다면 이제 조립만 하면 되는데 그 전에 해야 할 작업이 있다. 샌딩이다. 샌딩은 1차, 2차, 필요하면 3차까지 나누어 진행한다. 조립 전에 샌딩을 하는 이유는 조립 후에 생기는 턱 깊은 곳은 샌딩하기 힘들기 때문이다. 또한 조립되기 전 상태가 샌딩하기 수월하고 편하기 때문이다. 다만 다리와 프레임이 조립되어 직접 맞닿는 부분은 샌딩을 최소화해야 한다. 샌딩은 말 그대로 표면을 갈아내는 작업이다. 즉 톱날 자국 등 가공 흔적을 없애주는 작업으로 거친 표면을 매끈하게 하는 것이다. 완벽하게 가공되었다고 생각했는데, 조립 후 틈이 생기고 벌어진다면 그 원인은 샌딩일 가능성이 있다.

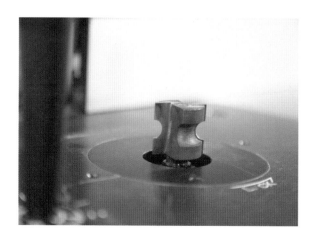

STEP #14. 도미노 칩 만들기

도미노 칩은 라우터 테이블에서 10mm 반원 비트를 이용하여 제작한다.

폭 33mm, 두께 10mm, 길이 약 400mm 부재를 만든 후 반원 비트를 이용하여 측면을 라운드 가공하면 도미노 칩이 완성된다. 이때 주의해야 할 것은 라우터 테이블 세팅인데 사진처럼 라우터 비트는 가공할 영역 이외는 펜스 사이로 숨어 들어가야 한다. 즉 펜스와 반원 비트의 라운드 끝부분을 일치시키는 것이다. 이렇게 세팅하는 이유는 준비한 부재의 폭 33mm는 변함이 없는 채 오로지 라운드로만 가공되어야 하기 때문이다.

도미노 칩을 만든 후 잘 맞는지 테스트를 해본다. 이제는 길이에 맞게 잘라서 사용하면 된다.

도미노 칩을 알맞은 길이로 재단하는 방법에는 테이블 쏘의 마이터 게이지를 이용하는 방법과 밴드 쏘를 이용하여 작업하는 방법이 있다. 나는 주로 테이블 쏘를 이용하여 작업하는 편이다. 하지만 이 경우 부재와 날의 거리가 가깝기 때문에 각별히 주의해야 한다. 안전사고 면에서 보면 밴드 쏘로 작업하는 것이 안전하지만 작업 결과물은 테이블 쏘가 더 깔끔하고 정확하다. 필요한 도미노 칩의 길이는 50mm지만 재단되어 나온 최종 칩 길이는 48~49mm로 한다. 혹 칩이 길어서 조립이 불가한 경우가 생기는 것보다 1mm 정도 여유를 두고 작업하는 게 더 이상적이다. 빈 공간은 본드가 채워줄 것이니 재단 시 조금 작게 제작하도록 한다.

STEP #15. 조립하기

조립에 필요한 부재와 재료를 준비한다. 도미노 칩, 본드, 붓 등이 그것이다. 본드가 완전 건조되는 시간은 약 40~60분 정도이지만, 본드가 굳기 시작하는 시간은 본드를 바른 직후부터 5분이다. 이 5분 이내에 조립하고 클램핑을 완료해야 한다. 따라서 본드를 바르기 전에 이미지 트레이닝을 통해 조립 순서를 기억해놓고 부재가 바뀌지 않도록 잘 계획하여 조립하도록 한다.

현대 목공에서 도미노를 이용한 짜맞춤의 기본은 나무가 서로 접합되는 모든 곳에 본드를 발라야 한다는 것이다. 한쪽 면뿐만 아니라 맞붙는 면 또한 본드를 발라야 견고함을 만들어낼 수 있다.

말했듯이 조립은 5분 이내에 신속하게 한다. 경험상 가장 빠르고 효과적인 방법은 블럭을 쌓아 올리는 느낌으로 조립했을 때가 가장 효과적이었다. 사진에 보는 것과 같이 다리와 프레임을 연결하여 클램핑한 후 세로 프레임을 쌓아올리듯 조립하고 마지막으로 반대쪽 다리와 프레임을 쌓아올리는 식으로 작업한다면 시간을 단축시킬 수 있다. 장부에 본드, 붓질, 도미노, 프레임, 그리고 다음 장부에 본드, 붓질, 도미노, 프레임 이렇게 따로따로 작업하면 효율이 떨어진다. 효과적인 방법은 본드, 본드, 본드, 붓질, 붓질, 붓질, 도미노, 도미노, 도미노, 프레임, 프레임, 프레임… 이런 식으로 한꺼번에 하나의 작업을 진행하는 것이다. 이 또한 해보면 이해할 수 있다.

조립이 끝나고 클램핑한 모습이다. 클램핑의 목적은 본드가 완전히 건조될 때까지 조립되는 부재를 견고하게 고정시키는 것이다. 무조건 강한 힘으로 잡아두라는 이야기가 아니다. 적은 힘으로 부재를 빈틈없이 잡아줄 수 있어야 잘된 목공이라 할 수 있다. 만약 무리한 힘을 주어 클램핑해야 조립된다면 그건 억지와 과한 힘으로 완성된 작업이기 때문에 결코 잘 조립되었다고 말할 수 없다. 힘을 빼는 목공이 잘하는 목공이다.

조립 후 클램핑이 끝나면 직각이 잘 맞는지 체크해야 한다. 직각이 맞지 않다면 클램프를 추가해 직각을 맞추는 작업을 더 해야 한다. 이 또한 조립 시작부터 5분 이내에 끝나야 함은 물론이다.

다리와 프레임의 직각뿐만 아니라 가구 전체의 직각도 체크해야 하는데, 이때는 줄자를 이용하여 다리와 다리 사이의 대각선 길이를 체크하면 된다. 양쪽의 대각선 길이가 정확히 일치한다면 전체 각도가 맞았다고 할 수 있다. 만약 오차가 있다면 양쪽 길이의 오차만큼 클램프로 조이거나 밀어서 그 값을 맞추는 과정이 필요하다.

STEP #16. 45° 보강 프레임 넣기

본드가 완벽하게 건조된 다음에는, 무조건 45° 보강 프레임 작업을 해야 한다. 이 구조가 완성되지 않으면 나는 절대 다음 작업으로 넘어가지 않는다. 그만큼 하부 구조의 완성은 보강 프레임까지 진행되어야 견고함이 보장된다. 그럼 보강 프레임 작업 과정을 알아보자.

45° 보강 프레임은 각도 절단기를 이용하여 만든다. 작업 시간도 빠르고 다른 부재와 달리 정밀도가 다소 떨어져도 괜찮기 때문이다. 물론 테이블 쏘를 이용하여 자르면 좀 더 정확하게 45°로 자를 수 있겠지만 각도 절단기도 충분하다. 먼저 각도 절단기 각도를 45°로 세팅한다.

부재의 폭은 테이블 프레임 폭인 60mm보다 작은 55mm로 작업한다. 프레임보다 폭이 넓으면 밖으로 노출되어 보기가 싫기 때문이다. 또 너무 작으면 보강하는 힘이 떨어져 제 역할을 못한다. 최대한 넓게, 하지만 튀어나오지 않게 준비하면 된다. 이후 각도 절단기로 가공하면 되는데 사진에서 보듯 긴 부재를 잘라 사용할 수 있도록 절단해야 한다. 그 이유는 안전상의 문제인데, 비교적 짧은 부재를 넣고 작업한다면 부재를 잡는 손과 톱날의 거리가 가까워서 사고가 날 위험이 크기 때문이다.

부재를 만들었으면 이제 나사못이 들어갈 머리 자리를 만든다. 말 그대로 나사못이 박혔을 때 나무속으로 나사못 머리까지 들어갈 수 있는 공간을 만드는 것이다. 나사못도 숨기고 나사못이 고정되는 자리도 확보하기 위해서이다. 작업은 드릴 프레스를 이용한다. 절단된 45° 면을 바닥으로 놓고 드릴링을 하면 바닥면에서 직각으로 나사길을 낼 수 있다. 드릴 프레스의 장점은 완벽한 직각으로 드릴링할 수 있다는 것이다.

나사못 자리가 만들어졌다면, 본드를 발라 프레임에 위치시킨 후 본드가 완전 건조될 때까지 클램프로 고정한다.

본드가 완전 건조되면 3mm 드릴로 나사못 길을 낸 다음 나사못으로 고정시킨다.

보강 프레임으로 45° 보강 구조까지 완성했다면 이제는 조립 시 발생한 턱을 대패로 잡아주면 된다.

STEP #17. 상판 결합을 위한 8자 철물 끼우기

프레임은 수축·팽창이 없는 길이 방향의 구조이다. 반면 그 위에 얹힐 상판은 수축·팽창이 진행되는 폭 방향으로 집성되었다. 이 둘을 잘 결합하기 위해 8자 철물로 조립한다. 가구에 8자 철물이 어느 곳에 몇 개가 들어가야 하는지 이야기해보자. 일단 프레임 가장 끝 모서리 부분인 다리에 8자 철물이 위치해 있다. 다음 8자 철물은 약 300mm 정도의 간격으로 하나씩 추가해주면 되는데, 이때 수축·팽창 방향으로 직각이 되는 곳에는 꼭 위치시키도록 한다. 그 이유는 수축·팽창을 확실하게 잡아줄 수 있는 각도이기 때문이다. 이번 작업에는 총 9개의 8자 철물이 들어갔다.

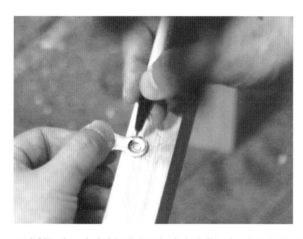

8자 철물의 고정 방법을 알아보자. 먼저 위치를 잡은 후 8자 철물이 삽입될 센터를 표시한다. 이후 드릴 비트로 8자 철물이 완벽하게 삽입될 수 있는 사이즈와 깊이로 드릴링한다. 8자 철물이 프레임보다 튀어나오지 않게 드릴링하는 것이 중요하다. 만약 깊이가 맞지 않아 8자 철물이 프레임 위로 튀어나온다면 상판 조립 시 틈이 생기게 된다. 가급적 1mm 정도 깊게 드릴링하여 8자 철물이 완벽하게 삽입되도록 한다. 깊게 드릴링된 것은 문제가 되지 않는다. 8자 철물은 연철로 되어 있어 고정 시 벌어진 깊이만큼 휘어서 고정되기 때문이다.

드릴링이 끝나면 끌을 이용하여 8자 철물 모양보다 조금 더 여유 있게 다듬어준다. 8자 철물이 나무의 수축·팽창이 일어날 때 미세하게 움직일 수 있는 공간을 만들어주는 것이다.

8자 철물이 다리에 고정된 모습이다.

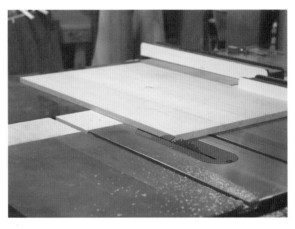

STEP #18. 상판 가공하기

이제 상판을 가공하도록 한다. 앞서 집성이 끝난 상판은 양쪽 기준면이 잡혀있지 않기 때문에 먼저 기준면이 될 한쪽 면을 슬라이딩 테이블 쏘를 이용하여 재단한 다음 반대쪽 길이 방향으로 정재단한다. 상판 정재단 사이즈를 결정할 때 설계한 도면을 기초로 하면 낭패를 볼 수 있다. 그 이유는 프레임과 다리가 가공되어 조립되는 과정에서 오차가 발생할 수 있기 때문이다. 따라서 완성된 프레임을 실측하여 상판의 정재단 값을 구한 후 작업해야 한다.

테이블 쏘를 이용하여 상판의 폭 정재단을 완료한다. 이미 수압대패로 한쪽 기준면이 잡혀 있는 상태이기 때문에 바로 테이블 쏘로 정재단하면 된다.

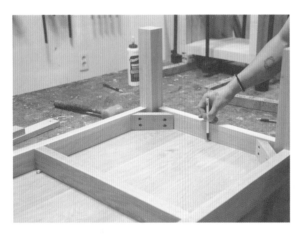

STEP #19. 상판과 프레임 조립하기

정재단된 상판과 프레임을 조립하기 위해 먼저 상판을 뒤집어서 작업대 위에 올려놓고 그 위로 프레임을 일치시킨다. 8자 철물이 조립될 자리를 상판에 표시해둔 후 프레임을 내려놓고 3mm 드릴로 상판에 나사못 길을 내어주도록 한다.

다시 상판 위로 프레임을 올린 후 나사못을 이용하여 프레임과 상판을 고정시킨다. 나사못은 20mm 길이를 이용하는데 만약 8자 철물 두께가 없었다면 분명 나사못은 상판을 관통시켰을 것이다. 하지만 8자 철물의 두께 때문에 20mm 상판에 20mm 나사못을 사용할 수 있다.

1차 조립이 완료되었다. 단차가 있는 곳은 대패를 이용하여 다듬어준다.

라우터를 이용하여 각진 부분을 부드럽게 라운드 가공해줄 것이다. 라운드 값이 30mm인 비트를 장착한다.

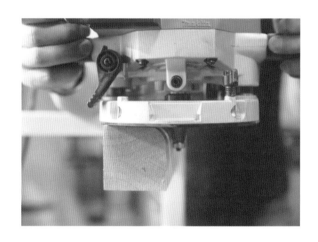

비트의 베어링이 부재 측면을 타고 가면서 각진 모서리를 라운드로 만들어준다. 이쯤에서 질문이 생길 수 있는데, 프레임과 다리를 조립하기 전에, 즉 다리가 정재단된 상태에서 라운드 작업을 해두면 좀 더 수월하지 않을까라는 것이다. 그것도 괜찮은 방법이지만 라운드 작업이 먼저 진행된 부재는 조립할 때 모서리가 라운드져 있어 클램핑이 완벽하게 진행되지 않을 수 있다. 물론 강한 힘으로 클램핑하여 조립할 수는 있겠지만 좀 더 견고한 조립을 위해 조립 후에 라운드 가공을 하는 것이다. 이는 작업자마다 스타일이 다를 뿐 순서에 정답이 있는 것은 아니다.

다음은 라우터 라베팅 비트를 이용하여 상판에 턱을 만들어주는 작업이다. 라운드 가공이 끝난 후 상판과 프레임을 다시 분리하고 이후 상판 밑 부분에 턱 작업을 진행한다. 라베팅 비트는 베어링 사이즈와 비트 사이즈의 단차를 이용하여 턱을 만들어주는 비트다. 사이즈가 다른 베어링을 교체하여 원하는 깊이의 턱을 만들 수 있다.

작업이 끝나고 상판에 올려보면 다리와 프레임 사이에 5mm의 턱이 생겼음을 확인할 수 있다. 이 작업은 상판에 턱을 내어 효과를 주는 방법과 프레임에 턱을 내어 효과를 내는 두 가지 방법이 있다. 취향껏 선택하면 된다. 상판과 프레임을 다시 조립할 때는 이미 나사못 자리가 있기 때문에 정확한 위치를 찾아갈 수 있다.

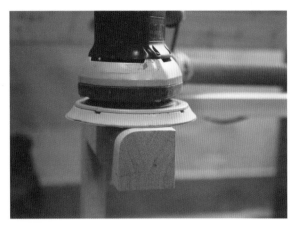

STEP #20. 2차 샌딩하기

부재가 조립되기 직전에 2차 샌딩을 한다. 라운드 작업을 할 때 비트의 회전으로 나무 탄 자국이 있을 수도 있고 턱을 맞추기 위해 대패질한 부분에 대패 자국이 생겼을 수 있다. 이를 없애는 작업이다. 이미 1차 샌딩이 되어 있기 때문에 필요한 곳만 부분적으로 샌딩하면 된다.

다음으로 상판을 샌딩한다. 상판 샌딩은 다소 오래 걸리는 작업이니 인내를 가지고 하도록 한다. 상판은 테이블에서 가장 먼저 드러나는 부분이므로 꼼꼼하게 작업하는 것이 좋다.

STEP #21. 오일 바르기

가구 제작의 마지막 단계는 오일 바르기이다. 오일 작업은 최소 3회 이상 작업이 이루어져야 비로소 도막이 생기고 오래가는 가구가 될 수 있다. 오일을 바를 때는 눈에 잘 안 띄는 밑부분부터 시작하고 뒤집어서 위쪽을 발라 마무리한다. 오일이 뭉치지 않게 천으로 잘 닦아 마무리지면 1차 오일 바르기가 끝난다. 이후 약 6시간 이상 건조한 다음 600# 이상의 고운 사포로 가구의 표면을 부드럽게 문질러준다. 이때는 기계를 사용하지 않고 손으로 작업해야 한다. 표면의 거친 면을 부드럽게 잡아주는 것이기 때문이다. 고운 사포로 표면을 문질렀을 때 사포에 묻는 이물질에서 떡진 느낌이 난다면 1차 오일이 아직 마르지 않은 것이다. 이런 경우 좀 더 시간을 두어 건조시킨 후 샌딩 작업을 하도록 한다. 오일은 작업장의 습도와 온도에 따라 건조 시간에 차이가 난다.

오일을 바를 때는 상판과 프레임은 꼭 분리시킨 상태에서 빈틈없이 발라주는 것이 좋다. 최종 3회가 완료된 후 상판과 프레임을 조립하여 테이블을 완성한다.

이로써 소파테이블이
완성되었다. 가장 기본적인
가구라고 할 수 있다.
여기서 사이즈를 늘리면
큰 테이블이 될 것이며
사이즈를 줄이면
사각스툴이 될 것이다.
따라서 본 작업을 기초로 하여
필요한 사이즈의 테이블을
만들어보길 바란다.

디자인·제작 : 메이앤 공방

직선 가구 만들기 2

─ 지읒(ㅈ) 테이블 만들기

지읒 테이블 만들기에서는 라우터와 테이블 쏘로 장부를 완성하는 작업이 주로 진행된다. **ㅈ** 자 모양의 다리와 프레임 연결은 조립되는 각도가 너무 커 도미노 작업을 할 경우 꺾임이 발생할 여지가 높기 때문에 도미노를 사용하지 않고 전통 짜임 방식인 반턱이음 방식으로 진행하도록 하겠다.

설계도면

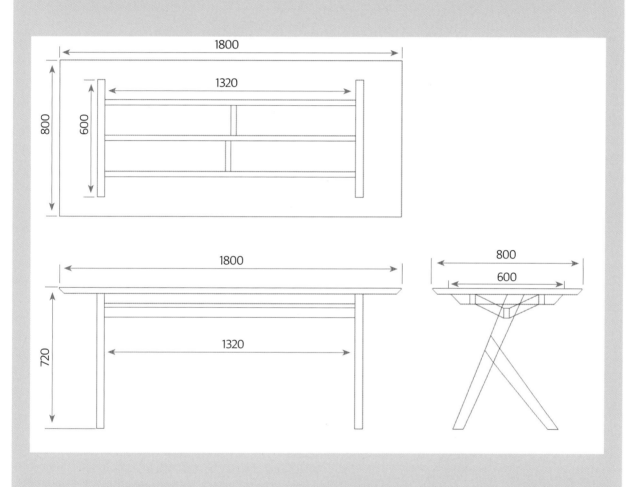

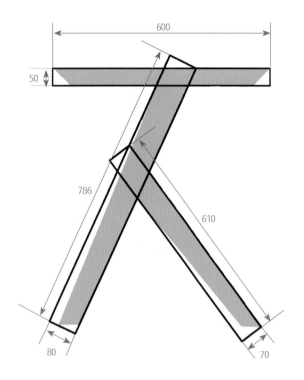

STEP #1. 부재 준비하기 : ㅈ 다리

지읒 테이블의 다리 도면을 가지고 필요한 부재를 계산해보도록 하자. 안쪽에 색을 칠한 곳은 원래 도면의 라인이며 검정선은 재료 준비를 위한 정재단 도면이다. 사선이나 각도 가공 이전의 부재를 준비해야 하기 때문에 이러한 도면이 필요하다.

작업 순서는 먼저 직사각형 상태(검정선)에서 장부 맞춤을 완벽하게 가공한 다음 다리의 사선, 또는 프레임의 각도 가공을 진행할 것이다. 목공은 눈속임이다. 짜임은 직각 상태에서 모두 해결하고 사선, 각도, 곡선 등 짜임과 전혀 관계 없는 가공은 그 다음에 진행한다.

재료 준비에 대해서는 앞서 여러 번 언급한 바 있으므로, 이번 작업에서는 기본적인 재료 준비에 대한 설명은 따로 하지 않겠다. 재료 준비 정재단은 어떤 작업이든 동일한 방법으로 진행하면 된다. 다만 **지읒** 테이블 부재의 두께는 40mm이다.

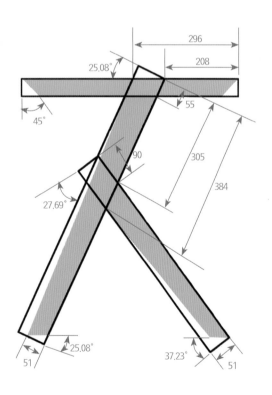

STEP #2. 먹금 긋기

도면에 표시된 위치와 각도를 잘 계산하여 나무에 정확하게 표시한다. 가공해야 할 부재의 선을 미리 그려 넣는 작업이다. 아무리 잘 가공된 부재라 하더라도 먹금을 잘못 넣으면 무용지물이다. 확인하고 또 확인하면서 스스로 확신할 수 있을 때까지 집중한다. 폭, 두께, 길이가 완벽하게 정재단된 상태에서 자유자를 이용하여 각도를 세팅하여 먹금을 넣는다.

참고로 **지읒** 테이블은 테이블 다리를 제외한 다른 부재들은 직각으로 조립되므로, 다리 작업만 먹금 작업을 진행하면 된다. 만약 다른 부재들도 먹금 작업이 필요한 각도가 있다면 한꺼번에 먹금 작업을 진행해야 한다.

직선 가구든, 곡선 가구든 가구를 만드는 시작은 부재를 잘 준비하는 것에서 시작한다. 이후 가공이 이루어지는데, 위 사진은 가공을 위해 자를 이용하여 각도를 만들고 먹금을 넣는 모습을 보여주고 있다.

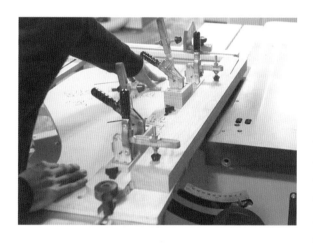

STEP #3. 다리 사선 가공하기

모든 부재에 필요한 먹금을 그렸다면, 테이퍼 지그를 이용하여 테이블 다리의 사선을 가공한다. 지그는 한번 세팅하면 같은 값을 가진 부재를 모두 가공하기 전까지는 절대 해제해선 안 된다. 지그를 세팅한 값이 도면과 약간의 오차가 있다는 것을 부재를 가공하다가 발견했다고 하자. 그랬더라도 지그를 해제해서 다시 세팅해선 안 된다. 같은 값을 가진 부재는 모두 같은 값으로 가공되어야 한다. 도면과 부재의 오차 수정값을 해결하는 것은 그리 어려운 일이 아닌 반면, 같은 값을 가져야 할 부재가 조금씩 다르게 가공되었을 때 수정하는 것은 정말 어려운 일이기 때문이다. 다시 한 번 말하지만 같은 값을 가져야 하는 부재는 하나의 세팅 값으로 가공되어야 한다. 그것이 완성도 높은 가구를 만드는 기본이다. **지웅** 테이블 다리에서 같은 값의 부재들은 각각 양쪽 두 개씩이다.

가구를 제작하는 전체 공정을 머릿속으로 시뮬레이션 해보면 어떤 작업을 어떻게 작업해나갈 것인지 판단할 수 있다.

테이퍼 지그는 본인이 사용하는 기계 또는 작업 스타일에 맞게 직접 제작하는 것이 바람직하다. 선조들이 필요한 공구를 직접 제작하여 사용했던 이유와 같다. 목공은 정답이 없다. 자신만의 스타일이 존재할 뿐이다.

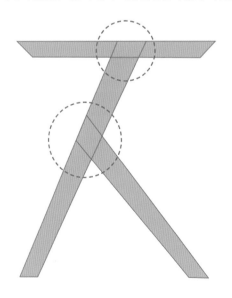

STEP #4. 암장부가 될 홈 체크하기

도면에 표시한 빨간색 부분을 반턱 짜임으로 가공해 장부를 해결한다. 부재의 양끝이 아닌 중간 부분에 가공되는 곳은 암장부, 부재의 끝부분에 짜임이 되는 곳은 숫장부로 가공한다. 먼저 암장부에 해당하는 부분을 그므개 또는 마스킹 나이프를 이용하여 먹금을 넣는다. 이는 가공의 정확도를 높이기 위한 작업이다.

이후 연필로 옆으로 파낼 선을 조금 더 진하게 표시한다. 암장부에서 남겨야 할 부분과 파낼 부분을 명확하게 구분하여 작업의 실수를 줄이기 위해서이다. 물론 암장부를 파는 방법에는 여러 가지가 있다. 지금 소개하는 것은 하나의 방법론일 뿐이다. 무수히 많은 방법 중에서 가장 신뢰할 수 있는 방법을 찾는 것, 그것이 자기만의 작업 스타일이 된다.

암장부가 될 홈에 먹금을 완벽하게 넣었다면 그 홈을 파낼 차례. 보통 이런 작업에서 많이 사용되는 방법은 라우터를 이용하는 것과 테이블 쏘를 이용하는 두 가지 방법이 있다.

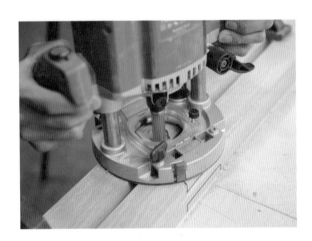

먼저 라우터를 이용한 가공부터 알아보자. 라우터의 일자 비트를 이용하여 홈을 파내는 방법이다. 암장부 폭의 먹금은 차후 끌로 다듬어 마무리할 것이기 때문에 라우터는 최대한 먹금을 넘어서지 않는 가까운 위치까지만 작업한다. 이때 라우터 날의 깊이 세팅을 먹금 넣은 홈의 깊이로 세팅한다. 암장부 폭은 끌로 다듬어 마무리 짓지만 깊이는 라우터의 깊이 가공으로 마무리하므로 깊이를 세팅하는 것이다. 홈의 깊이는 양쪽이 같기 때문에 한 번 세팅해놓은 상태에서 암장부의 모든 홈을 가공한다.

암장부로 홈을 파낸 모습이다. 앞서 말한 것처럼 부재 중간 부분에 가공되는 장부가 암장부가 되며 지금까지는 먹금을 건드리지 않은 선에서 작업이 마무리되었다. 즉 라우터에서 선의 기준이 되는 가이드는 최대한 먹금과 가깝게 하되 선을 꼭 살린다. 라우터는 날이 회전하면서 가공 중 밀리는 방향이 정해져 있다. 이 방향만 잘 이해하면 생각보다 정밀한 작업이 가능하다. 라우터를 이용하면 비교적 같은 깊이로 평을 유지하며 일정하게 암장부를 팔 수 있다는 장점이 있다.

둘째, 테이블 쏘를 이용한 가공이다. 먼저 마이터 펜스의 각도를 도면상의 각도와 정확하게 세팅한 후 덜어낼 홈의 깊이 값과 동일한 값으로 톱날 높이를 세팅한다. 홈의 시작부터 끝까지 톱날 두께만큼 조금씩 깎으면서 홈을 만든다. 이때 위 사진처럼 데이도 날을 이용한다면 좀 더 빠르게 홈을 가공할 수 있다. 다만 테이블 쏘를 이용하여 작업할 때는 순간의 실수로 폭이 넓어질 수 있으므로 좀 더 신중하게 작업한다.

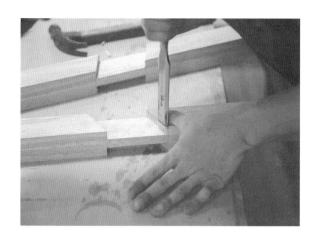

STEP #5. 암장부 결합면 끌로 다듬기

암장부가 될 홈을 팠다면 평끌을 이용하여 결합면을 다듬어준다. 대부분의 초보자들은 끌을 숙련도가 높은 작업자만이 사용할 수 있는 공구라 생각한다. 물론 어느 정도는 숙련도가 필요한 공구이다. 하지만 마스킹 나이프로 먹금을 넣어 이미 직선의 미세한 홈이 만들어졌으므로 그 미세한 홈을 기준으로 끌을 직각 상태로 유지하여 파내려간다면 초보자도 얼마든지 할 수 있다.

STEP #6. 숫장부 가공하기

테이블 쏘 테논 지그를 이용하여 숫장부 홈을 가공한다. 작업 전 톱의 직각을 체크하는 건 필수다. 부재를 잡고 있는 테논 지그는 부재를 완벽하게 세워 고정해주는 역할을 한다. 지그 자체에 좌우로 미세하게 이동할 수 있는 이송 장치가 있으며, 앞뒤 운동은 정반의 T 트랙을 따라 움직인다.

테이블 쏘 테논 지그 작업의 특징 중 하나는 부재의 바닥면을 기준으로 수직의 홈을 만들어주는 것인데 사진에서 보듯 각도가 있는 부재라면 먼저 바닥면에 닿는 부재의 각도에 대한 정재단을 끝낸 후 홈을 가공해야 한다.

홈의 정밀도를 높이기 위해 먹금에 톱날을 직접 세팅하여 가공하는 방법도 있다. 이때는 톱날을 멈추고 먹금 위치에 세팅한 후 최초 가공, 이후 톱날 두께만큼 이동하여 덩어리를 걷어낸 후, 마지막으로 정밀하게 작업해야 할 끝 부분 또한 톱날을 멈추고 먹금에 톱날을 직접 세팅하여 마무리한다.

홈 가공이 마무리된 후에는 홈의 안쪽 면을 끌로 다듬어준다. 톱날이 여러 번 지나간 자리라서 깔끔하지 못하기 때문이다.

끌로 다듬을 때는 가조립을 통해 잘 다듬어졌는지 여부를 체크하면서 작업한다.

STEP #7. 테이블 다리 조립하기
테이블 디자인의 콘셉트인 **지읒** 다리는 일차적으로 본드 조립으로 완성한다.

본드가 완벽하게 건조되면 삐져나온 턱을 대패를 이용하여 깔끔하게 다듬는다.

가구 제작에 있어 각 부재들을 조립할 때는 가급적 모든 부재를 동시에 하는 게 좋다. 부재 하나가 가지고 있는 오차를 서로 나눠 가지면서 완성도를 높이기 위함인데, 이번 작업 같은 경우 반턱으로 조립되는 부재의 평과 직각이 정해져 있으며 한 번에 동시 조립이 불가능하기 때문에 지금처럼 다리만 따로 1차 조립을 완성한다.

STEP #8. 프레임과 다리 조립하기

다리가 완성되었으면 상판과 결합할 수 있게 프레임을 조립한다. 아래 도면의 빨간선은 부재의 크기를 나타낸다. 길이 1320mm, 폭 50mm, 두께 30mm 프레임 3개를 정재단하여 준비한다. 이 과정은 앞서 소파테이블 제작 시 부재 준비와 정재단과 동일한 방법이므로 그 과정은 생략한다.

설계도를 보면 **지읒** 테이블은 길이 방향으로 세 개의 프레임이 있다. 이 프레임과 다리의 조립은 도미노 가공을 통해 그 구조를 완성한다. 앞서 설명했듯 도미노는 사이즈가 제한되어 있기 때문에 강도를 높이려면 허용 가능한 범위 내에서 크게 가공하는 게 유리하다. 이번 도미노 작업은 두께 10mm, 폭 23mm, 길이 50mm 도미노 칩을 사용하여 한 공간당 두 개의 장부를 가공하여 조립하기로 한다.

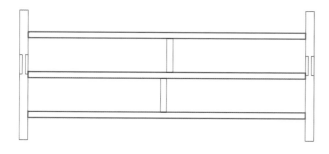

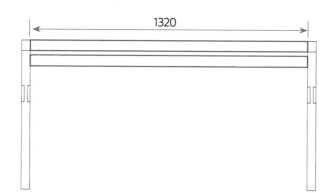

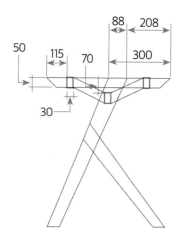

도미노 가공이 끝나면 조립 직전 1차 샌딩을 한다. 샌딩할 때는 조립될 영역을 가급적 침범하지 않는 게 중요하다. 아무리 조심해서 샌딩한다 해도 샌딩 페이퍼가 나무에 닿는 순간 대패로 잡은 평이 사라지기 때문이다(조립 면이 샌딩되었을 경우 그 면은 완벽한 밀착이 힘들어지며 조립 후 틈이 생길 수 있다.).

장부와 접합면에 본드를 바르고 조립한다. 조립은 본드가 굳기 시작하는 5분 이내에 클램핑까지 끝내야 한다.

클램핑을 할 때는 두 개의 부재가 빈틈없이 잘 밀착되었는지 확인해가면서 그 힘을 조절해야 한다. 두 면이 완벽하게 밀착되어 있다면 힘을 많이 주지 않아도 된다. 특히 이렇게 긴 부재를 클램핑할 때 무리한 힘을 가하게 되면 오히려 부재가 휘면서 접합면이 벌어질 가능성이 높다. 클램핑이 끝나면 본드가 완벽하게 굳기 전에 전체 직각을 꼭 체크한다. 아무리 정밀하게 장부를 가공했다 해도 조립 과정에서 직각이 틀어질 수 있기 때문이다. 길이가 긴 작업의 직각을 잡을 때는 직각자가 아닌 줄자를 이용하는 게 더 정확하다. 양쪽 다리 끝과 프레임 모서리 끝부분을 모서리로 하여 대각선 모양으로 줄자로 측정했을 때 같은 값이 나오도록 클램핑을 해주면 직각이 정확하게 맞은 것이다. 단 이때는 각각 부재의 직각 개념이 아닌 전체 조립의 직각 개념으로 접근해야 한다. 흘러내린 본드는 물걸레나 일회용 물티슈로 제거한다. 작업자마다 삐져나온 본드를 제거하는 방법이 다른데 나는 주로 본드가 완전히 건조된 후 끌로 제거하는 방법을 쓰고 있다.

STEP #9. 보강 프레임 넣기

중앙의 보강 프레임은 테이블 폭을 지지하는 양쪽 프레임이 아래로 처지는 걸 방지하면서 테이블 앞뒤의 하중을 지탱해주는 역할을 한다. 이 보강 프레임은 전체 프레임을 조립한 후에 작업하기 때문에 도미노가 아닌 나사못으로 고정한다. 중앙을 중심으로 양쪽 동일 선상에서 보강목이 들어가면 한쪽은 나사못 고정이 가능하지만 다른 한쪽은 불가능하기 때문에 도면과 같이 30mm 두께 하나만큼 지그재그로 보강목을 위치시킨다. 이후 목심을 제작하여 피스 구멍을 막아준 후 오일로 마무리하면 전체 하부 구조가 완성된다.

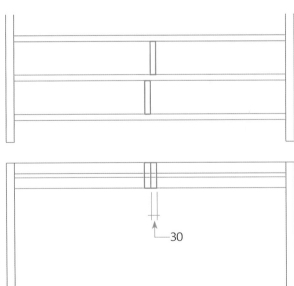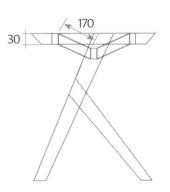

사진의 드릴 비트는 목심 제조 비트이다. 시중에서 8mm부터 25mm까지 목심 제조 비트를 구매할 수 있다. 사진에서 보는 제조 비트는 10mm이며 목심으로 나사못 구멍을 메우려면 처음부터 나사못 자리를 10mm로 작업하는 게 중요하다.

나사못 작업 이후 제작된 목심을 본드를 발라 메우고 플러그 쏘로 튀어나온 목심을 잘라 마무리 짓는다. 짜임에 있어 나사못은 거부 대상 1순위이다. 하지만 짜임을 하는 근본적 목적은 하중을 얼마나 잘 견디는지에 대한 강도에 있기 때문에 큰 하중을 견뎌야 하는 것이 아닌 보강하려는 것이 목적일 때는 작업 진행에 용이한 방법을 선택해도 될 것이다. 목공 작업에 있어 나사못을 무조건 거부하지 말고 쓸모에 따라 활용을 해보자. 적절히 잘 사용한다면 오히려 가구의 완성도를 높이는 데 큰 도움이 된다.

STEP #10. 상판 가공하기
집성이 끝난 상판은 대패를 이용하여 집성면의 턱을 다듬는다. 이때 엇결로 인한 뜯김이 발생하지 않도록 대패 세팅은 그 무엇보다 세밀하게 신경 쓰도록 한다. 대팻집 고치기를 완벽하게 해야 하는 이유이다.

사선 면을 가공할 때는 테이블 쏘 또는 플런지 쏘로 하거나, 45° 비트를 이용하여 라우터로 작업한다. 선택은 작업자 마음이다. 사선면을 가공한 후에는 사선면보다 넓은 샌딩기로 샌딩한다. 이때 평을 잘 유지해야 한다. 좁은 면적이라도 평이 흔들리지 않게 집중하여 작업해야 완성도 높은 작업면을 만들어낼 수 있다.

상판 가공이 모두 끝나면 조립하기 직전에 1차 샌딩을 하고, 조립 이후 필요에 따라 2~3차 샌딩까지 진행한다.

샌딩할 때 사용하는 사포의 거칠기는 작업자마다 선택 기준이 다르다. '난 거친 느낌이 좋아'라고 생각하는 작업자는 거친 사포로 마무리하고 '난 매끈한게 좋아'라고 생각하는 작업자는 아마도 거친 사포부터 단계적으로 방수를 올려가며 마무리할 것이다. 이 또한 정답은 없는 것이다. 작업자가 만족할 때까지 표면을 정리하는 일이 샌딩이다.

샌딩의 기준

나는 어떻게 작업하는지에 대해 이야기해보겠다. 샌딩의 정도를 어디까지 할 것인가의 기준은 지금 하고 있는 작업이 제품이냐, 작품이냐에 따라 달라진다.

내가 생각하는 제품과 작품을 구분 짓는 경계는 '기능'이다. 가구로 사용하려는, 즉 물리적 기능이 있는 제품은 120#까지 샌딩하고 마무리한다. 반면 소장하려는 목적, 즉 작품으로 원하는 가구는 320#까지 샌딩한다.

전자와 후자 모두 장단점이 있다. 먼저 120#까지 마무리된 나무의 표면을 보면 원형 샌더의 오비탈 자국인 소위 '돼지꼬리' 자국이 생긴다. 일반인들은 눈치채지 못할 정도로 미세한 자국이다. (이를 신경 쓰는 사람은 대부분 작업자가 되겠다.)

이 자국을 없애려면 그것보다 한 단계 높은 320# 이상 샌딩이 필요하다. 방수가 높아질수록 나무의 표면은 광이 날 정도로 매끈해지는데, 이는 표면의 거칠기가 그만큼 곱다는 뜻이며 샌딩 시 발생하는 아주 고운 가루가 나무 섬유질 틈 사이를 가득 메우고 있다는 뜻이다.

이 경우의 문제점은 오일이 깊숙하게 침투되지 못한다는 것이다. 오일은 나무에 흡수된 후 딱딱하게 경화되면서 표면 강도를 높여준다. 그리고 깊게 침투될수록 그 강도는 높아진다. 정리하자면 방수를 높여 샌딩하면 나무 표면이 매끈해지는 효과는 있으나 오일이 나무속으로 제대로 침투하지 못하여 강도는 상대적으로 낮아진다.

그래서 나는 기능을 염두에 두고 제품은 샌딩은 거칠게 하되 오일 마감은 최대한 두껍게 하고, 작품은 오일 마감이 깊지 않더라도 샌딩 자국을 최소화하는 방향으로 작업한다. 정답은 없다. 본인의 철학에 따라 완성하면 될 뿐.

STEP #11. 마감하기

오일 마감은 기본적으로 3회 이상 하는 것이 좋다. 처음 오일을 바른 후 완전 건조되려면 약 6시간이 소요된다. 이후 600# 이상의 고운 사포를 이용하여 표면을 손으로 가볍게 샌딩해주는데 말 그대로 가볍게 쓸어내듯 샌딩해야 한다. 오일 작업 이후 손 샌딩을 하는 이유는 오일이 나무에 흡수되면서 다시 뱉는 성질이 있고, 오일이 마르는 동안 공기 중에 있는 미세한 이물질이 흡착되면서 표면이 살짝 거칠어지기 때문이다. 이 거친 면만 정리하면 되기 때문에 이때의 샌딩은 나무의 표면이 상하지 않게 가볍게 해주는 것이 좋다.

이후 2차, 3차 오일 마감 후에도 같은 방법으로 손 샌딩을 한다. 샌딩하기 전에 오일이 완벽하게 건조되었는지 확인해야 하는데, 손 샌딩 이후 오일이 사포에 묻어나오지 않고 하얀색 고운 가루가 나오면 완전 건조된 것이다.

마감이 완료되면 8자 철물을 이용하여 프레임과 상판을 조립한다. 모든 작업이 끝났다.

디자인 – 홍익대학교 한정현 교수 / 제작 – 메이앤 공방

원형 가구 만들기

─ 원형 스툴 만들기

이번에 제작해볼 원형 스툴은 목선반을 이용한 작업이다. 특이점이라면 스툴은 4개의 다리를 가졌으나 여기서 작업하는 스툴은 다리가 3개라는 것이다. 4개의 다리로 만들 때는 서로 연결되는 프레임이 사각형 모양이므로, 프레임 각도를 90°로 하면 되지만 삼각형 형태는 프레임의 연결 각도를 60°로 해야 한다. 즉 다리가 3개인 스툴은 난이도가 높은 작업이다.

목선반 작업의 특징은 가공된 부재가 직진성을 가지고 있다는 것이다. 즉 장부에 각을 주어 꺾여서 들어가는 형태이거나 의자의 뒷다리처럼 꺾여진 형태가 아닌 무조건 직선 봉에 의해 작업이 이루어져야 한다는 말이다. 따라서 목봉이 사선으로 조립되는 형태일 경우 목봉 자체가 장부의 형태로 직선으로 조립되는 짜임이 되는데, 이때 짜임이 되는 홈 부분에 각도를 만들어주는 것이 목선반을 이용한 작업의 포인트라 할 수 있다.

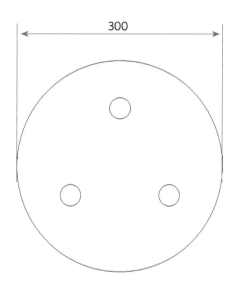

300

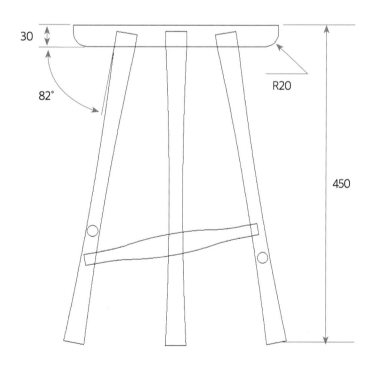

30

82°

R20

450

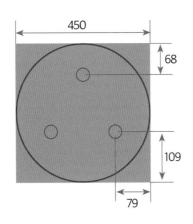

STEP #1. 트리머로 원형 좌판 만들기

두께 30mm, 가로세로 300mm 좌판을 집성한다. 정재단 사이즈인 300mm 원형으로 가공하기 전에 가재단할 때는 여유 치수를 두어 재단한다.

집성한 좌판을 먼저 원형으로 가공한다. 이전 작업에서 강조한 것 중 하나가 작은 면적에서 큰 면적 순으로 작업을 해나가야 한다는 것이다. 그 이유를 다시 한 번 복기해보자면 만약 상판 또는 좌판 등 넓은 면적의 부재를 먼저 작업했을 경우, 나머지 하부 구조가 완성되는 시간까지 이 넓은 부재들이 조금씩 휘고 있을 것이기 때문이다. 그런데 본 작업에서는 좌판을 먼저 가공해야 한다. 그 이유는 목선반 가공 시 목봉이 조립되는 장부 홈이 먼저 가공되어 있어야 그 기준에 맞춰 목봉의 촉을 가공할 수 있기 때문이다. 말 그대로 가공이 끝난 장부 홈에 끼워 맞춰가면서 봉을 깎는 것이다. 목선반을 이용한 작업에서는 대부분 이런 순서로 작업이 진행되어야 완성도를 높일 수 있다.

좌판을 원형으로 가공하기 전에 다리가 조립될 장부의 중심을 표시해두어야 할 것이다. 원형 가공이 진행되면 그어놓은 직선의 기준선이 사라지기 때문에 정확하게 다리 자리를 표시할 수 없게 된다. 목공은 장기와 같다. 몇 수 앞을 볼 수 있느냐에 따라 실력이 올라간다.

좌판의 원형 가공은 트리머를 이용한다. 컴퍼스 원리를 생각하면 이해하기 쉽다. 아크릴 또는 합판에 트리머를 부착하여 지그를 만들어 사용하는 방법인데, 송곳을 중심으로 연필이 돌아가며 원을 그리는 컴퍼스처럼 나사못으로 좌판의 센터를 지그에 고정하면 트리머가 연필의 역할을 하며 부재를 가공한다. 이때 트리머 일자 날을 이용하여 약 3mm 정도씩 원하는 깊이만큼 나누어 가공해야 한다. 트리머는 힘이 비교적 약하기 때문에 약 3mm 깊이로 세팅한 후 지그를 시계 방향으로 돌려가며 가공하는 것이다. 한 바퀴가 돌아가면 사각형 좌판에 3mm 원형 홈이 생길 것이다. 이후 트리머의 날을 추가로 3mm 낮추어 반복 작업하는 식으로 약 9mm 깊이가 되는 작업, 즉 3바퀴가 돌 때까지 반복 작업하여 홈을 만든다.

STEP #2. 원형으로 자르고 다듬기

좌판의 원형 홈이 약 9mm 정도 가공되었다면 다음 작업은 밴드 쏘로 필요 없는 부분을 덜어낸다. 사진처럼 밴드 쏘를 이용하여 트리머로 가공된 홈을 따라 덩어리를 잘라내는 것인데, 이때 주의할 점은 밴드 쏘 가공 시 좌판이 되는 홈의 안쪽 라인에 최대한 가깝게 붙여 가공해야 하지만 그 선을 파고들어 좌판의 원형을 손상시키면 안 된다는 것이다. 최대한 가깝게 깎아내야 하는 이유는 이후 라우터로 작업할 때 깎는 양이 적어야 터짐을 최소화할 수 있기 때문이다.

라우터 테이블을 이용하여 원형 가공을 마무리한다. 여기서 사용된 비트는 베어링 일자 비트이다. 패턴 비트라고도 하는데 비트 베어링이 템플릿을 타고 가면서 나머지 부재가 템플릿과 동일한 모양으로 가공되어지는 작업 방식이다. 여기서는 트리머가 만들어냈던 원형 홈이 템플릿 기능을 하므로 별도의 템플릿이 필요하지는 않다. 물론 지금 설명한 방법과 달리, 처음부터 원형 템플릿을 만들어 라우터 테이블로 동일한 좌판을 만들어낼 수도 있을 것이다. 정답은 없다. 작업 스타일에 따라 작업 방식이 달라질 뿐이다.

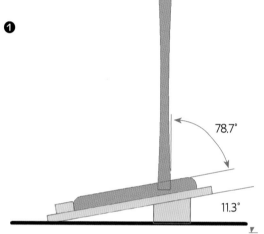

❶ 78.7°
11.3°

❷ 스톱퍼

STEP #3. 다리가 조립될 홈 가공하기

완벽한 원형 좌판이 만들어졌다면 다음은 스툴의 다리가 조립될 홈을 가공한다. 스툴의 다리는 완성된 사진을 보면 알 수 있듯이 사선으로 떨어진다. 그 각도 값이 8°인데, 이렇게 비스듬한 각을 내려면 원형 좌판에도 그 각도만큼 비스듬한 구멍을 가공해야 한다. 이때 필요한 것이 바로 '지그'다. ❶ 도면의 회색은 좌판을 11.3°로 정확하게 가공할 수 있도록 지그를 도면화한 것이며 ❷는 합판으로 ❶의 도면을 제작한 지그의 모습이다. 도면은 8°인데 11.3°로 가공하는 이유는 √²(1.414)를 곱한 값이 적용되어서이다. 도면상 8°는 말 그대로 정면도 상에서의 8°이며 실제로는 두 개의 각도가 벌어져 있음을 알아야 한다. 이때 적용하는 값이 √²(1.414)이다. 대각선으로 두 개인 사선값은 도면상 8°보다 더 값을 주어 작업해야 정면도 상 정확한 8° 값을 만들어낼 수 있다. 목공은 수학이다.

❸은 비스듬하게 제작된 지그를 이용하여 스툴에 다리가 조립될 홈을 가공하는 모습이다. 지그의 기울기는 다리가 벌어지는 각도가 되어야 한다. 지그 아래 좌판을 받쳐주는 두 개의 스톱퍼는 좌판을 돌렸을 때 정확한 각도가 유지되도록 맞추는 역할을 한다.

지그가 완성되었다면 원형 좌판에 미리 표시된, 홈이 가공될 곳을 완벽한 각도와 포인트를 잡아 가공할 수 있다. 홈 가공은 드릴 프레스를 이용한다. 드릴 프레스는 완벽한 직각으로 구멍을 뚫어준다. 그러므로 이를 이용해 지그를 만들면 필요한 각을 정확하게 가공할 수 있는 것이다. 스툴의 다리가 3개이므로, 지그 위에서 좌판을 돌려가면서 정삼각형이 될 수 있게 드릴 프레스로 홈을 뚫는다. 이때 좌판이 뚫리지 않도록

드릴 프레스 깊이 세팅을 정확히 한 후 작업한다. 지금까지의 작업에서 알 수 있듯, 스툴 제작 시 상판부터 작업하는 이유는 구멍의 지름을 결정해야 하기 때문이다. 짜맞춤을 할 때 상대적으로 가공이 어려운 암장부를 먼저 가공하면 이를 기준으로 숫장부를 맞출 수 있어 작업이 좀 더 효율적이다.

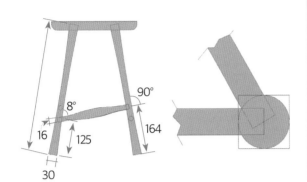

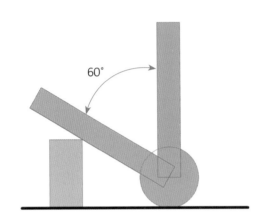

STEP #4. 다리 장부 홈 가공하기

다음은 스툴 다리에 홈 가공을 할 차례이다. 두께 30mm, 폭 30mm, 길이 447mm 정재단한 프레임 부재에 먼저 직각으로 떨어지는 장부 홈을 ❷와 같이 가공한다. 이는 ❶ 도면의 빨간색 부분 90°(164mm)을 말하는데 이 다리는 맞은편 다리에 8° 아래 사선으로 조립된다. 이는 다리와 프레임은 직각으로 조립되지만 다리가 8° 기울어진 사선이기 때문이다. 즉 3개의 다리는 각각 90° 시작되는 프레임이 상대편 다리에 접합될 때 8° 받아주게 되며, 다리 하나씩 놓고 보면 이렇게 만나는 두 개의 프레임 각도는 ❸처럼 60°가 된다. 따라서 직각으로 가공되는 장부 홈은 ❷처럼 각재인 상태에서 다리 바닥면으로부터 164mm 떨어진 곳에 가공하며 60°로 벌어지는 장부 홈은 정사각형 각재에서는 가공이 어렵기 때문에 ❹처럼 목선반 가공 후 작업을 한다.

즉 스툴 다리에 8° 각이 있는 장부 홈을 가공할 때는 먼저 목선반을 이용하여 다리를 원형으로 가공한 후 ❹처럼 드릴 프레스 정반에 자투리 나무 각재를 활용하여 다리가 바닥면에서 8°만큼 세워질 수 있도록 고인 다음 클램프로 고정시킨다. 이때 각도를 측정하는 도구는 각도자나 디지털 각도 게이지를 이용하면 된다. 디지털 각도 게이지를 스툴 다리 위에 조심히 올려놓고 8° 기울어진 각도만큼 자투리 나무를 아래에 고이면 된다.

그런 다음 90° 장부 홈 가공된 곳에 임시로 프레임을 제작해 가조립한 후 60° 회전한 위치에 동일하게 자투리 나무를 활용하여 고정시킨다. 이 모든 것이 일종의 지그라 말할 수 있다. 오른쪽에 자투리 나무를 고정시킨 것은 스토퍼 역할을 하며 이렇게 세팅된 지그로 다리 3개 모두 8° 장부 홈을 가공할 수 있다. 목공은 응용의 미학이다.

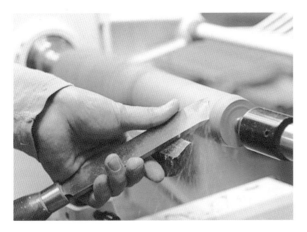

STEP #5. 목선반으로 프레임 가공하기

다리와 프레임은 목선반 가공을 통해 완성된다. 먼저 작업의 가장 중요한 포인트는 장부가 되는 곳의 촉 사이즈를 얼마만큼 정확하게 가공하느냐에 달려 있다. 따라서 먼저 장부 홈이 가공되어 있는 상태에서 장부 촉을 맞춰가며 작업하는 것이 좋으며, 이 과정은 인내가 필요한 작업이 될 것이다. 이후 본 작품과 같은 다리의 오목한 곡선과, 프레임의 볼록한 곡선은 오로지 손의 감각과 눈을 이용하여 가공한다. 이는 목선반 가공의 특징이라 할 수 있다. 목선반은 숙련도가 필요한 작업이다. 하지만 목봉은 크게 위험하지 않은 작업이라 초보자도 얼마든지 시도해볼 수 있다. 누군가 내게 물었다. 목선반을 잘하려면 어떻게 해야 하느냐고, 목선반을 잘하고 싶다면 일단 목선반을 구입하라고 답했다. 그만큼 목선반은 경험이 실력을 결정한다.

위 사진은 목선반을 이용하여 프레임을 가공하는 모습이다. 목공기계는 날을 고속으로 회전시켜 가공하는 반면, 목선반은 나무를 고속으로 회전시키고 칼 받침대에 목선반 칼을 지지하여 손의 감각으로 나무를 원형으로 가공한다. 회전하는 나무를 손의 컨트롤만으로 깎는 것이라서 3개의 다리, 혹은 3개의 프레임이 똑같은 모양으로 나오긴 어렵다. 하지만 기준점을 가지고 최대한 비슷하게 깎으려고 노력하면 똑같지는 않아도 그 형태가 자연스럽다. 목선반 작업의 또 다른 특징은 가공과 샌딩이 동시에 진행된다는 것이다. 끌 대신 오일을 묻힌 헝겊으로 가공하면 마감 작업도 할 수 있지만, 오일 마감된 부재는 본드 흡수가 안 되어 조립이 불가능하므로 본 작업에서는 샌딩까지만 작업한다. 목선반 샌딩 방법은 간단하다. 부재를 가공하듯 사포로 회전하는 부재 표면을 접촉시키면 자동으로 샌딩이 된다.

STEP #6. 조립하기

부재 가공이 끝나면 각 부재를 조립한다. 조립 전에 1차 샌딩을 하는 것을 잊지 말자. 다리와 프레임은 목선반 작업 시 샌딩을 완료했으므로 좌판만 샌딩하면 될 것이다(샌딩에 관한 내용은 소파테이블 제작과 동일하므로 생략한다.).

다리가 좌판에 먼저 조립되면 프레임 조립이 불가능해진다. 다리와 좌판이 조립되면서 안쪽으로 좁혀지기 때문에 프레임을 끼울 여유 공간이 부족해지는 것이다. 따라서 조립을 할 때는 좌판, 다리, 프레임 모두를 한꺼번에 조립한다는 생각으로 동시에 한다.

STEP #7. 스툴의 다리 정리하기

목선반 작업의 특성인 직진성 때문에 스툴의 원형 다리는 사진처럼 끝부분이 들리는 형태가 된다. 이를 해결하기 위한 가공이 필요한데 이는 기계로 해결할 수 없는 부분이라 톱으로 잘라야 한다. 현대 목공은 대부분 기계 작업으로 가구를 완성하는 편이지만, 이렇게 작업의 마무리는 언제나 수공구가 한다. 수공구 숙련도를 높이기 위한 훈련을 꾸준히 해야 하는 이유다.

스툴을 정반 위에 올려놓은 후 스툴 다리가 들려있는 끝부분의 높이까지 커버할 수 있는 합판 등을 이용하여 정반과 수평이 되는 선을 긋는다.

이후 등대기 톱을 이용하여 잘라낸 후 오일 작업으로 마무리한다.

디자인·제작 : 메이앤 공방

곡선 가구 만들기

— 흔들의자 만들기

곡선가구의 대표주자라고 하면 역시 '흔들의자'가 아닐까 싶다. 다른 부분은 몰라도 흔들의자의 흔들림을 담당하는 '로커'는 밴딩을 통해 곡선으로 만들어야 하기 때문이다. 흔들의자의 모든 하중이 로커에 집중되기 때문에 밴딩을 하지 않으면 강도가 낮아져 부러질 확률이 매우 높다. 곡선가구도 부재 준비는 직선가구와 마찬가지로 하면 된다. '목공의 곡선은 눈속임이다'라는 말이 있다. 이번에 만들어 볼 흔들의자 또한 로커 부분만을 제외하면 직선 형태의 나무에서 덜어내는 방식으로 작업이 이루어진다.

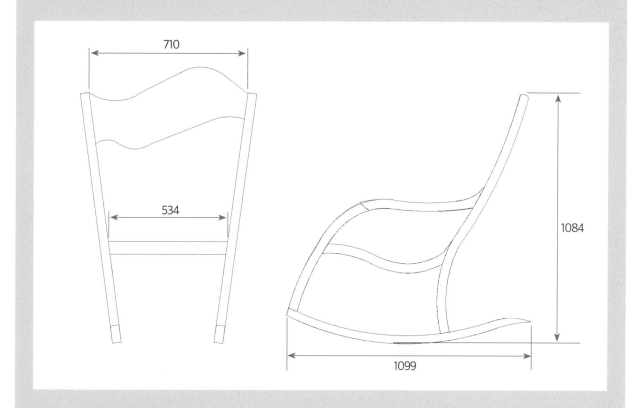

흔들의자와 같은 복잡한 형태의 가구는 설계에 대한 숙련도가 높아야만 가능하다. 앞서 보여 주었던 직선 가구와 목선반 가구 등의 작업은 도면만 보고도 작업이 가능하지만 흔들의자와 같은 경우는 앞의 작품 예제들을 만들어보면서 설계에 대한 흐름을 이해하고 목공기계를 다루는 것에 충분히 능숙해진 다음에야 도전해볼 수 있는 목공에 있어 최고 난이도의 과제라 할 수 있다. 특히 흔들의자는 기계뿐만 아니라 손의 감각이 필요로 하는 작업이 많고, 사람이 흔들의자에 앉았을 때 앞으로 치우치거나 뒤로 넘어가지 않는 적절한 각도를 만들어내야 하기 때문에 시행착오가 많을 수밖에 없다. 본 흔들의자 작업은 템플릿 작업이 많아 아쉽게도 직접 작업한 1:1 설계 도면이 없다면 작업이 불가능할 것이다. 하지만 본 작업 과정을 참고하여 직접 흔들의자를 설계해보고 완성해보기를 바란다.

지금부터 만들어볼 흔들의자의 제품명은 eye rocking chair이다. 사람 '눈' 모양을 모티브로 디자인되었다. 팔걸이와 등받이, 좌판의 측면 라인이 사람의 눈 형태로 전개되었기 때문이다. 때로는 사진처럼 스케일 목업 작업을 통해 그 형태를 가늠해보는 것도 좋다. 우리가 3D 프로그램으로 설계를 하는 이유는 이런 조형적 형태를 감 잡기 위한 것인데, 이를 통해서도 감을 잡기가 어렵다면 왼쪽 사진처럼 스케일 모델링을 해보는 것도 하나의 방법이다.

스케일 모델링을 만드는 방법은 필요한 부분을 5:1 또는 6:1로 축소하여 출력한 후, 그 출력물을 나무에 풀로 붙인 다음 밴드 쏘로 가공하는 것이다. 이후 손 사포 등으로 다듬고 순간 접착제로 붙여 그 형태를 만든다. 나무가 아닌 두꺼운 종이, 점토, 스티로폼 같은 다루기 쉬운 소재를 활용해도 상관 없다. 사진을 보면 알 수 있듯이 좌판, 등받이, 팔걸이 등 도면으로 표현하기 어려운 디테일한 작업을 스케일 모델링을 통해 그 라인을 완성할 수 있다.

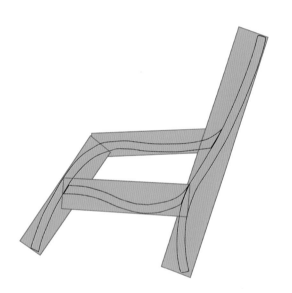

STEP #1. 다리 제작 : 템플릿 만들기

템플릿 작업을 위해 도면의 갈색 사각형 내에 있는 부재들을 각각 1:1로 출력하여 제작한다. 갈색 사각형은 정재단되어야 할 부재이고, 서로 맞물린 부분은 각도 가공이 되어 도미노 조립될 부분이다. 검은 라인을 빼면 그냥 각진 투박한 의자가 나올 뿐이지만 각각의 각재를 라인을 따라 가공하여 완성하면 곡선 가구가 된다. 가구의 곡선은 눈속임이다.

 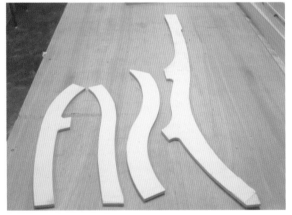

1:1 출력한 도면을 5mm 합판에 풀로 붙인 후 오른쪽 사진처럼 밴드 쏘, 사포, 대패, 끌과 같은 각종 공구를 활용하여 최대한 선에 근접하게 가공한다. 눈속임인 이 곡선은 템플릿 가공 이후에도 다듬을 것이기에 정확도가 조금은 떨어져도 괜찮지만 최대한 부드럽고 자연스러운 라인이 나올 수 있도록 가공해야 한다. 이러한 이유로 템플릿 작업은 CNC 머신을 통해 제작하는 경우가 많다.

템플릿 작업 중 신경 써야 하는 부분은 부재가 짜맞춤되는 부분은 라우터로 건드리지 않으면서 가공해야 하며, 도면 작업을 할 때 템플릿 시작과 끝 그리고 짜임이 되는 부분을 가상의 선으로 약 20mm정도 더 길게 연장하여 설계해야 한다는 점이다. 처음과 끝의 연장은 앞서 언급한 바처럼 라우터가 회전하면서 빨아들이는 힘을 제어하기 위해서이며, 짜임이 되는 장부는 수압대패, 또는 테이블쏘의 정재단 면을 건드리지 않기 위함이다.

도면에서의 갈색 사각형 덩어리의 부재를 검정색 곡선의 라인으로 만들어주는 것이 바로 템플릿 작업이며 곡선의 눈속임이다. 템플릿에 따라 가구의 라인이 결정되므로 템플릿 제작에 만전을 기하자.

STEP #2. 부재 준비하기
이번 흔들의자 제작은 월넛 8/4인치로 작업하였다. 대패로 거친 면을 잡으면 평균 두께가 48mm 정도 나오므로 별도의 두께감을 위한 집성은 하지 않는다. 두께 집성을 하면 부재 사이를 본드가 잡아주어 나무의 강도가 올라가지만 집성면이 육안으로 보인다는 단점이 있다. 이 또한 작업 스타일이니 취향껏 진행하면 된다.

부재의 대패 가공이 끝나고 필요한 각도, 그리고 길이에 대한 정재단을 마무리한다. 정재단의 기준은 아래 도면처럼 복잡한 과정의 도면을 보고 진행하는데, 직접 설계 작업을 진행한 나는 이 도면을 보고 어디를 어떻게 가공해야 하는지, 어떤 작업 순서로 진행할지 머릿속으로 그려볼 수 있지만, 설계에 참여하지 않은 사람들은 이 도면만을 보고 작업을 진행하기 어려울 수 있다. 그만큼 설계는 스스로 완성하는 것이 좋다.

나 또한 다른 이가 디자인한 설계로 제작 의뢰를 받으면, 무조건 설계를 다시 한다. 도면을 함께 받았을 때도 마찬가지다. 설계를 새로 하면서 구조 및 완성도를 미리 체크하고 작업 전에 이미지 트레이닝을 해봄으로써 작업 순서를 익히는 것이다.

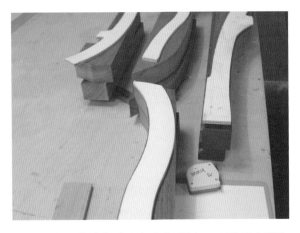

정재단된 부재 위에 템플릿 가이드를 놓고 연필이나 펜을 이용하여 밴드 쏘로 가공할 선을 긋는다. 이때 중요한 것은 부재와 템플릿 가이드의 일치성인데 부재가 조립되는 부분을 중심으로 정확하게 템플릿을 일치시켜 선을 그려야 작업의 정밀도뿐만 아니라 완성도 또한 높일 수 있다.

밴드 쏘로 작업할 때는 가공선을 침범하지 않도록 하되 최대한 가깝게 작업하도록 하자. 라우터가 깎아내야 할 부분이 적을수록 터짐 현상을 최소화할 수 있기 때문이다. 터짐을 최소화한다는 건 안전하게 작업한다는 말과 같다.

STEP #3. 라우터 테이블로 모양 다듬기
밴드 쏘로 가공한 부재를 다시 템플릿과 결합시킨다. 이때 가장 확실한 방법은 나사못을 이용하여 고정하는 것이다. 하지만 나사못을 사용하면 나무에 상처가 남으므로 가급적 장부가 들어가는 자리에 고정하도록 한다. 추후 이 자리는 장부로 가려지거나 없어질 것이기 때문이다. 만약 이런 자리가 없는 곳이라면 양면 테이프를 이용하여 결합시킨다.
템플릿과 부재를 완벽하게 고정시킨 다음 라우터 테이블의 베어링 일자 비트를 이용하여 가공한다. 라우터 테이블은 목공기계 중 가장 위험도가 높다. 항상 날이 노출되어 있고 안전 커버도 없는 상태에서 작업을 해야 하기 때문이다. 작업 중 터짐 현상이 자주 발생하기 때문에 정말 조심해야 한다. 작업의

진행 방향, 즉 날이 회전하는 방향과 나무를 깎으면서 부재가 전진하는 방향을 잘 이해하고 작업하도록 한다. 안전을 위해 템플릿은 항상 10~20mm 연장하여 제작해야 함을 잊지 말자. 물론 다른 기계들도 마찬가지지만 특히 라우터 테이블은 안전을 점검하면서 더 천천히 작업하도록 하자.

STEP #4. 도미노 가공하기
라우터 테이블에서의 작업이 끝나면 조립을 위한 모든 부재에 도미노 가공을 한다. 이렇게 작업 순서를 잡은 기준은 도미노 가공에 필요한 기준면이 확보되느냐 아니냐에 달려 있다. 즉 라우터 테이블 작업 이후 기준면이 사라지는 형태의 부재라면, 지금과는 달리 도미노 가공 후에 라우터 작업을 해야 할 것이다. 목공은 장기와 같다. 몇 수 앞을 보는지에 따라 작업의 완성도가 달라진다. 그 몇 수 앞을 보는 방법은 대부분 설계 과정에서 결정된다. 때문에 설계가 작업의 완성도를 결정한다고 강조하는 것이다.

부재의 모든 엣지(모서리) 부분은 라우터 테이블을 이용하여 45°로 가공하였다. 모서리 가공을 라운드로 할 것인지, 직각으로 할 것인지는 도면에 따로 표기하지 않았다. 처음 디자인할 때 본인이 이미 결정했을 것이기도 하고, 이러한 세세한 것들은 가구를 설계할 때 이미 결정되어 진행되는 것이기 때문이다.

엣지 가공을 할 때는 템플릿 가이드 또는 펜스를 사용하지 않고 작업하므로 황동색의 스타트 핀을 반드시 사용한다. 안전에도 필요하고 터짐을 방지하는 방법이기도 하다.

STEP #5. 팔걸이 가공하기

팔걸이 부재의 두께 집성을 작업하는 모습이다. 나무의 손실을 최소화하기 위해 밴드 쏘로 팔걸이의 내경 라인을 가공한 후 잘려나간 안쪽 부재를 바깥쪽에 집성하는 방식으로 작업했다. 이렇게 작업하면 나무의 손실을 최대한 줄일 수 있으며 집성이 됐을 때 나무 톤을 최대한 통일시킬 수 있다.

위 사진은 밴드 쏘를 이용하여 팔걸이를 가공하는 작업과 이를 스핀들 샌더로 다듬는 작업을 설명하고 있다. 이렇게 작업한다는 건 이미 팔걸이와 다리가 완벽하게 조립될 수 있도록 도미노 작업을 포함한 모든 짜임이 끝난 상태라고 봐야 한다. 앞서 말한 것처럼 도미노 작업을 위한 기준면이 살아 있을 때 도미노 작업을 완성해놓아야 한다.

밴드 쏘를 좌우로 세워가며 디테일한 라인이 잡힐 때까지 조금씩 갈아내는데, 부재가 정반에 안정적으로 지지되지 않은 상태이므로 킥백이 발생할 가능성이 매우 높다. 따라서 부하가 많이 걸리지 않는 두께로 조금씩 반복해서 덩어리를 덜어내며 라인을 잡아나간다. 이후 스핀들 샌더를 이용하여 마무리한다. 사실 이 흔들의자를 설계할 때는 이러한 디테일한 라인을 생각했던 것은 아니다. 이 디테일은 스케일 모델링(목업 작업) 과정에서 우연히 얻은 수확이다. 스케일 모델링의 장점이라 할 수 있다.

 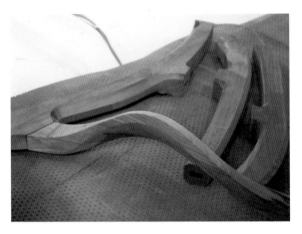

STEP #6. 다리와 팔걸이 가조립 후 턱 다듬기

가공된 다리와 팔걸이를 가조립한 상태에서 서로 생길 수 있는 오차, 즉 턱을 다듬는 작업을 한다. 가구가 조립된다는 것은 하나의 큰 조형 형태가 완성되는 것이라서 이때는 가공을 위해 가구를 세우고 돌리는 작업이 매우 어려워진다. 따라서 이런 부분 작업은 가조립 상태에서 최대한 맞춰놓는 게 작업면에서 효율적이다. 조립 직전 1차 샌딩을 하는 이유와 같은 맥락이라 생각하면 된다.

STEP #7. 좌판 제작 : 곡선 집성하기

다리와 팔걸이 다음으로 제작할 것은 좌판이다. 좌판의 측면도를 보면 S자 형태의 곡선이다. 이 곡선을 효과적으로 살리는 판재를 만들기 위해 템플릿 가이드로 좌판의 패턴을 하나하나 가공한 후 좌판의 폭만큼 집성한다. 이렇게 작업하는 이유는 비용 때문이다. 판재를 S자로 형태 가공하려면 매우 두꺼운 나무가 필요한데, 나무는 두꺼우면 두꺼울수록 단가가 올라가 상당히 비쌀 수밖에 없고, 부재가 낭비되는 측면도 있다. 이 방법을 쓰면 좌판의 측면 라인을 좀 더 정확하고 쉽게 잡을 수 있다는 장점도 있다. 단점이라면 곧은결로 좌판이 완성되기 때문에 나무결에 의한 장식 효과가 떨어진다는 것이다.

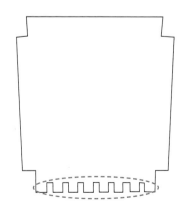

STEP #8. 좌판 제작 : 등받이와 연결될 홈 작업하기

다음 작업은 좌판과 등받이 부분의 짜임을 위한 홈 작업이다. 도면은 좌판의 형태를 평면도로 본 것이다. 아래 빨간 부분의 홈 작업을 위해 테이블 쏘의 데이도 날을 이용하여 홈을 가공한다.

데이도 날은 홈을 따는 일종의 두께가 두꺼운 톱날이다. 이 날을 이용하여 좌판과 등받이가 조립되는 홈을 만든다.

나무를 세워 홈을 만들어야 하는 작업 특성상 지그를 만들어 작업해야 한다. 썰매에 합판을 붙이고 그 합판 위에 나무 조각을 붙여 좌판이 안정적으로 고정될 수 있도록 지그를 만들었다. 이는 즉석에서 고안한 지그의 일종이다. 역시 목공은 9할이 응용이다.

이후 데이도 날과 홈이 가공되어야 할 위치를 잡고 가공하면 된다. 등받이와 연결될 촉의 두께와 같은 20mm로 데이도 날을 세팅한다. 데이도 날은 한 번에 완벽하게 홈을 딸 수 있다는 장점이 있다.

STEP #9. 좌판 제작 : 라인 다듬기

홈 가공이 끝난 다음에는 4인치 그라인더 어글리 커터 날로 좌판의 라인을 잡는다. 사진은 좌판 앞 바닥면의 라인을 잡은 모습이다. 다리와 붙는 면에서 안쪽으로 두께가 얇아지는 라인으로 가공했다.

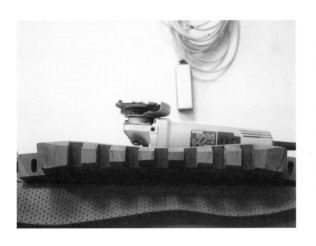

좌판의 뒤쪽 라인을 잡은 모습이다. 이것 또한 미리 정해진 설계에 따라 작업한 것이 아닌 홈에서 좌판의 느낌을 보고 작업했던 것이다. 작업 중 이런 디테일한 아이디어가 떠오를 때마다 나는 작업을 수정해서 할 것인지, 아니면 원래대로 진행할 것인지 생각을 많이 하는 편이다. 이 작품을 만들 때 좌판의 라인도 그런 과정을 거쳐 라인을 수정하여 작업했다.
사진에서 보이는 어글리 커터 날은 철마 제품으로 예전에 사용했던 매우 저렴한 날이다. 지금은 돈 주고 쓰라고 해도 싫을 정도로 아찔했던 경험을 겪은 후 저 날은 절대 사용하지 않는다. 작업 중 날이 쪼개지면서 파편이 얼굴로 튀는

상황이었는데 안면 마스크를 착용하지 않았다면 큰 사고로 이어질 뻔했다. 이후 가격이 10배가 넘는 좋은 어글리 커터 날을 사용하고 있으며 안전을 위해서라면 좋은 장비를 사용하는 게 맞다는 생각을 하게 되었다.

다시 본론으로 돌아가, 어글리 커터로 불필요한 부분을 잘라냈다면 다음은 해바라기 사포를 이용하여 작업면을 다듬어준다. 나는 곡선의 디테일한 작업은 그라인딩을 통해 완성한다. 지그를 만들어 작업할 수도 있지만 세상에 하나뿐인 라인을 만들 수 있어서 그라인더를 사용하는 것이다. 이처럼 자신만의 철학적 사고를 바탕으로 작업 스타일을 완성하는 것이 작가로서 중요하다.

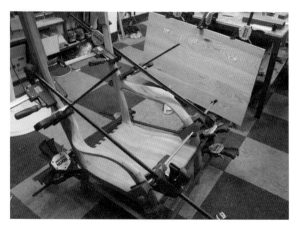

STEP #10. 1차 조립 : 팔걸이, 좌판, 다리

다리, 팔걸이, 좌판까지 준비되었다면 1차 샌딩을 완료한 후 조립에 들어간다. 샌딩을 할 때 조립되는 부분은 최대한 피한다. 완성도 높은 가구를 만들기 위한 방법이다. 120#부터 시작하여 320# 사포로 마무리하는데, 이는 원형 샌더의 오비탈 자국을 없애기 위한 방법임을 앞서 설명했다. 지금 만드는 흔들의자는 제품보다는 작품으로서의 목적이 강해 비교적 높은 방수의 샌딩 작업을 진행했다.

샌딩이 끝나면 조립을 할 차례이다. 사진처럼 부재가 곡선으로 조립되는 경우에는 클램프가 잡아주는 면이 없다. 또 클램프가 잡아주어야 할 직각이 나오지 않아 여간 까다롭지 않다. 따라서 조립하기 전 충분한 이미지 트레이닝을 통해 조립 순서 및 조립 방법을 정한 후 작업에 임해야 한다.

특히 팔걸이 부분의 조립은 경사가 완만하고 곡선들의 조립으로 인해 클램프 자리를 만들어내기가 어렵다. 때문에 가상의 턱을 만들어 클램핑을 해야 하는데 사진의 빨간 패러럴 클램프는 부재를 잡고 있는 녀석이며, 파랑색 퀵 그립 클램프가 패러럴 클램프를 잡고 팔걸이 부분을 클램핑하는 모습이다. 이것 또한 응용의 미학이다.

STEP #11. 1차 조립 : 턱 다듬기

여기까지가 1차 조립이다. 조립은 모든 부재를 동시에 하는 게 좋다. 하지만 본 흔들의자는 워낙 많은 부재가 조립되어야 하므로 작업의 완성도와 효율을 위해 1차 조립 이후 나머지 부재를 준비하는 작업으로 진행했다. 1차 조립 후 본드가 완전히 건조되면 사진처럼 부재와 부재가 연결된 부위에 생긴 턱을 다듬어 준다.

턱을 다듬을 때 나는 철공용 '줄'을 자주 사용하는 편이다. 대패나 그라인더가 가공할 수 없는 좁은 공간에서 갈아내는 작업을 할 때 이만한 작업 공구가 없다. 철을 다듬기 위한 도구지만 목공에도 얼마든지 사용할 수 있다. 역시 정답은 없다.

STEP #12. 등받이 제작 : 도미노 모양의 홈 작업까지

다음은 등받이 작업이다. 1차 조립할 때 등받이를 포함시키지 않은 이유는 부재가 조립됐을 때 생길 수 있는 오차에 대한 대비책이라 할 수 있다. 아무리 잘 가공된 부재라 하더라도 오차가 발생하기 마련이다. 소소한 오차들이 쌓여 합쳐지면 조립이 힘들어질 만큼 오차의 정도가 커진다. 물론 가조립을 통해 오차를 잡아낼 수도 있지만 본드 조립과 가조립은 엄연히 환경이 다를 수밖에 없기 때문에 정확하게 오차를 잡기가 쉽지 않다.

그래서 등받이를 제외한 부재(다리, 팔걸이, 좌판)를 1차로 조립한 후 변화된 값에 맞게 등받이 각도를 측정하여 제작하는 것이다. 이후 나사못을 이용하여 등받이와 뒷다리를 고정하면 좀 더 완성도 높은 가구를 만들 수 있다. 물론 짜맞춤으로 조립한 것보다 하중의 강도는 떨어지겠지만 등받이는 많은 하중을 받지 않는 부분이라서 나사못으로도 충분히 견고할 것이라 판단했다.

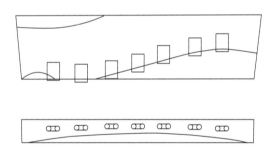

사진처럼 등받이의 각도를 맞췄다면 이후 등받이 살이 들어갈 수 있게 도미노 모양의 홈을 가공해야 한다. 도미노 모양의 촉은 30mm가 들어갈 예정이다. 사진을 보면 분필로 등받이 모양이 가공될 라인이 그려져 있는데 도미노가 가공할 수 있는 최대 깊이인 28mm보다 더 깊숙한 곳에 가공되어야 하는 특성상 이 작업은 드릴 프레스를 이용하여 작업하였다.

옆 도미노 모양의 홈을 가공하기 위한 도면이다. 이를 1:1로 출력하여 부재에 붙여 작업해도 되며, 부재에 직접 그려서 작업해도 무방하다. 작업 방식은 원으로 된 10mm 부분을 10mm 드릴 비트를 이용하여 원하는 깊이까지 가공하는 것이다.

이후 원과 원 사이를 끌로 다듬어주면 도미노와 같은 모양으로 홈을 만들 수 있다.

STEP #13. 등받이 제작 : 곡면 가공
등받이의 라운드 작업을 위해 밴드 쏘로 등받이의 곡면을 가공하는 모습이다.

이후 팔걸이 작업과 같은 방법으로 밴드 쏘 작업 후 분리된 안쪽 면을 등받이 뒤쪽 면에 집성하여 두께를 늘려준다.

등받이 작업 또한 이미 조립되는 면을 정재단해놨기 때문에 정확한 가공보다는 균형 있는 라인으로 조형적 느낌이 들 정도만 가공하면 된다. 그래서 나는 밴드 쏘로 가공한 다음에는 별도의 작업 없이 작업을 마무리하는 편이다. 밴드 쏘 날을 완벽히 세팅한 상태에서 한 번에 작업을 끝낸다고 생각하고 집중하여 작업한다. 여유를 가지고 천천히 작업하는 습관을 들이면 가능한 일이다.

STEP #14. 2차 조립 : 등받이
등받이의 필요한 면적을 위해 추가로 집성하는 모습이다. 이 작업을 지금에서야 하는 이유는 드릴 프레스 작업 때문이다. 집성 전에 완벽한 기준이 되는 바닥면이 있어야 하기 때문에 드릴 프레스 작업이 모두 끝난 후에 집성을 했다.

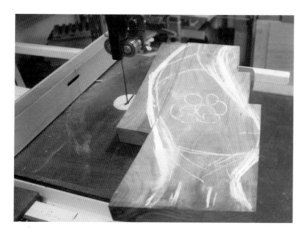

등받이의 전체적 모양은 가조립 후 즉흥적으로 라인을 그려서 만들어냈다. 이후 밴드 쏘 작업 및 샌딩 작업을 통해 면을 다듬고 조립했다. 이 또한 설계상 정해진 값으로만 작업하지는 않았다. 이런 라인은 때로는 작업 중 수정이 가능하고 완성되었을 때 그 모양이 더 좋아지기도 했다.

가공이 끝나면 등받이와 뒷다리를 조립한다. 1차 조립된 상태라서 도미노 작업을 할 수가 없으므로 보강목을 조립하는 과정과 마찬가지로 나사못을 이용하여 조립했다. 작업 양이 많거나 하중에 크게 문제가 되지 않는 부분은 이렇게 나사못을 사용하는 것이 작업의 완성도를 높여준다.

STEP #15. 2차 조립 : 등받이와 연결된 턱 다듬기
조립이 완료되면 뒷다리와 등받이가 연결되는 부분의 턱을 톱 또는 대패를 이용하여 잘라낸다.

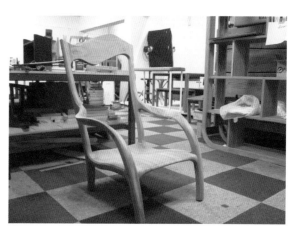

이처럼 한 작업을 완벽히 마무리하고 그 다음 작업으로 넘어가는 습관을 들이자. 초보자일수록 조금이라도 빨리 결과물을 얻고 싶어 마무리를 나중에 하려고 하는데, 목공은 느림의 미학이다. 여유를 가지고 천천히 작업하는 습관이 오히려 완성 시간을 단축시켜준다.

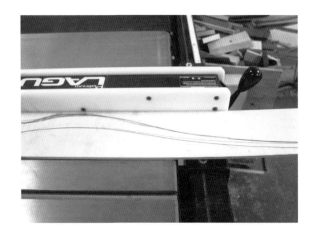

STEP #16. 등받이 살 제작 : 템플릿 가이드로 부재 준비하기
흔들의자의 등받이 살을 제작하기 위해 템플릿 가이드를
제작한다. 마찬가지로 5mm 합판으로 제작한다. 등받이 살
템플릿 가이드는 라우터 테이블을 이용하여 다듬는 용도의
가이드가 아니다. 단지 같은 형태의 여러 가지 살을 만들기
위한 가이드일 뿐이다. 등받이 살의 짜임은 부재의 두께가
중요하기 때문에 살의 가공 여부는 그렇게 정확할 필요가 없다.

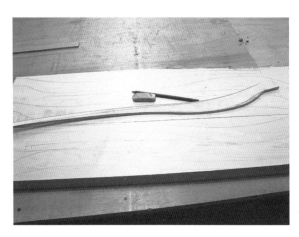

검정 톤의 월넛과 대비되는 수종은 메이플이다. 등받이에
포인트를 주기 위해 메이플을 선택했다. 템플릿 가이드를
이용하여 대패가 완료된 메이플 부재 위에 등받이 라인을 그린
후 밴드 쏘로 작업한다.

이 작업은 정밀도와 관계없이 일정한 라인에 대한 가이드이기
때문에 밴드 쏘 가공 이후 별다르게 가공할 필요가 없다.
최대한 정밀하게 가공하는 걸로 작업을 마무리한다.

STEP #17. 등받이 살 제작 : 장부 촉 만들기
등받이 살이 좌판에 만든 홈에 조립될 수 있도록 테논 지그를
이용하여 장부 촉을 가공한다. 30mm로 준비된 살의 두께에서
양쪽 5mm를 가공하면 20mm 촉이 만들어진다.

살과 등받이가 연결될 도미노 모양의 촉은 끌과 철공용 줄을
이용하여 작업한다. 목선반으로 봉을 만들거나 지금처럼
원형의 촉을 만들 때는 끝부분을 조금 좁게 하여 안쪽으로
들어갈수록 꽉 끼게 하는 것이 좋다. 그러면 장부 홈과
정확하게 맞지 않더라도 꽉 끼는 형태가 되어 조립 시 완성도가
높아진다.

STEP #18. 3차 조립 : 등받이 살

등받이 살을 등받이 부분과 좌판에 하나씩 수작업으로 끼워 맞춰본다. 일종의 가조립이다. 이 작업은 손의 감각만을 이용하여 완성해야 하기 때문에 기술에 대한 노하우가 조금 필요하고 조금은 지루하다. 하지만 난이도가 높은 작업은 아니다. 등받이 부분과는 도미노 형태로 조립하고, 좌판과는 핑거조인의 느낌으로(전통 짜임 방식으로) 작업하였다.

작업 양이 많거나 조립의 결과를 예측할 수 없는 작업은 이렇게 하나하나 완성해나가면서 실측하여 작업하는 것이 실패를 줄일 수 있는 길이다.

등받이 살을 가조립해본 다음, 다시 분리하여 엣지 가공을 한다. 트리머 라운드 비트를 사용하면 될 것이다. 샌딩 후 본드를 바르고 조립한다.

STEP #19. 로커 제작 : 밴딩에 필요한 부재 준비

이번 작업은 목공의 꽃이라 할 수 있는 밴딩이다. 나무를 얇게 켜서 틀에 고정하여 밴딩하는 건식 밴딩으로 진행했다. 건식 밴딩의 가장 큰 장점은 얇은 나무 사이를 본드가 잡아주어 합판처럼 강도가 세진다는 것이다. 또 설계상 원하는 라운드 값을 완벽하게 구현할 수 있다는 장점도 있다.

밴딩 작업을 위해 테이블 쏘로 두께 5mm의 얇은 판재를 준비한다. 톱날과 펜스의 간격을 5mm로 세팅한 후 얇은 부재를 만드는데 이때 꼭 푸시스틱을 사용하자. 매우 좁은 간격이라 푸시스틱이 톱날을 지나갈 때는 당연히 톱날에 푸시스틱이 상할 것이다. 하지만 푸시스틱은 엄연히 소모품으로 안전한 작업을 위해서는 반드시 사용해야 한다.

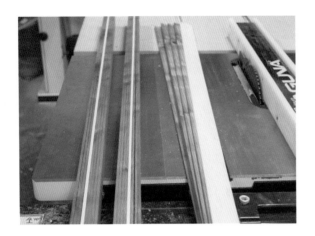

밴딩할 부재는 잘린 순서가 섞이지 않게 배열하는 것이 좋다. 이렇게 밴딩한 결과물은 나무결이 연결되어 마치 한 덩어리의 나무가 휜 것처럼 자연스러운 결과물을 만들어낼 수 있다.

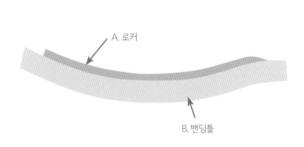

A. 로커

B. 밴딩틀

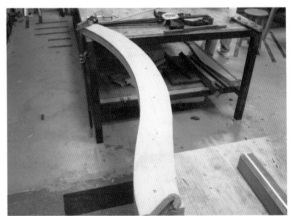

STEP #20. 로커 제작 : 밴딩하기

도면을 보자. A 영역이 흔들의자의 '로커' 부분이며 이를 제작하기 위해서는 B 영역의 밴딩틀이 필요하다. 밴딩틀은 템플릿 가이드와 마찬가지로 합판을 이용하여 제작한다. 단지 밴딩이 될 부재의 두께만큼 합판의 두께도 두껍게 제작되어야 한다는 것이 템플릿 가이드와 다른 점이라 할 수 있다. 밴딩틀 제작도 마찬가지로 1:1 도면을 출력하여 합판에 붙여 제작한다. 밴딩틀을 제작할 때는 부재가 밴딩될 부분이 틀의 내경에서 진행되도록 해야 한다. 그 이유는 밴딩되는 부재가 휘면서 갈라지는 경우가 있는데, 이때 밴딩틀의 내경면이 부재의 외경면을 잡아주어 부재가 갈라지는 현상을 최대한 줄일 수 있기 때문이다.

5mm 두께로 잘라낸 부재를 밴딩틀에 붙여 클램핑하기 위해 판재와 판재끼리 겹쳐지는 사이사이 모든 부분을 본드로 빈틈없이 발랐다. 하지만 본드를 바르고 집성하는 과정에서 본드의 점성으로 인해 미끌거림이 발생한다. 이런 미끌거림을 방지하는 방법으로 본드물을 먹이는 방법이 있다.
먼저 미온수와 본드를 반반씩 섞어 희석해준다. 본드물을 만드는 것인데, 이를 본드를 발라야 할 판재의 모든 부분에 1차로 초벌해준다. 이후 본드를 바른 후 밴딩을 하면 나무가 1차로 본드물을 먹은 상태에서 본드와 접촉하는 것이기 때문에 본드의 흡수가 더 빠르고 미끌거림도 없어진다. 밴딩은 나무를 휘는 작업이기 때문에 본드물을 먹은 부재는 좀 더 유연해져 밴딩이 수월해진다.

판재 사이 사이에 본드를 바른 후 밴딩틀에 고정시킨다. 부재의 중앙에서부터 클램핑해 나가는데, 밴드틀 내경으로 조여지는 부재는 하나의 클램프만으로도 충분히 밀착되므로 다음 클램핑 과정이 수월해질 것이다. 클램핑은 판재들이 벌어지지 않게 빈틈없이 촘촘하게 한다.

이때 흔들의자 로커와 다리가 접합되는 부분의 자연스러운 연결을 위해 같은 두께의 자투리 나무를 준비하여 밴딩과 같은 두께가 될 수 있게 한꺼번에 밴딩하며 집성한다. 흔들의자 다리와 로커의 조립은 의자 다리의 마구리면을 다듬어 맞추는 것보다 로커의 켜는 면을 가공하는 것이 상대적으로 쉽기 때문이다. 또 다리와 로커의 연결되는 라운드를 위해서 공간을 확보할 수도 있다.

흔들의자 로커와 다리가 조립된 모습이다. 다리가 로커와 연결되면서 라운드진 것을 확인할 수 있다. 공간을 확보한다는 것이 무슨 말인지 이해될 것이다.

STEP #21. 로커 다듬기
밴딩이 끝난 로커는 끌 또는 대패를 이용하여 본드를 제거한 후 수압대패를 이용하여 기준면을 잡는다.

이후 자동대패를 이용하여 두께의 정재단을 완료한다. 이 작업은 최초 부재를 준비하는 과정과 동일하다.

다리와 조립되는 곳의 라인이 잘 연결될 수 있도록 라인을 그려 가공한다. 먼저 의자와 로커를 가조립한 다음, 위치를 잡고 이 두께에서 표현할 수 있는 가장 자연스러운 라인을 그린다.

이후 밴드 쏘로 불필요한 부분을 잘라낸다.

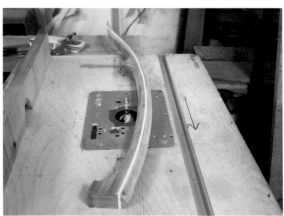

스핀들 샌더로 마무리한다.

흔들의자의 로커 또한 의자와 조립하기 전에 엣지 가공을 해 주어야 한다. 바닥 부분은 라운드 비트를, 위쪽 부분은 45° 비트를 이용하여 엣지 가공을 한다. 흔들의자 다른 부분들은 45°로 엣지 가공을 했지만 바닥면은 라운드로 작업해야 로커가 부드럽게 움직인다.

흔들의자의 로커 라운드, 의자의 좌판과 등받이의 각도, 이 3박자가 완벽하게 이루어졌을 때 흔들의자로서의 기능을 할 수 있다. 이 중 어느 한 부분이라도 잘못되면 사람이 앉았을 때 앞쪽으로 쏠리거나 뒤로 넘어가는 등 안락한 흔들의자가 되지 못한다. 흔들의자를 만들기 위한 여러 가지 경험과 노하우가 필요한 이유이다. 이를 방지하려면 최종 조립하기 전, 가조립 상태에서 테스트를 해봐야 한다. 만약 흔들의자가 앞쪽으로 쏠린다면 뒷다리의 길이를 조금 더 짧게 수정해야 하며 뒤로 넘어가는 현상이 발생하면 앞다리의 길이를 줄여주는 방법으로 흔들의자 각도를 잡아야 할 것이다.

STEP #22. 4차 조립 : 로커

밴딩으로 완성한 로커는 기준면이 없는 상태, 즉 나무가 휘어져
있는 상태에서 조립해야 하기 때문에 그 값을 예측하기가
상당히 어렵다. 따라서 가조립 상태에서 수공구로 조립 부분을
조금씩 수정해가면서 맞춰야 한다. 오로지 손의 감각으로
조립면을 맞춰야 하므로 세심함이 필요하다.

조립 이후 생긴 턱은 앞서 보여준 작업 방법과 동일하게 줄, 끌,
대패, 등을 이용하여 단차를 다듬어준다.

STEP #23. 오일 마감하기

이후 오일 마감으로 최종 작업을 마무리 짓는다.

흔들의자는 다소 난이도가 높은 작업이긴 하지만 설계에
대한 이해와 끈기만 있다면 누구나 제작할 수 있는 가구이다.
작업 방법에 대한 확신과 신뢰, 그리고 본인의 작업 스타일을
완성해나갈 수 있는 만큼 작가로서 도전해볼 가치는 충분하다.

"진정으로
하고 싶은

일이라면

도전하라"

class #9
가구 공방 창업론

가구 공방 창업 A to Z

"목공을 배우려는 이유는 뭔가요?" 목공 입문자들에게 공통적으로 던지는 질문이다. 취미로 하려는 김씨, 창업이 목적인 이씨, 취미로 하다가 소질도 있고 잘 될 것 같으면 창업도 생각하는 박씨, 그냥 관심 있어서라고 말하는 최씨가 있다. 이들의 공통점은 목공을 통해 삶의 질을 높이고 싶다는 것일 테다. 목공은 더할 나위 없는 취미가 될 수 있지만 창업이 목적인 경우에는 그냥 즐길 수만은 없다. 생계를 다투는 선택의 길목에 서 있기 때문이다. 과연 잘할 수 있을까에 대한 두려움, 어떻게 먹고 살 것인가에 대한 막막함, 너무 늦지는 않았을까에 대한 후회로 머릿속이 복잡한 이씨에게 목공으로 먹고사는 선배 입장에서 해줄 수 있는 말을 정리해보았다.

왜 가구 공방을 차리고 싶은가?

공방을 창업하려는 이유가 돈벌이의 수단이라면 살아남기가 매우 어렵다. 일의 재미나 노동의 강도 등의 이유를 떠나 수입 구조 자체가 성공하기가 쉽지 않다. 소위 오픈발을 시작으로 그 정도가 꾸준하면 성공할 수 있는 여타 점포 창업과는 달리 가구 공방은 오픈발 없이 월세를 꼬박꼬박 내며 버티기 싸움에 들어가야 한다. 1년이고 2년이고 수입이 생기기 전까지 버티기 싸움에서 이겨야만 살아남을 수 있는 가구 공방은 엄연히 제조업이다.

제조업은 재고가 쌓이는 1~2년까지는 수입이 발생하기 매우 힘들다. 그 시기가 지나야 비로소 수입이 발생하는 구조를 가졌다. 재고의 종류가 다를 뿐 가구 공방도 재고가 쌓이는 기간 동안 버티기 싸움에 임해야 한다.

공방의 수익이 궤도에 오르려면 무엇보다 고객과의 연결고리가 중요하다. 아무리 디자인을 잘하고, 기술이 좋고, 다른 공방보다 고급 사양의 장비를 갖추었더라도 공방의 존재를 모른다면 그저 남의 일이 될 수 있다.

예전에는 전시나 몇몇 공모전을 통해 작품과 공방을 알릴 수 있었지만 오늘날은 다르다. SNS를 통해 국내뿐만 아닌 전 세계에 얼마든지 자신의 작품과 자신이 하는 작업, 그리고 공방을 알릴 수 있다. 작품이나 공방을 알리는 행위는 공방을 운영하는 자라면 마땅히 해야 할 최소한의 일이다. 나아가 전시, 공모전 등을 위한 꾸준한 활동, 이를 바탕으로 한 지속적인 작품 활동도 해야 한다. 이런 일들을 하면서 가끔 들어오는 교육이나 주문 제작으로 번 수입으로 부족한 공구를 사고, 월세, 전기세, 각종 공과금을 내고 생활비까지 충당해야 한다. 빚이 늘어나지 않고 유지만 해도 나름 잘하고 있는 것이다.

이 모든 것이 가구 공방이라면 감내해야 할 것들이다. 공방 창업으로 돈을 벌겠다는 꿈을 가지고 나태하게 창업한 사람은 대부분 이를 버티지 못하고 접는다. 하지만 하고 싶은 일을 하면서 사는 게 먼저

인 창업자는 당장 수입이 적어 힘이 들더라도 쉽게 그만두진 않을 것이다. 자기만의 가구와 작품을 만드는 공방 자체가 목적이고, 만족이고, 행복이기 때문이다. 그렇게 버티다 보면 재고가 쌓이고 자기 공방만의 문화가 완성된다. 이후에는 먹고 살 만큼의 수익은 분명히 생긴다(얼마를 벌어야 먹고 살만큼의 수익인지 생각의 차이는 있겠지만).

그렇다면 지금부터 창업에 대한 현실적이고 구체적인 내용으로 들어가 보자.

창업비용 예산 정하기

가구 공방 창업에 드는 비용은 자동차와 같다. 서울에서 부산까지 중형급 세단을 타고 갈 것인가, 아니면 경차를 타고 갈 것인가의 선택일 뿐이다. 두 가지 방법 모두 부산에 갈 수 있다. 하지만 승차감, 안정성, 속도 등으로 인해 몸이 느끼는 피로도는 분명 다르다. 공방 창업도 마찬가지다.

공방을 창업하려면 적게는 몇 백만 원부터 많게는 일억 원 이상이 든다. 하지만 몇 백만 원으로 창업을 하든, 일억 원 이상의 자금을 들여 창업을 하든 완성도 높은 작품을 만드는 데는 문제가 없다. 단지 차의 성능에 따른 피로도가 다를 뿐이다. 작업의 공정과 정밀도 등을 고려한다면 당연히 좋은 기계를 구비하고 시작해야 맞지만 투자 금액이 많다는 건 그만큼 유지비가 많이 든다는 뜻이므로 더 많이 벌어야 한다는 이야기와 같다. 많은 돈을 벌려고 시작한 일은 아니지 않은가?

그렇다고 저렴한 기계만 구비해서 시작한다면 언젠가는 업그레이드의 필요성을 느낄 것이다. 이 또한 정답은 없는 것이다. 그러니 형편이 되는 범위 내에서 최선을 찾는 게 좋다. 과하지 않게 버틸 수 있을 만큼 전략을 세워 천천히 시작하기를 권한다.

내 경험으로 볼 때, 목공 장비와 기계를 구입하는 비용은 1000만 원으로도 가능하다. 하지만 기계의 성능과 작업의 효율을 어느 정도 고려하면, 대략 3000만 원 정도를 적정선으로 본다.

가구 공방은 창업 투자비용 대비 고소득을 벌 수 있는 분야임은 확실하다. 하지만 최고 수익의 한계점 또한 확실하게 존재한다. 버티기 기간이 끝나고 어느 정도 공방이 안정화되었다는 가정 하에 3000만 원 정도 장비를 구비해서 창업했다면 최고 순수익은 월 300만 원 정도가 될 것이다. 투자대비 10%를 월 수익으로 볼 수 있는데 안타까운 건 그 이상 수익을 올리기가 힘들다는 점이다. 왜냐하면 작업 의뢰가 많이 들어온다 해도 공방에서 소화할 수 있는 물량이 극히 제한적이기 때문이다. 소규모 가구 공방의 한계이다. 그렇다고 직원을 고용하면, 더 많은 일을 소화할 순 있지만 직원 월급, 늘어난 유지비 등을 계산해볼 때 실제로 공방장이 버는 수입은 이전과 다를 게 없어진다. 즉 거기서 거기다.

처음부터 무리하게 투자하여 크게 창업하면 오히려 힘들어질 수 있다. 공방 창업의 올바른 순서는 오래 버틸 수 있는 방법을 먼저 찾고 전략적으로 공방 창업에 임하는 것이다. 자리가 잡히고 공방이 알려지면 물 흐르듯 자연스럽게 좀 더 다양한 설비와 큰 공간에 투자할 수 있다. 3000만 원 시스템에서 지속적인 투자로 4000~5000만 원 정도의 시스템을 만들어 간다면 투자 대비 수익도 늘어갈 것이다. 처음부터 고급 세단을 타고 갔을 때 그 유지비는 어떻게 감당할 것인가를 꼭 생각해야 한다.

목공기계는 10년 전보다 지금이 더 저렴하다. 그 당시 선택할 수 있는 목공기계 판매 회사는 지극히 제한적이었고, 독점 판매인 탓에 가격도 비쌌으며 다양성에도 한계가 있었다. 지금은 수입품도 있고 여러 업체들이 경쟁하고 있어 가격도 저렴해지고 종류도 많아졌다. 선택의 폭이 넓어진 것이다. 그만큼 공방 문화가 정착되어가고 있다고 볼 수 있다.

목공기계 및 전동공구 구입 시 유의사항
목공기계 선택 시 투자해야 할 순서가 있다. 예산

한도에서 '수압대패 → 테이블 쏘 → 자동대패 → 벤드 쏘 → 벨트 샌더 → 드릴 프레스' 순으로 구입하는 것이 바람직하다. 기계의 사용 빈도수나 정밀도 면에서 선정한 이유도 있지만 중량이 무거워 한 번 공방에 들이면 교체가 쉽지 않다는 이유도 있다. 이 밖의 기계들은 지금 당장 없어도 되고, 저렴한 걸 사용해도 큰 무리 없이 작업할 수 있다. 전동공구는 도미노는 필수, 샌딩기는 좋은 제품으로 선택하는 게 좋다. 각도 절단기, 컴프레셔 등 나머진 아쉬운 대로 저렴한 것을 구입해도 나쁘지 않다.

이밖에 냉난방기, 정수기 등의 가전도 필요하다. 지출 예산은 우선순위를 판단하여 큰 그림을 그리고, 전체 예산에서 10% 정도는 남겨두어야 한다. 공방을 처음 하다 보면 생각지 못한 지출이 분명 존재하기 때문이다. 총 비용을 제외하고 3~6개월의 임대료를 여유로 가지고 있으면 더없이 좋은 시작이라 할 수 있다.

무리한 욕심을 버리고 현실을 직시하자. 소형차 사려고 매장에 들렀다가 중형차 사는 일이 수없이 벌어진다. 좋은 기계를 들이고 싶은 마음이야 누구나 있겠지만 이때 정신줄을 놓으면 예산 초과로 인해 버티기가 힘들어진다. 이를 컨트롤해줄 선배가 있으면 반드시 조언을 받자.

공방 입지선정

강한 자가 오래 가는 게 아니라 오래 가는 자가 강한 자다. 어떤 곳에서 공방을 시작할 것인가는 오래 살아남는 전략을 짜는 데 가장 우선시되는 요소다. 즉 오래 버티기의 시작점은 바로 입지 선정이다. 창업을 준비하는 예비 창업자들에게 입버릇처럼 하는 말이 있다. "세 싸움에서 이겨야 한다."

월세는 고정 지출 비용으로 매월 나가야 하는 돈이다. 공방을 차렸다면 최소 월세 정도는 벌어야 부담이 덜하다. 이 부담을 줄이는 전략이 공방을 성공

적으로 운영하기 위한 중요 포인트가 된다.

저렴한 곳을 찾아라

단도직입적으로 말하자면 가구 공방은 최대한 싸고 넓은 곳을 구해야 한다. 서울에 있는 공방들을 보면 대부분 지하에 있다. 그나마 적은 비용으로 넓은 공간을 사용할 수 있기 때문이다. 월세가 저렴하면 많이 벌지 않아도 유지할 수 있는 여유가 생긴다. 클라이언트에게 끌려 다닐 일도 상대적으로 적다. 왜? 공방을 운영하는 데 부담이 없으니까. 월세가 부담이 되면 하기 싫은 일을 어쩔 수 없이 해야만 하는 경우가 많아지고 클라이언트에게 끌려 다니게 된다. 하고 싶은 작업을 통해 공방이 발전되는, 그럼으로써 경쟁력을 자연스럽게 갖춰가려면 일단 매월 지출해야 하는 세 부담을 최대한 가볍게 하자.

지하에 공방 세팅 시 유의할 점

지하라고 해서 열악한 환경이란 편견은 버리는 게 좋다. 흔히 나무는 습기에 취약하며 지하는 습기가 많아 공방으로 좋지 않다는 말을 하지만 이는 잘못된 견해다. 습기가 많은 계절에는 지하든 지상이든 처한 환경이 똑같다. 오히려 지하에 공방을 차릴 때는 습기보다 물난리에 대비해야 한다. 공방 입지를 선정할 때 집수장치가 설치되어 있는지 체크해야 하는 이유이다.

지하는 환기가 안 되고 먼지가 많아 힘들다는 이야기도 있다. 하지만 이는 집진설비 등을 통해 대부분 해결할 수 있으며 오히려 지하는 소음에 더 자유롭다는 장점이 있다(입지에 따라 다르지만 지상에 공방이 있으면 기계 소음으로 인한 민원이 자주 발생한다.).

공방 창업 시 지하를 입지로 정하면 단점보다 장점이 더 많을 수 있다. 지하는 자재를 운반함에 있어 매우 힘들 거라는 생각은 잠시 버려두자. 가구 공방의 자재라 하면 제재목이 대부분일 텐데, 표면이 정리되지 않은 제재목은 조금 상처가 난다 해도 크게 문제가 될 것이 없다. 따라서 아래로 가볍게 던져주

고 내려가서 정리하면 된다. 누군가 도와주는 이가 있다면 한 사람은 위에서 가볍게 던지고 다른 한 사람은 아래에서 정리하면 자재 운반도 그리 어렵지 않다. 완성된 가구의 경우 지하에서 나가는 게 조금 까다롭긴 하지만 돈 들어오는 일이니 힘들어도 기분 좋게 나를 수 있을 것이다.

물론 무거운 기계를 내려야 할 때는 힘이 든다. 하지만 이는 자주 있는 일이 아니므로 지인들을 불러 품앗이하면 어렵지 않게 해결할 수 있다. 중요한 건 자재나 기계의 운반이 아니라 기계가 들어오고 가구가 나갈 수 있을 만큼 계단 너비가 충분한가이다. 그렇지 못하다면 도비(기계 등 무거운 장비를 전문적으로 이전 시켜주는 업체) 비용이 추가될 뿐만 아니라 만들 수

있는 최대 가구 사이즈가 줄어들 수밖에 없다.

지하에 공방을 세팅할 때 기계 선택에는 신중을 기해야 한다. 내리는 건 미끄러지듯 태워 내리면 되지만 기계를 올릴 때는 들어서 올려야 하는 탓에 기계 업그레이드가 까다롭기 때문이다.

전원 공방의 장단점

도심 외곽으로 빠져보면 어떨까? 시내보다는 임대료가 저렴해 지상이어도 고정 지출 비용에 부담이 없고, 소음으로 인한 민원으로부터 자유롭다는 장점이 있다. 공방가구는 지나가다 예뻐서 사는 류의 가구가 아니다. 오래 고민하고 필요에 의해 찾는다. 마음에 들면 어디서든 찾아온다. 따라서 굳이 공방 입

지를 시내로 한정해서 생각할 필요는 없다고 생각한다. 단점이라면 교통이 불편하고 오가는 시간이 오래 걸린다는 점이다. 하지만 이 또한 시간이 흐르면 장점으로 변한다. 소풍가듯 공방을 가는 느낌이랄까.

중고 기계 구입해도 괜찮을까

창업비용을 아끼고자 중고 기계를 알아보는 이들이 있다. 결코 좋은 방법이 아니다. 직접 가서 확인하고 나르고 세팅해야 한다. 목공기계는 가구 공방에서 가장 중요한 자산이다. 중고 중에 적당하다고 생각되는 걸 들이면 애물단지가 될 가능성이 높다. 나중에 새 기계를 사고 싶어도 운반에 돈이 많이 들고 처분도 쉽지 않으니까 말이다

일단 형편 되는 대로 새 기계로 시작하는 걸 추천한다. 새 기계를 사면 공방 위치까지 배달해주고 세팅도 해준다. 설치하면서 기계에 대한 설명도 해주므로 공부가 된다. 훗날 스스로 기계를 고쳐 사용할 수 있어야 하는 것도 이 직업에서 필요한 능력이다.

중고 기계라 하여 결코 싸다고 할 수 없다. 운송비용과 운용시간 등을 고려해본다면 그 값이 그 값이다. 엄한 곳에 힘쓰지 말자. 그 시간에 좋은 작품을 만드는 것이 목공 인생에 더 도움이 될 것이다.

임대차 계약

최선인지 생각하고 또 생각하자. 한번 결정하면 최소 2년간은 움직일 수 없다. 지금도 나는 임대차 계약 만료일이 가까워지면 좀 더 좋은 환경으로 이사 가고 싶은 욕구가 생겨 공방 입지를 찾아다닌다. 그러다 보면 '이만한 데가 없군' 하는 생각이 들어 한 자리에서 공방을 운영한 지 10년이 다 되어간다. 이곳을 구하기 위해 한 달을 발로 뛰었던 기억이 난다. 홍대 생활을 오래한 터라 서울 밖으로 멀리 나가는 건 생각도 못했다. 홍대 인근을 시작으로 자리를 알아보러 다니기를 일주일, 차로 다니면 주차나 기동

성에 어려움이 있어 중고 바이크를 한 대 샀다. 참고로 바이크 중고 시세는 하루아침에 오르내리는 일이 없으니 한두 달 사용한 후 되팔면 손해 볼 일이 적다. 홍대를 중심으로 1km씩 원을 그리며 공방 자리를 구하기 시작했다. 그때 얻은 요령을 공개한다.

먼저 부동산 카페나 사이트 등에서 정보를 얻어 집주인과 1:1 거래할 수 있는 매물들을 확인한다. 마음에 드는 것이 없으면 그 동네 부동산을 찾아가 원하는 매물을 문의한다. 그러면 인근에 있는 매물을 모두 확인할 수 있다.

매물을 볼 때는 몇 가지 원칙을 정하고 살펴본다. 소음으로 인한 민원은 없을지 주변 환경을 살피고(주택가 등은 피하는 것이 좋다), 주차, 대중교통, 기계/가구의 출입로, 원목을 나를 수 있는 비상구 상태, 침수 여부, 전기 등도 빠짐없이 살핀다. 이 모든 것이 만족스럽다면 마지막으로 확인해야 할 것이 있다. 임대인(건물주)과의 교감이다. 사실 매물이 좋으면 임대인이 별로 마음에 안 들어도 선택할 수밖에 없을 것이다. 최대한 원하는 요구를 맞춰주는 편이 임차인으로서는 현명할 수 있다.

계약서에 도장을 찍기 전 마지막으로 체크해야 할 것이 있다. 해당 건물을 담보로 대출을 받지는 않았는지, 가압류 · 가등기 등으로 혹여 보증금을 돌려받아야 할 때 문제가 생기지는 않을지 등을 확인해야 한다. 인터넷으로 해당 건물의 등기부등본을 떼어보면 간단한 일이니 잊지 말고 확인하도록 하자. 본인의 보증금보다 대출이나 가압류, 가등기 등이 많이 잡혔다면 그곳은 계약하지 않는 것이 좋다. 계약 시 조급해하지 말자.

사업자 등록 조건이 되는지 확인해야 한다. 상가, 또는 지하 창고는 대부분 근린으로 되어 있어 제조업으로 등록하는 데 문제가 없지만 가끔 전원 공방의 창고를 임대할 때 제조업 등록이 불가능한 경우가 있다. 관할 세무소에 문의하여 결정하는 게 제일 빠르다.

가구 공방 최적지는 상권이 약한 한적한 곳이다.

그런 곳일수록 보증금과 월세가 시세보다 저렴하며 깎을 수 있는 여지 또한 높다. 보증금이야 돌려받는 거고 임대인 입장에서는 한 달이라도 빨리 임대료를 받길 원할 테니 적당한 흥정은 필수다. 계약 시 공사 기간을 요구하면 적게는 보름, 많게는 한 달 정도 임대료를 절약할 수 있다. 가구 공방하면 지저분하고 시끄러운 공장이 연상되어 가끔 임대인들이 꺼려할 수도 있는데, 그럴 경우 공장이 아닌 가구 공방이며 예술작품, 목공예, 장인의 이미지를 어필하면서 설득하면 효과가 있다.

사업자 등록

창업은 비즈니스를 염두에 둔 행위다. 취미생활을 위해 공방을 얻은 것이라면 모르겠으나, 직업으로 공방을 창업한 것이라면 사업자 등록을 해야 한다. 사업자 등록은 임대차 계약서를 들고 신분증과 임대차 계약서를 가지고 관할 세무서에 가서 하면 된다. 이 때 종목은 '주-제조업', '부-목공예 또는 가구 공방'으로 내면 된다.

계약 이후 임대인이 그 건물을 담보로 대출을 받아 보증금을 날리는 일이 없도록 확정일자도 받아두자. 일반 주택은 전입신고 이후 관할 동사무소에 가서 확정일자를 받지만, 가구 공방 같은 근린일 경우에는 전입신고가 불가능하기 때문에 사업자 등록 후 확정일자를 받아야 한다. 이는 관할 세무소에서 사업자 등록과 동시에 진행하면 된다.

사업자 등록을 할 때 종목을 '제조업'으로 하면, 세무소에서 반드시 현장을 확인하러 나온다. 제조업의 세금 혜택 악용을 막기 위해서인데 실제로 제조가 가능한 곳인지 확인하는 것뿐이니 겁낼 필요는 없다.

사업자 등록을 낼 때 세무소에서 가끔 간이과세자로 하는 것을 추천하는 경우가 있다. 일반과세자는 부가가치세 신고를 할 수 있지만 간이과세자는 부가가치세 신고가 원천적으로 불가능하다. 번 돈보다 쓴

돈이 많으면 돌려받을 수 있는 부가가치세 혜택이 없다는 뜻이다. 간이과세는 연 매출 4800만 원 미만인 영세 사업자에게 세금 부담을 줄여주기 위한 국가의 혜택이라 생각하면 되는데 공방 같은 경우 초기 창업 과정에서 구매하는 대부분에 부가가치세를 내기 때문에 부가가치세 환급을 받지 못한다면 손해라 할 수 있다. 일반과세자로 등록하더라도 매출이 4800만 원 미만으로 신고되면 간이과세자로 바꾸라는 권고를 받거나 신청이 가능하니 처음에는 일반과세로 등록하는 것이 좋다.

참고로 가구 공방은 자격증 등이 없어도 창업이 가능한 분야다. 공방 창업을 목적으로 자격증을 따느니 그 시간에 작품을 하나 더 만들어보는 게 낫다는 말이다. 단 목공예 기능사 자격증이나 건축목공 기능사 자격증 같은 것들은 도움이 되므로 도전해보아도 좋겠다. 지도자 자격증, 협회 인증 등 창업을 위해 필요하다는 기타 교육 상술에는 넘어가지 않도록 하자. 이 일은 하고 싶다면 누구나 할 수 있는 일이다.

산업용 전기 신청

사업자 등록증이 나왔다면 전기를 산업용으로 전환 신청해야 한다. 산업용 전기를 사용해야 전기요금에서 부가가치세 혜택을 받을 수 있고 누진세 요율도 낮출 수 있기 때문이다. 기본적으로 가정용은 3kw에 누진세 요율이 적용되지만 일반용은 5kw 이상으로 구분된다. 기본 kw 수가 높을수록 기본료가 비싼 대신 누진세 요율이 낮아진다. 3~5kw까지는 유선 서류상으로 변경할 수 있지만 그 이상부터는 한국전력공사(한전)에서 위탁한 전기 업체가 현장을 방문하여 허가 여부를 결정하고 계량기를 교체한다. 한전에 문의해보면 친절하게 설명해줄 것이다.

가구 공방에 필요한 적정 kw 수는 경험상 5kw면 충분하다. 일반용 5kw는 누진세는 없지만 부가가치세 혜택을 받지 못한다. 즉 5kw 전기로 충분하더라도

산업용 전기 신청은 필요하다는 뜻이다. 산업용 전기 신청을 하면 1주일 이내에 한전에서 위탁한 전기 업체가 검수를 하러 나온다. 이때 사용하는 가전 및 기계 등 질의가 있을 것이다. 전체 기계의 전기 사용량을 계산하여 허가 여부를 판단하기 위해서이다.

가구 공방은 보통 10kw 정도 되어야 한다고 하는데, 사실 필요할 때마다 한 대씩 사용하고 기계마다 차단기를 설치하면 부하가 걸려도 일차적으로 기계에 있는 차단기가 떨어지므로 안전상 문제가 없다. 이 문제는 서류상 문제라고 보면 된다. 따라서 큰 기계들이 들어오지 않은 상태에서 한전에 산업용 전기를 신청하고, 가구 공방, 목공예 제조 사업자라서 기계 작업이 아닌 수공구 위주로 작업한다고 강조하면 5kw로 충분히 허가를 내줄 것이다. 물론 한전에서는 과전류로 인해 계량기가 타버리면 벌금을 물을 수 있다고 경고(?)하겠지만, 5kw로 허가를 받아 동시에 서너 대를 작동했어도 지금까지 문제된 적이 한 번도 없었다. 다시 말해 10kw를 써야 안전하다는 이야기는 일면 당연한 말이지만 현실적으로 5kw로면 충분하다. 5kw로 한 달 내내 전기를 써서 '기본료+사용료'를 합하여도 10kw 기본료만큼 전기세가 안 나오니, 처음 시작하는 자로서는 고려해볼 만한 선택이 아닌가 싶다.

나는 사업자 등록을 하고, 산업용 전기 신청을 한 다음 공방 인테리어 공사를 진행했는데, 이때는 각도 절단기, 원형 톱, 타카, 컴프레셔, 드릴 정도만 있어도 공방 인테리어가 가능했다. 산업용 전기 검수가 들어오기 전까지 큰 기계를 들이지 않았다는 말이다. 이후 5kw 산업용 전기 신청을 허가받고 필요한 목공 기계를 들였다. 예전에 그랬단 이야기다. 지금은 공방이 확장되어 8kw를 이용하고 있다. 판단과 결정은 본인이 알아서 하시길.

오픈식

오픈식은 하는 걸 강력히 추천한다. 한 푼이 아쉬워서 오픈식을 생략한다면 크나큰 오산이다. 돼지머리 하나 정도면 된다. 오픈식이 중요한 이유는 사업 개시를 공식적으로 알릴 수 있기 때문이다. 가족, 지인, 친지 등 될 수 있는 한 많이 초대하라. 그들은 우리 공방의 또 다른 영업사원이 될 것이다.

오픈식은 스스로 마음을 다지는 계기도 된다. 오픈 날짜를 맞추기 위해 느슨함도 없어질 것이고, 초대한 손님에게 제대로 꾸민 공방을 보여줘야 한다는 이유 때문에 좀 더 멋진 공간이 탄생할 수 있다. 오픈식은 잘 다니던 직장 때려치우고 이상한 거 한다고 걱정하는 이들에게 신뢰를 줄 수 있는 최고의 방법이다(그것보다 더 좋은 방법은 전시를 하는 것이다.). 걱정에서 기대로 돌아선 이들은 둘도 없는 강력한 아군이 되어줄 것이다. 이 모든 게 오픈식을 해야 하는 이유다.

부가가치세 신고

사업자 등록을 했으니 1년에 두 번, 1월과 7월에 부가가치세 신고를 해야 한다. 이는 일반과세자에게 해당되는 이야기다. 간이과세자는 일 년에 한 번 신고를 하면 된다. 이를 위해 전자 세금계산서도 발행할 줄 알아야 하는데, 인터넷뱅킹을 한다면 자신이 거래하는 주거래 은행에서 전자 세금계산서 공인인증서(4,400원)를 발급받고, 홈텍스www.hometax.go.kr에 가서 메뉴를 찬찬히 살펴보며 한두 번 해보면 어렵지 않게 할 수 있다.

매출 세금계산서상의 부가가치세 금액과 매입 세금계산서상의 부가가치세 금액의 차액을 부가가치세로 신고하고 납부해야 한다. 매출계산서상의 부가가치세액이 매입계산서상의 부가가치액보다 많으면 그 차액만큼 부가가치세를 납부하게 될 것이고, 매출

계산서상의 부가가치세액이 매입계산서상의 부가가치액보다 적으면 그 차액만큼 환급받게 된다. 이는 매년 5월에 해야 하는 종합소득세 신고와는 엄연히 다른 것임을 명심하자.

부가가치세 신고를 위해 세무사에 대행을 맡기는 게 좋은지는 개인 판단에 따른다. 최근에는 간편 장부를 통해 혼자서도 신고를 할 수 있으므로 비용도 아끼고 기본적인 세무 지식도 익힐 겸 직접하는 것도 좋겠다.

조금 복잡하고 어렵게 느껴지지만 처음이라 어려운 것이지 몇 번 하다 보면 충분히 해낼 수 있다. 세무사 사무실에 기장을 맡겨 신고했다 해도 세금 폭탄을 맞을 수 있다. 세무대행은 편의성이 좋아지는 것일 뿐 문제 해결의 방법은 될 수 없다. 요즘은 전자세금계산서가 보편화되어 신고 과정이 간편해진 것도 사실이다. 홈택스에 신용카드를 사업자 카드로 등록해놓으면 매입 자료가 자동으로 잡히므로, 카드 전표 등을 따로 보관하지 않아도 된다. 기타 사업 관련 증빙의 자료는 잘 관리해야 한다. 뭐든 처음이 어려운 법이다. 우리는 만능이 되어야 한다.

사업 특성상 매출보다 매입이 더 많이 잡히는 게 사실이다. 공방 교육 또는 가구제작 판매 시에는 부가가치세 별도 금액으로 판매하는 게 보통인데, 이때 대부분 현금 결제가 많아 부가가치세 신고를 누락시키고픈 유혹에 빠질 수 있다. 반면 월세, 자재구입비 등 나가는 돈은 대부분 부가가치세 신고가 되니 부가가치세 신고 후 환급받는 경우가 더 많을 수밖에 없다. 그런데 이렇게 되면 훗날 파산에 직면할 수 있다. 우리나라 세법에서 가장 무서운 것이 바로 현금 매출 누락이다. 10만 원 이상 건당 50% 페널티가 부과되므로 부가가치세 신고를 누락하는 것은 현명한 일이 아니다. 처음부터 부가가치세 포함된 금액에 익숙해져야 한다. 현금을 받았더라도 신고는 꼬박꼬박 하자. 세금 많이 낸다고 아까워하지 말자. 그만큼 많이 벌었으니 좋아할 일이다.

차량 구입 여부

가구 공방에서 제품을 운반하기 위한 용도라 하더라도 1톤 이상의 화물차 구입은 추천하고 싶지 않다. 가구 운송을 위해선 두 명 이상이 필요하다. 이때 화물 기사님 도움을 받으면 좋다. 배송비는 가구 제작비에 추가시키면 될 일이다. 나무 구입 때도 화물로 배송받자. 시간이 곧 돈이다. 1톤 미만 소형 화물차는 적극 추천한다. 특히 운영에 있어 차 관리비, 유류비의 부가가치세 혜택을 받을 수 있어 좋다. 예전에 레토나 밴이라는 명차를 거느린 적이 있다. 뒷좌석이 없는 2인승 SUV, 화물차로 적용되는 차다. 이 차가 노후하여 폐차될 무렵 알아본 차가 쌍용 픽업트럭이다. 사람도 5명이나 탈수 있고 물건도 많이 실을 수 있다. 화물차로 분류되어 1년에 29,000원의 저렴한 자동차세 혜택을 받을 수 있다.

처음에 차를 구입할 때는 중고차를 알아봤다. 그런데 중고차 딜러들에게 몇 번 속은 후 새 차를 사기로 결심했다. 사실 따지고 보면 새 차가 이득이다. 원하던 중고차 시세가 1300만 원 정도였는데 그 당시 레토나를 폐차하면 쇠값 50만 원, 노후 경유차 폐차 지원금으로 50만 원 총 100만 원을 받을 수 있었다. 새 차 가격이 2300만 원에 제조업 사업자로 업무상 필요한 화물차를 구매하는 것이므로 10% 부가가치세를 환급받을 수 있다. 몇몇 자동차 딜러들과 상담을 해본 결과 현금 170만 원의 할인을 받을 수 있었고, 새 차의 경우 3년간 정기검사 면제, 그리고 5년 할부로 차를 사면 한 달 할부료는 그다지 부담이 되질 않는 정도였다. 나는 이 차로 벌써 14만 km를 주행 중이다. 새 차 사길 잘했다고 생각한다.

목재소 선택

목재소를 선택할 때는 우선 신뢰를 쌓을 수 있는 곳인지부터 파악해야 한다. 사실 신뢰는 그 목재소를

선택하게 된 유일한 이유라고 말할 수 있다. 공방을 처음 시작할 때 나는 A, B, C 목재소를 번갈아 가면서 나무를 주문하곤 했다. 그때는 가구 공방을 시작한 지 얼마되지 않던 때라 소량 구매를 할 수밖에 없어 목재소로부터 천시를 당하곤 했다. 돈을 주고 나무를 구입하는 데 언제나 을이 되어 목재소에 부탁하는 형국이였달까? 그런데 시간이 흐르면서 큰 가구 회사들이 하나둘 무너지고, 가구 공방이 활성화되면서 그들도 가구 공방을 대상으로 영업이라는 것을 하기 시작했다.

가구 공방에서 쓰는 목재들은 거의 수입 목재들이고, 유통 회사만 다를 뿐 사실 그 나무가 그 나무이다. 이런 상태에서 우리는 어떤 점에 중점을 두어 목재소를 선택해야 할까? 언뜻 생각하면 저렴한 가격이 최

우선일 것 같지만 저렴한 목재를 취급하는 곳을 선택하면 십중팔구 정신적인 스트레스를 겪게 된다.

왜 그런지 설명해보겠다. 때로는 주문한 목재가 가구 재료로 사용할 수 없을 만큼 불량할 수도 있고, 작업은 가능하지만 그렇다고 깔끔한 상태가 아닌 애매한 것들도 있을 것이다. 상태가 불량하면 반품하고 재주문하느라 시간이 속절없이 흐를 것이고, 애매한 상태의 목재들을 가공할 경우 품이 더 들어간다. 저렴한 목재소에서 나무를 주문했다면 분명 본인을 자책할 것이다. '괜히 싼 거 사서 나무 상태가 이렇구나', '그냥 제값주고 살 걸…'이라며 스트레스를 받는다. 하지만 제값주고 구입한 나무라면, "아, 이번 달 나무는 상태가 별로구나, 어쩔 수 없지?"라며 가볍게 여기고 작업하게 된다. 앞서 나는 유통 회

사만 다를 뿐 우리가 사용하는 나무는 사실 그 나무가 그 나무라고 했다.

그렇다면 어떤 기준으로 목재소를 선택해야 좋을까? 그것은 서비스 만족도다. 그들이 나를 고객으로 얼마나 신경 쓰고 있는지를 판단하면 된다. 사실 이런 만족도를 판단하는 기준은 매우 소소할 수밖에 없다. 그 이유를 천천히 살펴보도록 하자.

먼저 배송관련 문제다. 가구 공방을 운영하면서 목재를 들이는 일은 여간 힘든 일이 아니다. 하루를 온전히 바쳐야 할 정도로 스트레스를 많이 받는다. 특히 수도권 도심에서 공방을 운영하는 사람이라면 나무를 들일 때 교통, 주변 환경으로 인해 적잖은 스트레스를 받을 것이다. 지하에 위치한 공방은 단시간에 나무를 내릴 수 없으므로 나무가 공방에 도착하기 전에 품앗이할 사람도 준비해야 하고, 주변에 차를 주차할 수 있는 공간도 만들어놔야 하며, 목재를 쌓아올려야 할 적재함도 정리해야 한다. 이때 목재소가 내가 원하는 시간에 맞춰 목재를 보내주는 정도의 성의만 보여주어도 나무 상태 운운하지 않고 얼마든지 기분 좋게 거래를 하게 된다(내 경우는 그랬다는 말이다.).

두 번째는 나무를 받았을 때의 나무 상태다. 앞서 말한 나무의 상태와는 별개로 처음 거래가 이루어졌을 때 대부분 목재소는 좋은 목재들만 '신경'써서 골라 보낸다. 하지만 이는 첫 거래이기 때문일 수도 있음을 감안하라. 이후에는 그 신경이 조금씩 소홀해지는 걸 느낄 것이다. 공방 입장에서는 한두 번이야 참겠지만 계속해서 그런다면 거래처를 옮기고 싶어진다. 참다 참다 터져버리는 경우 대부분은 다른 목재소를 찾아보게 된다.

최근에 약 3년간 거래하던 목재소와 거래를 중단한 일이 있었다. 그 이유는 앞서 말한 것들에 대한 서운함이 쌓여 한순간 터져버린 것인데, 여기서 더 황당한 것은 이제껏 단 한 번도 찾아오지 않던 영업사원이 거래를 끊어버린 직후 한 달도 채 되지 않아 공방을 찾아온 것이다. 그들의 행태에서 서운함과 섭섭함이 더해져 나는 그날 영업사원에게 그동안 쌓였던 울분을 쏟아내었다.

오늘날의 가구 공방은 목재소들이 무시할 수 없을 정도로 커졌다. 주문량이 적다고 주눅들 필요 없다. 기본만 잘 지킨다면 서로 즐겁게 거래할 수 있는 일이다.

가구 작가로서 가야 할 길

제품을 만들 것인가, 작품을 만들 것인가

"하고 싶은 일을 하면서 산다"라는 말 속에서 '하고 싶은' 건 목공일 것이며, 여기에 '산다'라고 했으니 분명 '목공으로 돈을 벌어야 한다'는 이야기가 될 것이다. 작품을 만드는 작가들도 작품이 팔려야 먹고 살 수 있고, 작품 활동도 이어나갈 수 있다. 즉 작가도 개인 사업을 하는 사업가라는 말이다.

유명 작가들도 스타일이 완성되고 깊어지는 과정에서 소비자의 영향을 받는다. 결국 사회적 동물인 우리는 자신의 작품이 상대방에게 좋은 평가를 받았으면 하는 심리를 가지고 있다.

어떤 가구를 만들어갈 것인가. 이것은 사업적 전략과 일맥상통하는 이야기다. 좋은 작업환경과 시설, 완성도 높은 기술 수준이 있어도 공방의 성공 여부는 장담할 수 없다. 목공 장비들이 계속해서 발전하고, 누구나 인터넷을 통해 광범위한 정보를 얻을 수 있기 때문에 가구 공방은 이제 진입장벽이 낮은 업종이 되었다. 다시 말해 목공은 이제 누군가만이 해낼 수 있는 소수의 기술이 아닌 누구나 해낼 수 있는 대중적인 기술이 된 것이다.

이러한 시대적 상황에서 공방을 운영하며 먹고 살려면 '어떻게 만들 것인가'보다 '어떤 걸 만들 것인가'에 더 많은 에너지를 쏟아야 한다. 적어도 목공으로 먹고 살기 위해 공부라는 걸 해야 한다면 말이다. 기술이 있다고 먹고 사는 게 해결된다면 우리나라 가구 공방 사장님들은 모두 잘 먹고 잘 살아야 하는

데 그렇지 못한 게 현실이지 않는가!

목공 기술은 어려운 기술이 아니다. 훈련을 통해 익힐 수 있는 기술이다. 기술만으로 다른 공방과의 경쟁력을 가지기엔 그 생명력이 매우 짧다. 공방만의 문화로 수익을 창출해야 한다. 그리고 그것은 사람의 '가치'에 답이 있다.

영화배우 원빈의 취미는 목공이다. 그가 디자인하고 제작한 아주 잘 만들어진 테이블이 하나 있다. 어디서 본 듯한 그 테이블이 어느 날 옥션을 통해 1000만 원 경매에 올라왔다. 과연 그 테이블은 판매가 될까?

이 물음의 정답은 "Yes."이다. 배우로서 원빈이란 사람의 가치는 디자인, 완성도의 문제를 넘어 '원빈'이라는 이유 하나만으로도 충분히 판매될 수 있다. 하지만 우리는 원빈이 아니다.

현존하는 세계 최고의 가구 디자이너 론 아라드Ron Arad. 그를 이 시대 최고의 가구 디자이너라 칭할 수 있는 이유는 파리 퐁피두센터에서의 전시에 있다. 가구 디자이너로서 최초로 참여했다는 사실만으로 그는 최고라 할 수 있다. 그가 최고의 자리에 오를 수 있었던 많은 이유 가운데 하나는 그가 유대인이라는 사실일 것이다. 유대인들의 교육방식과 그들만의 집단 조직적 유대 관계를 이해한다면 그에게 좀 더 많은 기회와 경제적 지원이 있었을 것임을 짐작할 수 있다. 하지만 우리는 유대인 또한 아니다.

한스 베그너의 '더 체어'와
그가 디자인한 의자에 앉아 있는 케네디 대통령

가구 디자이너 론 아라드와 그의 가구

　그럼에도 우리는 가구 공방계의 원빈, 목공계의 유대인이 얼마든지 될 수 있다. 충분히 가치 있는 작품만 있다면 말이다.

　이 업에 종사한 지 십수 년이 지났지만, 나는 지금도 꾸준히 작품 활동을 하고 있으며, 신인 작가 양성을 위한 창업반 교육을 하고 있고, 제품&인테리어 회사를 설립해 운영해왔다. 지금은 우든 서프보드 커스텀 제작 및 교육 브랜드도 운영하고 있다. 나무로 할 수 있는 것들에 대한 도전은 지금도 진행 중이다.

　이러한 경험을 통해 얻은 결론은 하나! "나의 가치를 높이는 행위를 하자."는 것. 그러면 돈은 스스로 찾아온다. 가구를 만드는 사람으로서 나라는 사람을 표현하기에 가장 효과적이고 확실한 방법은 '작품'이다.

　작품과 제품은 엄연히 다른 의미를 가지고 있다. 제품과 작품의 개념적 정의와 철학적 사고, 그것들을 명확히 정의할 수 없다면 그렇게 만들어진 가구는 그냥 제품일 뿐 결코 작품이 될 수 없다.

예를 들어보자. 유명한 가구 디자이너 한스 베그너Hans J. Wegner의 '더 체어'. 이 의자는 작품일까? 제품일까? 우리는 이 질문으로부터 해답을 찾아갈 필요가 있다.

더 체어는 엄연히 제품으로부터 시작된 가구다. 라운드 체어라는 이름으로 시작하여 케네디 대통령이 사용했고 오바마 대통령도 사용했다. 당시 미국인들 사이에서 엄청난 인기를 끌었고 더불어 의자의 대명사인 'The Chair'라는 이름으로 불리어졌다. 이러한 역사적 가치로 인해 제품의 가치를 넘어 작품으로서 인정받고 있지만, 엄연히 이 가구는 제품으로 탄생된 의자라는 사실이다.

많은 이들이 제품 같은 작품을 디자인하기 위해 노력한다. 하지만 그렇게 노력해봐야 만들어지는 건 제품일 뿐이다. 그런 제품을 통해 자신의 경쟁력 나아가 다른 공방과의 경쟁력을 가질 수 있을까? 그리하여 그 공방만의 문화를 창출할 수 있을까? 이는 무모하고 답 없는 싸움일 뿐이다.

아등바등 살려고 공방을 시작한 건 아니라는 사실을 명심하자. 작품과 제품의 개념적 사고, 본인 스스로가 정의를 내릴 수 없는 가구를 작품이라 하는 모순, 이것이 신인 작가가 넘어서야 할 첫 번째 과제이며 발전시켜야 할 작품의 개념적 정의다.

공예의 정당성을 찾자

공예란 무엇일까? 손으로 만든 물건이나 기술을 공예 또는 공예품이라고 한다면 우리가 하는 작업은 '공예'이다. 그렇다면 손으로 만든 공예와 똑같은 것을 공장에서 대량생산하면 그것을 공예 또는 공예품이라 할 수 있을까? 그것은 공산품이다. 그렇다면 공예란 어떻게 해석해야 할까?

공예란 행위에서 비롯된다. 손으로 무언가를 만드는 행위, 그것이 곧 공예인 것이다. 공예를 제대로 하려면 그 행위가 공예로서 어떤 의미를 지니는지 알아야 한다.

본격적으로 이야기를 해보자. 공예품으로 나올 수 있는 결과물은 무엇일까? 가구를 예로 들면 '제품'이거나 '작품'이 될 것이다. 제품은 지금껏 우리가 보고 사용해왔던 대부분 용도가 있는 것들이다. 그렇다면 작품이란 무엇을 말하는 것일까? 그건 바로 예술art이다.

세상에는 두 가지 예술이 있다. 하나는 우리가 평상시 말하는 "이야~ 라면 국물이 예술이다."의 예술, 그리고 또 하나는 '아트퍼니처artfurniture'의 예술.

이 둘은 엄연한 차이가 있다 첫 번째 예술을 다른 의미로 풀이해 보면 '탁월함'이다. '라면 국물이 참 탁월하다'와 같은 의미다. 반면 우리가 작업하는 아트퍼니처의 아트는 라면 국물 같은 맥락은 아니다.

탁월하지 않아도 아트가 될 수 있다. 아름답지 않고 더러워도 아트는 분명 아트이다. 대부분은 이 탁월함의 아트와 아트퍼니처의 아트를 같다고 생각한다. 평생 그렇게 살아 왔으니깐 말이다. 하지만 이는 엄연히 다르다. 이 차이를 분명히 이해하고 그에 따른 행위를 하기 위해 우리는 공부를 해야 한다. 그래야만 진정한 공예를 한다고 말할 수 있다. 즉 공예를 제대로 하고 싶다면 공예적 가치의 탁월함을 위해서인지, 아니면 아트를 위해서인지를 명확히 인지해야 하는 것이다. 공예의 정당성을 찾기 위해서는 내가 하는 행위가 어떤 것인지를 알아야 그 정당성을 찾을 수 있다.

가구는 인문학이 뒷받침되어야 비로소 완성된다

그렇다면 작품과 제품의 경계는 무엇일까? 철학적 사고에 따른 작품과 제품의 개념은 개인마다 다르다. 이 또한 '정답이 없다'는 것이 사실 가장 어려운 과제다. 적어도 작가라 함은 본인 스스로가 만든 결과물에 대하여 정의를 내릴 줄 알아야 한다고 생각한다. 그것이 바로 작품을 만들어낼 수 있는 가장 기본적 소양이기 때문이다. 여기에 더해 그 작품을 대하는 관람객으로부터 공감을 얻어낼 수 있다면, 그것은 작품으로 오랜 생명력을 지닐 것이다.

디자인은 자다가 꿈속에서 떠올라 갑자기 완성되는 판타지가 아니다. 그렇게 나온 디자인은 새로운 디자인이 아닌 지금까지 살면서 보아왔던 이미지들이 만들어낸 산물일 가능성이 높다. 이는 절대 새로운 게 될 수 없다. 좋은 작품은 앞서가야 한다. 이미 나와 있는 것을 답습하는 디자인은 그저 아류로 남을 뿐이다. 혹여 내가 생각해낸 디자인이 어딘가, 누군가에게 이미 구현되어 있지 않을까 하는 생각을 늘 해야 한다. 세상에는 비슷한 생각, 비슷한 아이디어를 가진 사람들이 많기 때문이다. 이는 가구의 역사를 공부해야 하는 이유이며 구글링으로 수시로 찾아보고 확인하는 습관을 가져야 하는 이유이다.

남들이 하지 않은 것에 도전하며, 나만이 할 수 있는 걸 찾아야 자신만의 작품 세계를 창조할 수 있다. 그러려면 먼저 본인의 정체성을 찾아 나라서 할 수 있는 작품을 해야 한다. 철학적 사고는 기본이며 시대정신, 미술의 흐름에 관심을 가지고 끊임없는 공부, 도전을 해야 한다. 이는 작가의 평생 사명이자 숙명이다.

작품 활동을 멈추지 마라

제품으로 그 작가의 철학적 내면을 보기에는 한계가 있다. 제품은 대부분의 공방에서 누구나 하는 것이라서 변별력이 없는 게 현실이다.

제품의 근본적인 목적은 보편적 가치에 있다. 기능적이고, 실용적이며 디자인적인 면에서 그 가치를 검증받아야 한다. 반면 작품은 지극히 개인주의적 철학에서부터 시작한다. 작가는 작품을 통해 대중과 소통하고 교감하며, 작품은 그 작가를 이해할 수 있는 가장 확실한 수단이다. 작가의 가치관에 공감하는 이들은 실용적 가구가 필요할 때도 그 작가를 찾을 것이다. 가격이 얼마가 되던 그 작가의 제품을 소유하고 싶을 테니 말이다.

이는 작품을 매개로 작가와 소비자의 신뢰도가 쌓인 것이라 할 수 있으며, 이것이 우리가 작품을 해야 하는 근본적 이유가 된다. 그러므로 작가는 소비자의

연결고리가 형성되는 그때까지 끊임없이 작품 활동을 해야 한다.

목공 아카데미로 특화된 공방, 주문 제작만 하는 공방 등 특정 콘셉트로 공방을 차별화하려 하지 말고, 작품 활동을 등한시하지 말아야 한다는 뜻이다. 교육 공방은 학원이 될 것이며 주문 제작은 공장이라 말할 수 있다. 우리가 해야 할 일은 이 모든 것을 아우르는 '공방의 문화'를 완성하는 것이다. 그리고 이 완성의 시작은 '작품'으로부터 시작한다.

마르텐 바스

네덜란드의 디자이너로서 초현실적이 느낌의 작품 활동을 하는 마르텐 바스Marrten Bas는 멀쩡한 가구를 불로 태워 새로운 가치를 만들어냈다. 이는 실험적 행동에서 만들어진 새로움이라 말할 수 있다. 처음에 그는 가구를 높은 곳에서 던지는 등 다양한 실험적 도전을 해왔다. 이를 통해 완성된 '스모크' 시리즈는 마르텐 바스를 세계적 스타 가구 디자이너 반열에 오르게 해주었다. 1000만 원짜리 유명한 명품 가구를 구입한다. 그리고 그걸 불로 태운다. 그 다음 1억 원에 작품의 이름을 걸고 판매를 한다. 누가 가구를 불로 태워 새로움을 만들어낼 것이라고 상상이나 했을까? 도전은 작가가 가져야 할 가장 기본적인 소양이다. 남이 하지 않는 행위를 하자.

엘런 존스

영국의 화가이자 조각가인 엘런 존스allen jones는 1937년 영국 사우샘프턴에서 출생, 혼시미술학교와 런던의 왕립미술학교에서 공부를 했다. 그는 도시 특유의 우울하고 현혹적인 이미지에서 촉발된 에로틱하고 도발적이면서도 풍자성이 강한 성적 모티프를 작품화했는데, 여성의 몸을 이용해서 선정적인 작품을 만든다는 면에서 비판을 많이 받았지만 그는 "성이라는 것에 대한 장점은 우리 모두가 의견을 가지고 있다는 것이다.The Great thing about sex is that everybody has an opinion about it."라는 말로 여성의

마르텐 바스의 작품들, 가구를 불로 태워 새로운 가치를 만들어냈다.

몸을 선정적인 이미지로 이용하는 것을 설득해냈다.

이렇듯 작가가 작업을 통해 하는 행위는 그 이유가 명확해야 비로소 작품이 된다. 판매 목적을 배제한 순수 창작활동! 작품을 통해 전달하고자 하는 메시지가 우선시된다면 조금 불편하면 어떤가. 앉지 못하면 어떤가. 조금 변태적이거나 어이없어도 상관없다. 중요한 건 작품을 통한 작가의 사상과 철학적 메시지이며 행위이다.

내가 만든 작품이 판매까지 이어지는 그 순간이 생전에 찾아오지 않을 수도 있다. 그러나 작품은 판매 가치 이상의 목적을 배제한 정체성을 가지고 있다. 나는 그것을 이해해야 비로소 진정한 작품이 나온다고 생각한다.

예를 들어보자. 이쑤시개 하나가 있다. 이것은 제품일까? 작품일까? 이에 긴 고춧가루를 빼고 주윤발처럼 항상 물고 다니며, 가끔 포크 대신 과일을 찍어 먹는 용도로 사용하는 이것은 의심할 여지없는 명백한 '제품'이다. 하지만 창업을 한 A 씨가 몸통만 한 통나무를 오로지 손대패 하나만을 가지고 10년 동안 대패질을 하여 단 하나의 이쑤시개를 만들었다면, 이

것은 제품일까? 작품일까?

10년 만에야 비로소 세상에 나올 수 있었던 단 하나의 이쑤시개. 그렇게 만들어낸 이쑤시개를 자장면 한 그릇 뚝딱하고 한쪽은 자장이 묻은 이를, 또 한쪽은 고춧가루가 낀 이를 시원하게 쑤셔댄 후 보란 듯이 불쏘시개로 태워버린다. 그것이 A 씨의 철학이 묻어난 행위라면 이쑤시개는 명백한 작품이 될 수 있다. 즉 작품은 작가의 작가적 행위로부터 시작된다.

가구 공방 성공을 위한 전략적 행위

작품의 가능성은 무한하다. 재료의 선택을 시작으로 표현의 정도까지 그 경계는 가늠할 수 없을 정도다. 하지만 생계형 공방을 운영하는 우리에겐 조금 다른 전략적 노선이 필요하다. 그리고 그 중심에는 '나무'가 있다.

가구 공방에서 나오는 작품은 기본적으로 나무를 다루는 정체성을 벗어나지 않아야 한다. 즉 나무로 시작해서 나무로 끝나는 작품을 모색해야 한다. 세계적 작가가 되기 위해 하는 일이 아니다. 하고 싶은 것을 하며 살기 위한 소박한 꿈일 뿐이다. 또한 나무는

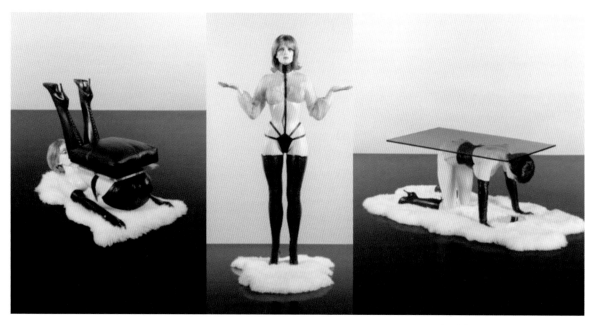

에로틱하고 도발적인 앨런 존스의 작품들

불가능이 없다. 어떤 조형적 형태라도 다 소화할 수 있는 물성이다. 그것이 작품의 재료로서 나무가 가지는 가장 큰 장점이다.

구조 강도를 위해 철 작업이 필요하다면 그 구조 강도를 나무로 이겨낼 수 있는 방법을 찾자. 이 또한 하나의 장르가 되어 경쟁력 있는 작품이 될 것이다. 가죽 또는 패브릭을 접목하여 좀 더 실용적인 편안함을 찾는 순간, 그 작품은 비싼 제품으로 전락해버릴 가능성이 높다. 조금 불편하고 딱딱하면 어떤가? 말하고자 하는 이야기가 우선인 게 작품의 정체성이다. 이미 많은 제품에서 구현된 것들로 내 작품을 제품화시켜버리는 일은 없어야 할 것이다. 오히려 나무만을 이용해 가죽이나 패브릭을 접목한 제품보다 더 편안하고 실용적인 작품을 만들고자 하는 도전적 자세가 필요하다.

실행하라. 고민하고 고민하여 일년에 한 개 작품을 만들기보다 한 달에 하나씩 일 년에 12개의 작품을 만들어내는 자가 앞서간다. "저거 내가 하려고 했는데!" 많은 작가들이 아쉬움을 토하며 하는 말이다.

그런 말하지 말고 지금 당장 실행하자.

끝으로 공방 창업에 앞서 본인 스스로 충분히 준비가 되었는지를 생각해보자. 힘들게 돌아가는 길보다 정면으로 부딪쳐 이겨내는 길을 선택하기 위해서는 배워야 한다. 창업만 하면 돈을 벌 수 있으며 모든 게 해결될 거라는 판타지는 일찌감치 버리자. 스스로 벌어야 한다.

그러나 어떻게 수익을 창출할 것인가는 사실 공방 창업을 결정하고 생각해도 늦지 않다고 본다. 그 전에 진정한 작가가 되어 있어야 한다. 작가는 뭘 해도 다 된다. 가구 공방 창업으로 사장되었다고 자만하지 말고 그저 작가가 되었다고 생각하자. 직장생활 월급의 노예로 쏟아 부었던 8시간의 법적 근로시간을 이제는 작업에 매진할 때가 온 거다. 목수의 8시간 노동의 대가와 작가의 8시간 노동의 대가는 분명 다를 것이다. 평생 하고자 덤빈 일이라면 소박하게 목수로 남는 것보다 작가로서 오래 가는 길을 택하길 권한다. 즐기자. 그리고 도전하자.

찾아보기